AF859723

Heurs et malheurs du secteur agricole en Algérie

1962-2012

Histoire et Perspectives méditerranéennes

Collection dirigée par Jean-Paul Chagnollaud

Dans le cadre de cette collection, créée en 1985, les Éditions L'Harmattan se proposent de publier un ensemble de travaux concernant le monde méditerranéen des origines à nos jours.

Déjà parus

Hosni KITOUNI, *La Kabylie orientale dans l'histoire. Pays des Kutuma et guerre coloniale*, 2013.
Geneviève GOUSSAUD-FALGAS, *Les Français de Tunisie de 1881 à 1931*, 2013.
Jean BISSON, *La guerre en Méditerranée 8 novembre 1942-9 septembre 1943. L'histoire revisitée*, 2012.
Adel BOUSNINA, *Le littoral et le désert tunisiens. Développement humain et disparités régionales en Tunisie*, 2012.
Guy FEUER, Kamel YAHMI, *Un dialogue pour la réconciliation, Un Algérien de France – Un Français d'Algérie*, 2012.
Abderrahman EL BERRHOUTI, *Outils médiatiques et populations du Moyen Atlas marocain*, 2012.
Fedj MAÂTOUG, *John F. Kennedy, la France et le Maghreb (1957-1963)*, 2012.
Abdelkrim SAA, *Migrants berbères marocains, De l'oasis de Figuig à Paris*, 2012.
Salah MOUHOUBI, *L'Algérie face aux chocs extérieurs*, 2012.
Jean-Michel SALGON, *Dictionnaire de l'islamisme au Maghreb*, 2012.
Mahmoud OURABAH, *Premiers pas. Souvenirs autour d'un projet de développement de l'Algérie,* 1963-1980, 2012.
Xavier JACQUEY, *Ces appelés qui ont dit non à la torture,* 2012.
Daniel LAGOT, *Responsabilité de protéger et guerres « humanitaires ». Le Cas de la Libye*, 2012.
Michel BUR, *Algérie 60. Mascara-Sétif, 1er janvier 1960-16 février 1961*, 2012.
Ali ABASSI, *Espace francophones tunisiens ou Main de fatma*, 2011.
Chokri BEN FRADJ, *Oliviers et oléiculture en Tunisie*, 2011.
Guillaume D'HOOP, *Les Algériens dans le prisme des faits divers, Une lecture de la guerre d'Algérie (1954-1962)*, 2011.
Sébastien ABIS et Damien CORDIER-FERON, *Bizerte, otage de l'histoire. De la Seconde Guerre mondiale aux indépendances du Maghred*, 2011.

Mohamed CHABANE

HEURS ET MALHEURS DU SECTEUR AGRICOLE EN ALGÉRIE

1962-2012

Préface de Jean-Marc BOUSSARD

L'Harmattan

© L'Harmattan, 2013
5-7, rue de l'École-Polytechnique ; 75005 Paris
http://www.librairieharmattan.com
diffusion.harmattan@wanadoo.fr
harmattan1@wanadoo.fr
ISBN : 978-2-336-29051-5
EAN : 9782336290515

À la mémoire de ma chère mère.

Préface

Au moment de l'indépendance, l'agriculture algérienne pouvait sembler prospère. Elle était largement exportatrice de céréales. Les vignerons métropolitains se plaignaient de la concurrence « déloyale » des vins algériens. Les agrumes et les légumes de toute sorte se vendaient facilement en métropole à travers des institutions agro-alimentaires solides.

Le contraste est grand avec la situation présente, où les importations sont massives, et les filières désorganisées. Les exportations sont négligeables, alors que les importations représentent souvent plus de 60% des disponibilités d'un produit aussi essentiel que le blé (pourtant, cultivé dans la région depuis des millénaires !). On pourrait s'arrêter là, et faire un bilan sévère des politiques agricoles post - coloniales. Mais les choses sont plus compliquées.

La prospérité de l'époque coloniale ne doit pas faire illusion. Il y a plusieurs raisons à cela. D'abord, le pays en 1950 était deux fois moins peuplé qu'il ne l'est maintenant. Or nourrir 26 millions d'habitants est un autre problème que d'en nourrir 12 millions sur la même surface. Cette évolution à elle seule pourrait expliquer le basculement d'une situation globalement exportatrice vers une situation de déficit « structurel ».

Mais ce n'est pas tout : dès les années 1950, il suffit de regarder les statistiques qui différenciaient les « musulmans » et les « européens » pour voir que si les second avaient développé une agriculture brillante et efficaces sur les meilleures terres, les premiers touchaient au fond de la pauvreté sur les terres qui restaient, pratiquant une agriculture de subsistance presqu'entièrement tournée vers l'autoconsommation.

De ce fait, cette « agriculture traditionnelle » se trouvait isolée du marché. Les producteurs en question ne produisant rien d'échangeable ne pouvaient pas compter sur les progrès de l'agriculture « coloniale » pour se nourrir, eux et leurs familles.

En même temps, faute d'argent pour acheter les inputs nécessaires, ils ne pouvaient pas intensifier la production sur les terres dont ils disposaient. Or il aurait fallu investir et intensifier la production, pour faire face aux besoins liés à l'accroissement démographique dont ces populations pauvres étaient en même temps la source principale.

Faute de nouvelles terres disponibles, et faute de moyens pour augmenter les rendements sur les terres existantes, il était clair que cette situation n'était pas durable, ce dont les autorités coloniales ne se sont pas rendu compte. Enfin, la guerre d'indépendance n'a rien arrangé.

Les « colons » européens, qui, ne partant pas de rien, et fortement aidés par les gouvernements successifs de la république française, avaient accumulé de grandes quantités de capital avant la guerre ont cessé de la faire dès que les « évènements » ont montré qu'ils ne pourraient pas rester dans le pays. Bien au contraire, ils ont transféré en métropole tout ce qu'ils pouvaient, de sorte que, en 1962, l'état réel des secteurs agricole algériens (aussi bien «moderne » que « traditionnel ») était très loin de la vision flatteuse qu'en faisaient souvent les statistiques officielles.

Les autorités issues de l'indépendance ont donc hérité d'une situation très dégradée, ce qui les exonère à coup sûr de beaucoup de responsabilités. Mais il est aussi à peu près certain que leurs erreurs n'ont pas beaucoup contribué à améliorer les choses. Ces erreurs étaient sans doute inévitables, en face d'un problème nouveau et difficile, tandis que d'innombrables conseillers plus ou moins intéressés prodiguaient des avis contradictoires.

Dans ce contexte, il y a eu des hésitations, elles-mêmes génératrices de retards au moment où il aurait fallu agir vite et fort. Il y a eu aussi des décisions désastreuses, tantôt inspirées par un socialisme naïf, et le goût du pouvoir de jeunes gens qui croyaient pouvoir diriger l'agriculture du pays entier depuis leurs bureaux d'Alger, tantôt, au contraire, par des intégristes du libéralisme...

Ce sont ces hésitations que nous raconte Mohamed Chabane, non pour blâmer leurs auteurs – ceux-ci, le plus souvent, étaient des gens de bonne volonté, soucieux du bien public, et cherchant sincèrement la solution d'un problème difficile.

Il serait tout à fait injuste de les en punir - mais pour, afin de ne pas les renouveler, tirer les leçons de ces erreurs que chacun aurait pu commettre. Il s'agit aussi de faire un bilan de la situation présente, afin, autant que possible, d'éviter de nouvelles erreurs pour l'avenir. Ce n'est pas toujours facile, l'une des conséquences – il est vrai mineure - des erreurs précédemment évoquées étant la pauvreté de l'appareil statistique.

De ce point de vue, le livre apporte de nombreux chiffres précieux et difficiles à obtenir. Les tableaux et les courbes qu'il présente montrent des évolutions qui font réfléchir quiconque s'intéresse au long terme. Et comment pourrait-on imaginer qu'une politique agricole soit faite seulement pour le court terme ? Or, dans le long terme, s'il est certes essentiel de ne pas pousser les pauvres au désespoir, et d'assurer l'alimentation des villes par tous les moyens possibles – moyens que, à présent, la rente pétrolière fournit de façon apparemment aisée, mais en réalité peu durable – il est tout aussi essentiel d'accroitre la production intérieure, qui n'a aucune raison de ne pas pouvoir assurer l'essentiel de la consommation du pays.

Pour cela, il est important d'abord, évidemment, d'utiliser toutes les ressources foncières disponibles – on est confondu lorsqu'on voit le grand nombre de surfaces non cultivées par suite de dysfonctionnement de l'appareil législatif sur les droits de propriété-. Mais surtout, il est essentiel de donner aux agriculteurs la possibilité d'investir, pour accroitre la quantité du capital mise en œuvre par hectare. Seule, une agriculture « capitalistique » pourra fournir les accroissements de rendement qui sont à la fois réalisables et nécessaires pour satisfaire les besoins d'une population accrue, que ce soit sur les « bonne terres » ex-coloniales ou sur les « mauvaises terres » ex (et probablement toujours) « traditionnelles ».

Mais pour inciter les agriculteurs à investir, il faut leur donner des raisons de le faire, et surtout, créer un environnement favorable. C'est évidemment particulièrement difficile lorsque les agriculteurs, dans leur vaste majorité, sont si pauvres qu'ils parviennent tout juste à couvrir leurs besoins élémentaires, et que leur épargne est par conséquent très faible.

On pourrait, il est vrai, songer à attirer vers l'agriculture des particuliers riches, qui auraient les moyens d'investir, et de développer une production compétitive et abondante. Il existe d'ailleurs des indices qui montrent que cela est en train de se faire, au moins dans certains secteurs.

Le risque, ici, serait de recréer une situation de type « colonial », avec une agriculture à deux vitesses, une pour les riches, produisant de façon efficace des produits de qualité, et une pour les pauvres, vivotant de plus en plus difficilement sur des parcelles minuscules mal cultivées.On ne peut donc pas échapper à la nécessité de transformer l'agriculture « pauvre » pour la rendre sinon plus efficace – elle l'est déjà dans le limite de ses moyens – du moins plus productive, et capable de générer plus de revenus.

Une telle issue serait d'autant plus souhaitable qu'il existe une relation statistique forte entre le revenu et la fécondité –donc, le taux d'accroissement – d'une population : contrairement à ce que croyait Malthus, plus les gens sont riches, moins ils ont d'enfants, et donc, plus la croissance démographique est faible. Il en résulte que l'enrichissement des agriculteurs pauvres par l'accroissement de leurs disponibilités en capital est de nature non seulement à résoudre dans l'immédiat le problème de l'insuffisance des ressources alimentaires, mais encore, pour plus tard, à diminuer l'ampleur de la pression démographique sur un cadre naturel de toute façon limité.

Je sais que Mohamed Chabane a réfléchi à cela, et qu'il envisage de donner ses conclusions à ce sujet dans un autre volume en préparation. En attendant, la lecture de celui-ci devrait constituer un point de départ incontournable pour toute projection vers l'avenir... Je lui souhaite le succès qu'il mérite !

Jean-Marc BOUSSARD

Membre de l'Académie d'Agriculture de France

Sommaire

Introduction

Depuis 1962, date de l'indépendance de l'Algérie, le pays a connu une forte dynamique démographique qui a induit une vigoureuse pression sur les ressources disponibles et qui a rompu divers équilibres économiques, sociaux et naturels. Une des conséquences de cette pression démographique se vérifie à travers le déséquilibre des ressources agricoles, qui a conduit à une dépendance alimentaire extrêmement forte vis-à-vis de l'étranger. Aujourd'hui, l'essentiel des produits de base est importé et l'écart entre offre et demande s'accroît de plus en plus.

Le bilan que nous pouvons faire du développement agricole et rural en Algérie et ce, après près d'un demi-siècle d'indépendance, n'est guère positif. Le retard de développement de l'agriculture qui se creuse ainsi que la dépendance aux importations étrangères pour satisfaire la demande interne qui augmente, ne peuvent qu'accroître l'inquiétude pour l'avenir de la sécurité alimentaire en Algérie.

La pratique de l'activité agricole dans le pays demeure archaïque, tant du point de vue technique, matériel ou humain. La révolution technique agricole qui a fait le bonheur de l'Europe moderne (Royaume-Uni, France, Hollande) dans les deux derniers siècles et qui a permis aux nouveaux pays émergents (Chine, Inde, Brésil) d'en finir avec les problèmes de la faim et de la malnutrition, n'a pas encore eu lieu en Algérie ; où des systèmes agricoles d'un autre temps se conservent et se pratiquent toujours. Le système céréales-jachère persiste encore. L'élevage se pratique toujours sous forme extensif. Résultats, une des productivités céréalières les plus faibles au monde. Chaque année, la moitié des terres seulement est ensemencée et le reste est laissé en jachère, d'où le 1% de taux de croissance, inférieur à celui de la croissance de la population.

Après près d'un demi-siècle d'indépendance, l'agriculture algérienne demeure une activité structurellement vulnérable à niveau de développement dérisoire.

Les résultats décevants de l'agriculture depuis l'indépendance ne sauraient s'expliquer uniquement par des causes d'ordre naturel, même si plusieurs spécialistes avancent les facteurs physiques et climatiques comme étant les causes essentielles de l'échec de celle-ci. Cette analyse tronquée et superficielle de la réalité qui caractérise le secteur agricole en Algérie induit par la force des choses à des conclusions erronées.

Depuis l'exploitation intensive des hydrocarbures et l'accroissement des recettes pétrolières conséquentes, l'agriculture a été souvent négligée et reléguée au second rang. Les ressources qui auraient été nécessaires pour son développement ont été affectées aux autres secteurs, notamment au projet de l'industrialisation lourde du pays dans les années 1970.

Pourtant, l'histoire économique des nations a formellement montré que l'intégration et le développement d'un secteur agricole dans une économie locale sont parmi les conditions préalables et essentielles pour la réalisation d'un progrès économique et social à long terme. Des pays aujourd'hui économiquement avancés ont basé leurs processus de développement sur une priorité absolue accordée au secteur agricole.

Même si la croissance économique aujourd'hui ne signifie pas nécessairement un développement du secteur agricole au sens large, néanmoins, celui-ci reste une condition préalable pour sortir les pays du Sud de leur sous-développement et demeure une clause indispensable pour l'accès de millions de personnes dans les zones rurales à travers le monde au bien-être économique.

Autrement, si une politique agricole n'est pas correctement élaborée, si elle ne prend pas en considération les conditions des agriculteurs et leurs exigences, si elle ne fait pas en sorte de fournir les inputs nécessaires pour produire, elle sera une des causes de la décadence de l'activité agricole et le retard de son développement. Cela peut se constater à travers le retour à l'histoire des nations des pays en développement comme en Algérie par exemple.

En Algérie justement, l'absence d'une politique agricole réfléchie après l'indépendance était un des principaux facteurs de la situation de décadence que le secteur vit jusqu'aujourd'hui. Pourtant, la politique agricole coloniale initiée avant l'indépendance du pays assurait de hautes performances au secteur agricole, qui jouissait d'une réputation d'un secteur majoritairement exportateur, grâce à des politiques d'infrastructures de base, à des politiques de soutien de toutes sortes et à un mode d'organisation technique très avancé.

En 1954, l'Algérie était le 2ème fournisseur de la France en matière de produits agricoles. La même année, à la veille de la guerre de l'indépendance, le domaine rural colonial représentait en termes financier, un capital d'environ 600 milliards d'anciens francs avec un revenu net annuel de 93 milliards d'anciens francs pour ses exploitants.

Nous intéresserons particulièrement aux causes de l'échec de la politique agricole après 1962 où une forte dépendance alimentaire vis-à-vis de l'extérieur se manifestait depuis les premières années de la libération du pays. Pourtant, des tentatives sérieuses de la part de l'État algérien pour construire une politique rationnelle qui vise à lutter contre les déséquilibres de l'économie et la poursuite d'une stratégie de développement du secteur agricole ont été menées.

La politique économique adoptée après l'indépendance ne constituait pas une continuité à celle qui a été initiée par l'État français à l'époque coloniale. En s'appuyant exclusivement sur les revenus du secteur pétrolier, l'État algérien a suivi un comportement typique des économies rentières, en cherchant à se procurer des devises en investissant massivement dans les hydrocarbures, délaissant ainsi l'investissement dans d'autres secteurs productifs, notamment l'agriculture.

Cette période a connu une évolution importante de la demande alimentaire sous l'effet conjugué de l'évolution des revenus de la population, et surtout, sous l'effet d'un taux de croissance démographique qui avoisinait les 3% par an. Cette demande ne sera satisfaite que par le recours massif aux importations, financées par la rente et l'endettement en présence d'une production locale relativement faible.

Depuis, une prise de conscience de l'augmentation de la dépendance alimentaire du pays a été constatée et malgré l'intérêt porté au secteur primaire par l'État, la part du secteur agricole dans l'économie n'a pas cessé d'amoindrir à cause des effets macroéconomiques de la politique publique adoptée et la faiblesse des investissements dans le secteur.

Cette situation aura des conséquences à long terme sur le déficit alimentaire et l'incapacité du pays à assurer son autosuffisance alimentaire[1], notamment après la libéralisation forcée du secteur dans les années 1980 qui a suivi la chute brutale des cours des hydrocarbures et surtout après l'application du plan d'ajustement structurel à partir de 1994.

Cette analyse fera le sujet d'un des chapitres de cet ouvrage. Il sera question également dans ce chapitre d'étudier les dernières évolutions en matière de la politique agricole, notamment depuis l'an 2000 et la fin de la décennie noire que l'Algérie avait traversé.

Depuis 2000, l'Algérie vise à construire une politique agricole viable et capable d'atteindre l'objectif essentiel, à savoir la réalisation d'un niveau correct de sécurité alimentaire du pays et l'abaissement du poids des importations alimentaires dans le total des importations. Malgré quelques améliorations en termes des productions, le pays est toujours otage de la dépendance alimentaire vis-à-vis de l'étranger. À défaut d'une alternative réelle pour transformer le secteur agricole en un secteur plus attractif avec une plus forte productivité, la crise agricole et la crise de développement du pays ne pourront que s'approfondir.

1 À cette époque, le dogme dominant se construisait autour de l'idée de l'autosuffisance alimentaire et non pas de la sécurité alimentaire.

I. Le modèle socialiste et la politique de planification centralisée

Les historiens s'accordent qu'en 1962, l'Algérie était une nation agricole prospère. Comment a-t-elle pu basculer dans la dépendance ? Après avoir été un secteur majoritairement exportateur durant l'époque coloniale, quelles sont les causes essentielles qui ont amené le secteur agricole algérien à glisser dans cette dépendance alimentaire ? Répondre à ces questions constituera l'objectif de ce chapitre.

À travers le retour à l'histoire, particulièrement à celle de l'époque postcoloniale, nous constaterons que le secteur agricole n'a pas cessé de perdre de son poids économique, à cause d'un ensemble de problèmes organisationnels relatifs, en particulier, à la mauvaise administration et à la gestion anarchique qui a caractérisé le pays après l'indépendance. En effet, dans un temps record et en quelques années seulement après le départ de colons, les carences en management et le défaut de qualifications humaines pour assurer une gestion efficace de l'héritage colonial se sont révélées fatales, pour la continuité d'un fonctionnement efficient du secteur agricole.

De l'autogestion agricole à la révolution agraire des années 1970, ce chapitre analysera les causes de l'intervention de l'État dans la gestion du secteur agricole. Les idéologies socialistes et l'emprise des idées anticapitalistes ont laissé des empreintes dans la gestion économique du pays. Nous accorderons une importance particulière à l'étude des conséquences de cette intervention, notamment sur la productivité des agriculteurs et les niveaux des productions.

En outre, ce chapitre examinera les mesures et les politiques entreprises pendant les années 1960 et jusqu'à la fin des années 1970, dans le but de redynamiser le secteur et d'améliorer ses performances. Une prise de conscience a marqué cette période où des mesures actives pour lutter contre l'aggravation de la dépendance alimentaire ont été entreprises. Les plus principales d'entre elles concernaient le financement de l'activité agricole, l'investissement agricole, l'hydraulique, la formation technique des agriculteurs entre autres.

1. La fin de la guerre

La guerre de l'indépendance fut longue et dévastatrice. Une guerre menée par le FLN (Front de Libération National) et appuyée par les paysans. Une guerre paysanne dont les combattants étaient les petits *fellahs* pauvres et sans terres. Une guerre dont les leaders sont souvent issus de la paysannerie[2].

Les *fellahs* devenaient la tranche populaire la plus hostile à la présence des colons, dont la liquidation s'est transformée en leur préoccupation majeure. Des *fellahs* qui ont adopté et soutenu le choix de la révolution, qui a fait de ces paysans spoliés, dépossédés et dépouillés de leurs terres, ses plus grands adeptes et ses premiers affidés. « *Ainsi, l'adhésion de tous les paysans au soulèvement populaire contre l'administration coloniale avait pour objectif la récupération des terres qui est d'abord et avant tout un acte essentiellement politique [...]*[3]».

1. 1. Un lourd bilan humain

Cette guerre a duré sept ans et demi depuis novembre 1954 jusqu'au juillet 1962, et dont un bilan précis est difficile à établir. L'Algérie a payé un prix très lourd pour conquérir son indépendance. D'après les historiens algériens, un million et demi de personnes ont péris au cours de cette guerre, combattants et civiles confondus.

À cela s'ajoutent deux millions de paysans concentrés dans des camps de regroupement, 400 000 détenus dans les prisons de l'armée française et 300 000 personnes réfugiés au Maroc et en Tunisie[4]. Mais comme nous l'avons signalé, le bilan réel de la guerre d'Algérie est très difficile à établir. Chaque partie évoque un chiffre diffèrent de l'autre.

---

2 Devilliers, G. (1978). Pouvoir politique et question agraire en Algérie. Thèse de doctorat, université de Louvain. Vol. I, p. 102.

3 Haîchour, B. (1992). Le défi agro-alimentaire de l'Algérie ; analyse et stratégie pour l'an 2000. Alger, OPU, p. 17.

4 Mehsas, A. (1975). L'autogestion en Algérie, p. 39.

Les livres algériens d'histoire, persistent sur le chiffre d'un million et demi de morts, un chiffre très contesté, d'une part et d'autre, notamment par les historiens français qui avancent quant à eux le chiffre de 227 000 morts et disparus, d'après les chiffres de l'armée française.

D'autres historiens ont choisi l'intermédiaire pour s'arrêter sur le chiffre de 450 000 à 500 000 morts[5].

1. 2. Et un coût économique considérablement élevé

En plus de ces pertes humaines, les pertes économiques et matérielles dues à cette guerre sont gigantesques. Gilbert Mathieu[6], dans un article publié dans le journal *le Monde* du 20 mars 1962, tente d'évaluer le coût de la guerre d'Algérie d'un point de vue économique sur la France.

Ce coût reste impossible à établir d'une manière exacte selon l'auteur qui précise que les pertes économiques totales de cette guerre se chiffrent en milliards de francs : « *les premières évaluations sérieuses datent de 1958. Elles situent à 7,5 milliards de nouveaux francs le coût total, pour le budget de l'État en 1957 et à un peu plus de 8 milliards son prix en 1958. Depuis, en raisonnant par comparaisons et en tenant compte des dépenses supplémentaires engagées (intensification des combats en 1958 et 1959, installation des camps de regroupement, renouvellement du matériel, puis ralentissement des opérations à la fin de 1960), on peut approximativement fixer le coût total de la guerre à 9,5 milliards de nouveaux francs en 1959, 10 milliards l'année suivante et 9,5 milliards en 1961. Total : près de 50 milliards de nouveaux francs (en tablant sur 5 milliards de nouveaux francs en 1956, année de l'appel du contingent*[7]». L'auteur rajoute plus loin *: « on ne saurait évidemment limiter les conséquences financières du conflit algérien au seul coût budgétaire de la guerre.*

---

5 Chiffres tirés de : Histoire des grands conflits : Guerre d'Algérie, volume II ; du plan Challe au putsch et à l'indépendance (1997), p 198.
6 Article publié dans le journal le monde le 20 mars 1962.
7 Journal le monde du 20 mars 1962, p. 5.

Deux autres incidences économiques des hostilités doivent être rappelées : l'hémorragie de devises quelles ont provoqué, à une époque où la nation devait réduire le déficit de sa balance des paiements, et la pression inflationniste qu'elles ont entretenue des années durant[8]».

D'autres historiens algériens[9], tentent d'évaluer les pertes économiques de cette guerre d'un point de vue des paysans. Ils estiment le nombre de villages totalement rasés à plus de 8 000 villages. Des milliers de parcelles détruites, des milliers d'hectares de forêts brûlés. S'ajoute à cela l'anéantissement du cheptel bovin, ainsi que la perte du cheptel ovin à la moitié de ses effectifs qui passait de 7 millions de têtes en 1954 à moins de 3 millions en 1962[10].

---

8 Ibid,.
9 Mahfoud kaddache, Mohamed harbi entre autres.
10 Brahimi, A. (1991). Stratégies de développement pour l'Algérie : défis et enjeux. Alger, édition Dahlab, p. 58.

2. Composition de la société algérienne à l'indépendance

En 1960, les trois quarts de la population algérienne faisaient partie des classes prolétariennes qui pouvaient être qualifiés de pauvres[11]. La moitié du quart restant se constituait de petits exploitants. L'autre moitié se formait de la moyenne et la grande bourgeoisie d'origine rurale ou citadine.

La décomposition des classes sociales en milieu rural faisait apparaître les catégories suivantes, présentées dans le graphique ci-dessous :

Graphique (1) : Décomposition des classes sociales en milieu rural aux premières années de l'indépendance.

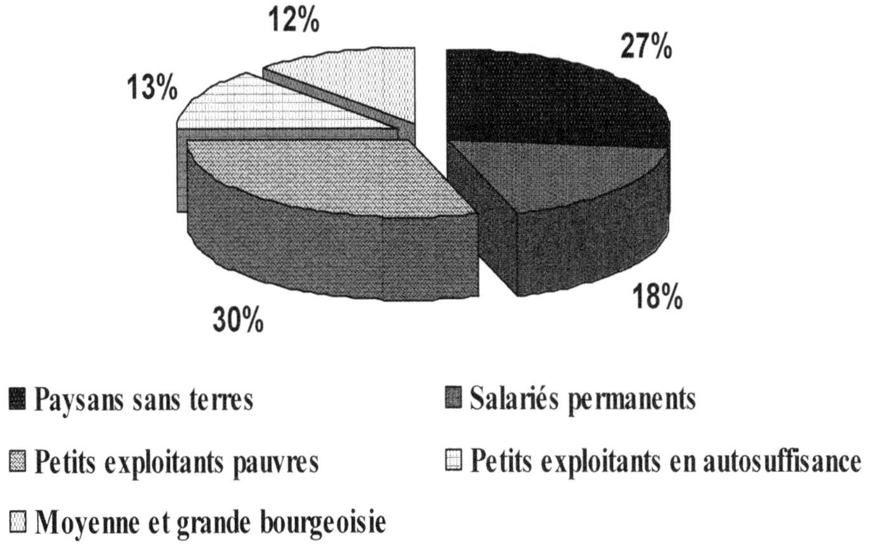

Source : Le COZ, J. (1991). *Décennie 1980 : les étapes de la désocialisation*. Montpellier, édition de l'université Paul Valéry.

11 Le COZ, J. (1991). Décennie 1980 : les étapes de la désocialisation… op, cit., p. 91.

2. 1. Les conditions générales de l'économie algérienne postcoloniale

À la fin de la guerre d'indépendance en juillet 1962, le nouvel État algérien, jeune et peu expérimenté, se trouvait confronté à une situation catastrophique. Une misère absolue, une pauvreté cruelle et plein de difficultés dans tous les domaines. À la guerre qui avait rongé le pays pendant plus de sept ans, s'ajoutait les conséquences de la politique de la terre brûlée, pratiquée par l'OAS[12]. Résultats : des répercussions difficiles à gérer : sur une population de 10 millions d'habitants, six millions de personnes avaient besoin d'assistance médicale, sociale ou matérielle.

Le pouvoir politique récemment mis en place, héritait d'une économie totalement déstructurée et entièrement dévastée. Le chômage gangrénait toutes les classes sociales. On comptait près de deux millions de personnes sans travail.

La majorité des 900 000 colons, Français ou Européens, propriétaires des moyens les plus importants de production dans les différents secteurs économiques et qui géraient l'économie locale ont quitté le pays.

Ce sont eux qui régissaient les multiples fonctions administratives et commerciales. Ce sont eux qui disposaient de l'expérience nécessaire dans la gestion de l'agriculture et de l'industrie et ce sont eux également qui possédaient les banques et les moyens financiers. L'Algérie se retrouvait dans les premiers mois de l'indépendance paralysée par la *"fuite imprévue"* des colons.

---

12 OAS : L'Organisation Armée Secrète, a été créé officiellement le 11 février 1961 par des partisans du maintien et de la présence française en Algérie « l'Algérie française », qui étaient influencés essentiellement par les principes de l'historien Raoul Girardet et l'anthropologue Jacques Soustelle. parmi ses slogans « l'Algérie est française et elle le restera ». L'OAS se manifesta en France, mais surtout en Algérie, par des attentats terroristes, qui s'intensifièrent au moment de la signature des accords d'Evian en mars 1962. Les activités des commandos de l'OAS s'accentuaient avant la proclamation de l'indépendance de l'Algérie (juillet 1962) par la pratique de la politique de la terre brûlée (informations tirée de © Hachette Multimédia / Hachette Livre, 2003).

Ce départ massif et cette désertification inopinée du pays ont causé l'abandon de millions de francs de moyens de production et des milliers d'hectares de domaines agricoles (environ 22 000 fermes). Ces terres et ces espaces laissés vacants sans propriétaires ont entraîné de diverses convoitises d'appropriation par toutes les tranches populaires, notamment, les paysans. Ces convoitises suscitaient la crainte de l'État d'un possible conflit entre des paysans meurtries par le dénuement et le besoin. La plupart d'entre eux étaient des ouvriers agricoles dans les anciens domaines et connaissaient bien comment extraire des grands bénéfices de ces domaines coloniaux. Toutefois, l'antagonisme ne se limitait pas aux salariés agricoles. Il les dépassait pour se confronter aux spéculateurs fonciers qui profitaient de la situation du gouffre administratif et l'absence des textes de lois réglementant la gestion et la propriété des terres abandonnées, pour s'accaparer de ces domaines.

Ces conflits d'intérêts, exigeaient une intervention rapide de la part de l'État pour mettre fin à ce désordre et instaurer de l'ordre dans la société. Néanmoins, cette intervention restait difficile dans un contexte peu sûr d'après l'indépendance, surtout que le nouveau pouvoir en place est lui-même désorganisé, et loin d'être capable de définir et encore moins d'appliquer, une politique agraire qui pouvait gérer cet héritage colonial aussi moderne qu'important.

C'est dans un contexte de crise sans précédent, entre un conflit politique marqué par l'affrontements de plusieurs parties algériennes et leurs luttes pour le pouvoir d'un côté[13], et une économie déstructurée, marquée quant à elle, par la fuite des colons, de l'autre côté, que l'autogestion voit le jour comme le premier système de gestion du secteur agricole et industriel en Algérie indépendante.

---

13 Il faut signaler les profondes divisions du mouvement nationaliste dues à la lutte pour le pouvoir qui devenait à la veille et même après l'indépendance de plus en plus aiguë d'où la crise politique de l'été 1962. Crise qui opposait les frères d'armes d'hier lors de la réunion des hauts responsables du FLN à Tripoli. Un côté les membres du bureau politique du FLN et l'État-major de l'ALN qui contrôlait l'armée des frontières, de l'autre côté, le GPRA (Gouvernement Provisoire de la République Algérienne). Cette crise s'est soldée par une lutte armée entre les Algériens dès l'indépendance et a mis la naissance de la république en péril. La crise a fait naître beaucoup d'affaires dont celle des Wilayas. Elle est à la base de nombreuses querelles politiques dont les conséquences se sont vu après l'indépendance : guerre de la Kabylie, le coup d'Etat de 1965, ...etc.

2. La politique agricole algérienne postcoloniale

3. 1. Le contexte de l'autogestion

À l'issue des accords d'Évian[14], à la veille de l'indépendance, une réunion a rassemblé les différentes parties algériennes pour débattre de l'avenir de la nation. Cette réunion a vu l'élaboration de la *Charte de Tripoli*, rédigée par une équipe d'intellectuels très influencée par des idées marxistes. « *Le but de ce congrès était de préparer un minimum d'institutions aptes à assurer la prise en charge du pays dans les meilleurs conditions*[15]», mais également, la précision des orientations, stratégiques, politiques et économiques à suivre, d'après l'indépendance.

Cette charte a déterminé d'une manière générale, les grands axes de la réforme agraire à mettre en œuvre. Elle proclamait le maintien de l'unité nationale autour des paysans pauvres. Son programme insistait sur une révolution démocratique qui devrait d'abord être une révolution agraire. Une révolution qui devrait limiter les grosses propriétés coloniales et les grands domaines aux mains des algériens. Ces terres récupérées seront soit partagées entre les paysans sans terre, soit exploitées par des fermes d'État dans lesquelles les paysans seront organisés en coopératives de production et collaboreront à la gestion et aux bénéfices[16].

---

14 Signature des accords d'Evian le 18 mars 1962 entre le ministre des affaires étrangère du gouvernement provisoire de la république algérienne Krim Belkacem et le ministre français des affaires algérienne Louis JOXE assisté par Robert BURON et Jean BROGLIE. Les accords d'Evian mettent fin à plus de sept ans et demi de guerre et à 132 ans de la présence française en Algérie. Un cessez-le-feu est programmé pour le lendemain. Ces accords engageaient la France à évacuer progressivement ses troupes et à maintenir son aide économique pendant trois ans envers l'Algérie. Elle obtient des assurances sur le pétrole et bénéficie d'un « droit de préférences ». Voir le journal « le monde », du 20 mars 1962, p. 5 dont la version officielle des accords d'Evian est publiée.

15 Selon Ahmed Mehsas, ministre de l'agriculture et de la réforme agraire entre 1962 et 1966, in l'autogestion en Algérie, données politiques de ses premières étapes de son application, p. 36

16 Devilliers, G. (1978). Pouvoir politique et question agraire en Algérie… op, cit., p. 109.

La *Charte de Tripoli* a affirmé la détermination de bâtir une nouvelle société juste, qui remettait la terre entre les mains des travailleurs, et principalement une société où serait bannie l'exploitation de *"l'homme par l'homme"*. De cette manière, cette Charte avait marginalisé la petite bourgeoisie économique malgré son rôle important pendant la guerre de l'indépendance.

Cette place prépondérante dont jouissait la réforme agraire dans le programme du FLN adopté à *Tripoli* n'était pas le fruit du hasard. Elle montre au contraire l'importance de cette réforme, du fait qu'elle était la revendication la plus importante, portée par les paysans dans le combat pour l'indépendance pendant plus de sept ans[17]. Sans doute, l'adhésion massive des paysans à la révolution armée, pour lesquels l'indépendance était le synonyme d'une assurance d'une possession des terres, n'est pas passée inaperçu aux yeux des décideurs politiques du FLN.

La fièvre nationaliste, les revendications des *fellahs*, principaux artisans du succès de la révolution, leurs désirs de participer à la construction effective du pays, les pressions politiques sur les cadres dirigeants, sont des facteurs économiques et politiques, dans la logique du régime algérien, qui devraient conduire à une transformation profonde des structures agraires[18].

Un an après la signature des accords d'Évian, et en réponse à cette situation de confusion générale, le nouveau pouvoir en place, tente alors de reprendre les choses en main, notamment après le dénouement de la crise politique de l'été 1962. L'État répond à cette situation par la constitution des décrets de mars 1963[19], qui imposait le principe de l'autogestion des domaines vacants.

---

17 Koulytchisky, S. (1974). L'autogestion, l'homme et l'Etat : l'expérience algérienne. Paris, édition Mouton, La Haye, p. 23.
18 D'Arcy, F., Krieger, A., Marill, A. (1965). Essais sur l'économie de l'Algérie nouvelle. Paris, PUF, p. 102.
19 Dont nous allons revenir un peu plus loin.

Ce système se référait au modèle socialiste d'autogestion des entreprises yougoslaves[20], dont la gestion était déléguée aux travailleurs mais dont la propriété restait étatique. Le même principe a été instauré en Algérie indépendante dans le domaine agricole. Le régime répondait ainsi au mot d'ordre de l'époque et au principe sur le quel reposait la réforme en question : *« la terre à ceux qui la travaillent[21]»*. C'est ainsi que près de 2,5 millions d'hectares (environ 22 000 fermes) ont été récupérées, soit 30% de la surface agricole utile (SAU) totale.

3. 2. L'instauration de l'autogestion ... ou la marche au modèle socialiste

Dans les mois qui suivaient l'indépendance, l'une des priorités de l'État algérien était d'assurer le contrôle des domaines coloniaux laissés vacants. L'instauration des décrets nationalisant les propriétés coloniales sans indemnisations, vient mettre l'accent sur cet objectif et affirmer le début d'une réforme agraire tant attendue. Cette réforme dont l'idéologie même, et la perspective générale devraient bénéficier aux paysans pauvres, pour qui au même temps, elle était prometteuse et porteuse de nouveaux espoirs.

Le président *Ahmed Ben Bella* lui-même souligne que cette réforme, constituait l'élément de base de la réforme révolutionnaire : « *il est essentiel de faire tout de suite la réforme agraire. Notre pays hérite d'une économie à base agricole. Il y a sept millions de paysans, un million de familles paysannes, qui constituent la structure fondamentale du pays [...]* ». Ben Bella souligne par ailleurs le rôle important que la paysannerie doit jouer dans cette réforme : « *la population paysanne est la force décisive sur laquelle nous nous appuyons, c'est elle qui a constitué le nerf fondamental de l'armée de la libération, dans chaque région, dans chaque village [...]*». Il rajoute à ce propos : « *la voie que nous devons suivre doit être réalisée à*

20 Il ne fait aucun doute que le système de gestion administrative de l'économie a joué un rôle positif et progressif dans le développement de l'économie socialiste et des rapports sociaux et politiques en Yougoslavie, Kovac, P. L'autogestion ouvrière en Yougoslavie, p. 5.

21 Diafric- La documentation Africaine. (1984). L'agriculture algérienne. Paris, édition la documentation africaine, p. 39.

travers des assemblées et des réunions de paysans. Nous voulons promouvoir à la base la réforme agraire, afin que les masses paysannes en soient les protagonistes et participent directement à la phase d'élaboration, grâce au développement d'un grand mouvement dans les campagnes ». Les paysans pauvres, ajoute*Ben Bella*, sont sans aucun doute l'élément essentiel de base de la transformation révolutionnaire. *« La masse révolutionnaire est fondamentalement paysanne. La révolution cubaine s'est formée sur des bases de départ de cette nature : une masse paysanne en armes pour l'indépendance et pour la réforme agraire. La Russie des tsariste aussi était un pays agricole »*. Ben-Bella a même évoqué la manière dont laquelle il concevait cette réforme agraire : « *une réforme agraire qui collectivise la terre et la remette en dotation à des coopératives agricoles, à qui seraient confiées la direction et l'exploitation des terres*[22]».

Les conditions de crise, le chamboulement économique causé par la fugue des colons, compliquaient davantage la situation du pays. Le remède au départ des colons ne semblait pas être évident, particulièrement pour ce qui concerne la continuité d'exploitation des immenses domaines agricoles et des milliers d'hectares laissé vacants.

Le choix entre la répartition de ces terres ou l'exploitation collective n'était pas une décision facile à prendre par les autorités politiques. Cependant, l'exigence de maintenir un niveau d'approvisionnement suffisant pour satisfaire les besoins alimentaires d'une population croissante (estimée à 12 millions personnes avec un taux de croissance de 3% par an), le nombre de paysans en chômage et les paysans sans terres, l'apparition d'éventuels conflits entre les ouvriers et les paysans, ont poussé l'État à reconnaître l'autogestion comme un système favorable à la conservation des grandes exploitations modernes et à la continuité du travail dans les domaines coloniaux. Cette structure de gestion a constitué donc un potentiel très important pour l'insertion de nouveaux ouvriers au nombre progressif et qui n'avaient d'autre qualification que leur force physique[23].

22Ahmed Ben Bella répondait aux questions lors d'une une interview accordée à M.A.Macciochi du journal communiste italien « l'Unita », apparue dans le journal le monde du 14 août 1962, p 5.

23 Meziadi, A. M. (1997). Les mutations agraires en Algérie depuis 1962. Caen, presses universitaires de Caen, p. 105.

Dès lors, l'autogestion semblait être la formule d'entente la plus appropriée pour rassembler les différentes parties. Elle apparaissait plus comme une solution pour réunir les rangs, qu'un choix politique et économique[24]. Son développement s'articulait sur les trois principes de base suivants qui fondent la théorie[25] :

1- Le mode de production est collectif. La propriété privée est supprimée au profit de la propriété collective, restreinte ou nationale.

2- La forme d'organisation de ce développement est décentralisée. La société se développe par chacun des développements autonomes des centres d'activités qui la constituent.

3- Ce développement est conçu dans ses trois dimensions, économique, politique et mentale. L'objectif en est donc, le développement optimal des hommes dans leurs activités.

L'idéologie même de l'autogestion se situait dans le courant d'un socialisme non autoritaire *« de filiation anarchiste ou libertaire, centralisatrice et étatique dont le marxisme est le meilleur représentant[26] ».« À la suite du déferlement des critiques sur le stalinisme ou sur le cas soviétique "bureaucratique et étatique", l'autogestion devient un creuset où se rejoignent des courants hétérogènes, [...] dominés par la prudence dans leur affirmation de non-marxisme, se rejoignent des tenants d'une réconciliation de deux systèmes. Les partisans de l'expérience yougoslave dans ce qu'elle a d'autogestionnaire [...] un moment séduit par elle cela d'autant que son anti-stalinisme ou des sociaux-démocrates cherchant encore une voie à un socialisme réellement démocratique [...][27] ».*

---

24 Duprat, G. (1973). Révolution et autogestion rurale en Algérie. Paris, édition Armand colin, p. 117.
25Laks, M. (1970). Autogestion ouvrière et pouvoir politique en Algérie. Paris, édition études et documentation, p. 16.
26 Guérin Daniel situait l'idéologie de l'autogestion dans ce courant. Guerin, D. (1965). L'anarchisme : de la doctrine à l'action. Paris, Gallimard, p. 254.
27 Ibid.

L'Algérie nouvelle, écrit Duprat, était ainsi, rattachée aux deux grands mythes révolutionnaires du XIXème siècle européen et à leur combat. *« Cet équilibre des contraintes qui se balancent sans faire disparaître la contradiction, hypothèse liée à toute une culture, dans une dialectique des possibles en faisceau ou du raisonnement circulaire évacuant la contradiction, liés à une autre culture, n'entraîne quelque ambiguïté*[28] *»*.

Dans cette autogestion agricole qui signifiait une forme de décentralisation et de liberté pour les travailleurs, les *fellahs* et les autorités locales, « *le pouvoir dans la ferme doit être entre les mains de ceux qui produisent*[29] » qui seront responsables des bénéfices et des pertes réalisés par les domaines. Cette autogestion visait à faire prendre conscience au travailleur qu'il est son propre maître. Il a la liberté d'exploiter la terre et de cueillir les fruits de ses efforts[30].

Les textes, décrets et lois de mars 1963 que nous exposerons d'une manière compendieuse sans profonde analyse dans ce qui suit, constituaient le point de d'entrée en vigueur de cette autogestion.

---

28 Duprat, G. (1973). Révolution et autogestion rurale en Algérie… op, cit., p. 101.
29 D'après les discours des semaines de l'autogestion du 28 mars 1966, 11 juin 1968 selon Benissad, M. E. (1979). Economie du développement de l'Algérie, sous-développement et socialisme… op, cit., pp. 27-28.
30 Ibid.

3. 2. 1. Les textes fondateurs de l'autogestion en Algérie

L'élaboration des décrets fondateurs de l'autogestion a été confiée par le Président algérien au BNBV (Bureau National à la protection et à la gestion des Biens Vacants). Ce bureau créé par ordonnance du 22 septembre 1962, dont le rôle essentiel s'articulait autour de l'élaboration, l'orientation et le suivi de l'évolution de la situation des biens vacants dans les différentes branches (agriculture, industrie, commerce) dans tout le territoire national.

Les membres de ce bureau assuraient ainsi la coordination et le contrôle de cette mission. La création de ce bureau qui relevait directement de la présidence, marquait la prise du pouvoir parle Président *Ben Bella*, qui assurait en conséquence le contrôle du secteur économique national.

Cependant, malgré l'importance accordée à cet organisme, il ne bénéficiait pas de tous les moyens indispensables pour assurer ses tâches énormes et certains responsables déploraient ce fait. Le Ministre de l'agriculture et de la réforme agraire à ce moment[31] lui-même, considérait que ce bureau n'avait pas assuré les missions pour lesquelles il a été créé. Ses missions de contrôle de la gestion étaient sans efficacité. Ses orientations étaient marquées par des idées d'une minorité de tendance politique *trotskyste* et qui faisait de lui un instrument pour refléter leur propre vue idéologique.

Sans procéder à un examen juridique de ces textes, nous nous contenterons à synthétiser leurs dispositions fondamentales et à exposer leurs portées[32].

- **Décret du 18 mars 1963 (décret 63-88) :** Il porte sur l'organisation des biens vacants : entreprises, établissements, locaux ou immeubles, dont l'article 14, place les biens vacants (y compris les

31 Mehsas, A. (1975). L'autogestion en Algérie, données politiques de ses premières étapes de son application … op, cit., pp. 115-117.

32 Le résumé de ces textes a été élaboré à partir des propos de Devilliers, G. (1978). Pouvoir politique et question agraire en Algérie… op, cit.,. Pouvoir politique et question agraire en Algérie, volume I, p.p. 158-181 et Benhouria, M. T. (1980). L'économie de l'Algérie,… op, cit., pp 34-35.

exploitations agricoles qui répondent aux critères de la vacance) sous la tutelle administrative.

- **Décret du 18 mars 1963 (décret 63-89) :** Il porte particulièrement sur l'organisation du ministère de l'Agriculture et de la Réforme Agraire (MARA).

- **Décret du 18 mars 1963 (décret 63-90) :** Il porte sur la création de l'Office National de la Réforme Agraire (ONRA). Il avait pour mission d'appliquer le programme de la réforme agraire, d'organiser la gestion des fermes abandonnées et d'assurer le financement de l'agriculture autogérée.

- **Décret du 22 mars 1963 (décret 63-95) :** Il porte sur l'organisation et la gestion des entreprises industrielles, minières et artisanales ainsi que les exploitations agricoles vacantes. Il attribuait la gestion et non la propriété des unités économiques vacantes au collectif de leurs travailleurs permanents.
- **Décret du 28 mars 1963 (décret 63-98) :** Il détermine les règles de la répartition des revenus des exploitations et des entreprises d'autogestion.

- **Décret de juillet 1963 (décret 63-100) :** Il porte sur la nouvelle dénomination du Bureau National à la protection et la gestion des biens vacants, qui devenait le Bureau National d'Animation du Secteur Socialiste (BNASS). Il fixait ses attributions.

- **Décret de septembre 1963 (décret 63-230) :** Il porte sur l'organisation de l'Office National de la Réforme Agraire (ONRA) et du Bureau national d'animation du secteur socialiste (BNASS) rattachés au MARA dont le ministre, *Ahmed Mahsas*, est le directeur de l'ONRA.

Ces décrets promulgués en 1963 qualifiés en général par les décrets historiques, qui organisaient l'autogestion, n'ont jamais été réellement appliqués. Ils seront même abrogés un peu plus tard par les réformes induites par le régime du Président *Houari Boumediene*, que nous analyserons ultérieurement.

3. 3. Le secteur autogéré dans la politique agricole algérienne

Le secteur autogéré se composait de 2 188 exploitations dont la superficie moyenne est de 1 000 hectares. Plus de 99% de ces exploitations étaient de plus de 100 hectares, recouvraient 2 332 840 d'hectares, soit 35,3% de la SAU concentrée sur les terres les plus riches du littoral. Un peu plus de la moitié de ces exploitations occupaient une surface moyenne entre 200 et 1 000 hectares, soit plus de 53%.

Le tableau (1) expose la structure des exploitations, leurs nombre et les superficies qu'elles occupaient dans le secteur de l'autogestion.

Tableau (1) : Répartition des terres dans le secteur agricole socialiste.

Classes	Nombre d'exploitations		Superficies	
	En nombre	Part en %	En hectares	Part en %
Moins de 49,99 ha	27	1,23	625	0,03
De 50 à 99,99 ha	40	1,82	3 105	0,13
De 100 à 199,99 ha	130	5,96	19 460	0,84
De 200 à 499,99 ha	553	25,27	193 670	8,3
De 500 à 999,99 ha	620	28,33	447 715	19,19
De 1000 à 1499,99 ha	327	14,94	396 705	17,01
De 1500 à 1999,99 ha	183	8,38	314 450	13,48
De 2000 à 2499,99 ha	131	5,99	292 480	12,54
De 2500 à 2999,99 ha	63	2,88	172 515	7,39
De 3000 à 3499,99 ha	41	1,88	134 285	5,76
De 3500 à 3999,99 ha	18	0,82	67 720	2,9
De 4000 à 4999,99 ha	33	1,50	145 755	6,24
Plus de 5000 ha	22	1,00	144 375	6,19

Source : Séries statistiques agricoles n°2, structure des exploitations agricoles autogérées 1967, ministère de l'agriculture et de la réforme agraire (MARA).

Graphique (2) : Répartition des terres du secteur socialiste en nombre d'exploitations et en superficies moyennes.

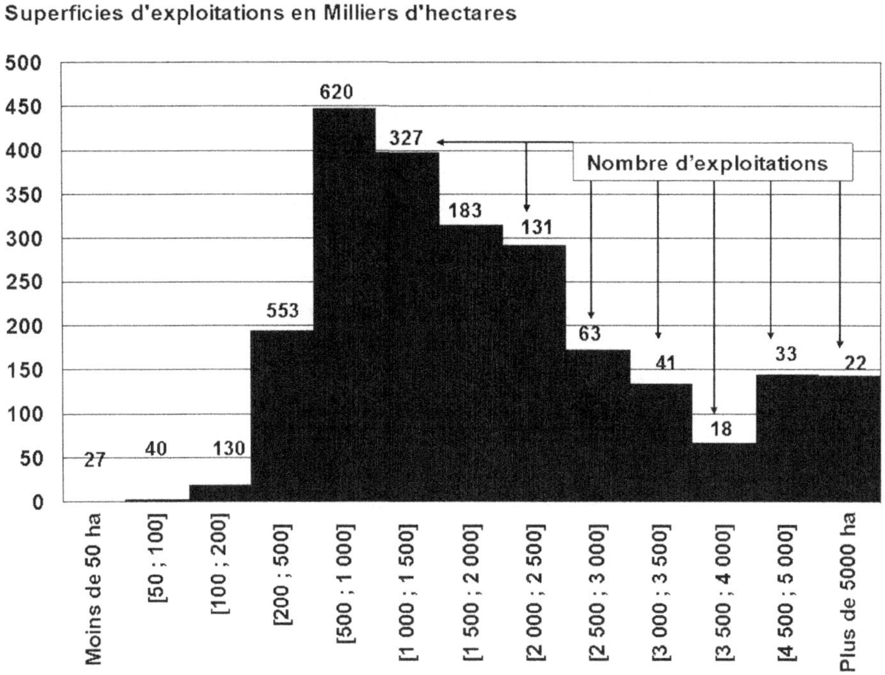

Source : Séries statistiques agricoles n°2 (MARA).

Hérité du secteur de la colonisation, le secteur en autogestion employait près de 100 000 travailleurs occasionnels et environ 134 330 permanents constitués de 5 140 personnels d'encadrement, 2 400 employés simples, 15 085 ouvriers spécialisés et 111 705 ouvriers non spécialisés.

Le revenu moyen annuel dans le secteur autogéré était de 2 500 DA, soit 565 $[33] par travailleur. Le revenu mensuel par tête était alors de 305 DA, soit 69 $[34]. En plus d'autres revenus parallèles comme le « panier de fin de journée»[35].

33 Aucune précision de l'auteur concernant la date de valeur de $.
34 Temmar, H. (1974). Structure et modèle de développement de l'économie de l'Algérie. Alger édition SNED, p. 99.
35 Ces revenus supplémentaires étaient écoulés sur le marché parallèle et fournissaient près de 30% du leur revenu de base.

3. 3. 1. Le secteur privé

Face au secteur étatique subsistait le secteur agricole privé dont des données précises et complètes sont extrêmement rares. Cependant, il y a lieu de noter que ce secteur était très hétérogène, en fonction des facteurs de production utilisés et de l'importance des superficies des exploitations cultivées.

Le secteur privé décrit comme étant un secteur microfundiaire et régressiste[36], concernait environ 5 millions d'habitants. Il s'étendait sur près de 5,84 millions d'hectares et se composait de près de 586 845 exploitations dont la superficie moyenne avoisinait les 10 hectares. La structure de ces exploitations est présentée comme suit :

Tableau (2) : Répartition des terres dans le secteur privé.

Classes	Nombre d'exploitations	Superficies
Moins de 1 ha	134 780	59 190
De 1 ha à 9,9 ha	288 490	1 260 435
De 10 ha à 49,9 ha	147 045	2 967 545
De 50 ha à 99 ha	11 875	765 585
Plus de 100 ha	4 655	786 905

Graphique (3) : Parts des exploitations privées selon superficies en %.

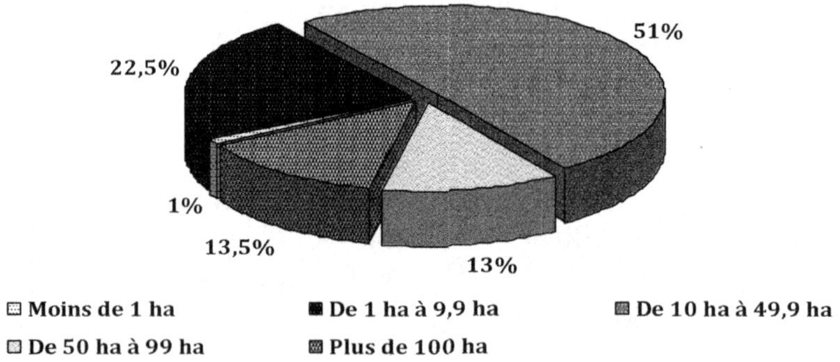

Source : Séries statistiques n°5, structures des exploitations agricoles privées, 1968.

36 Temmar, H. (1974). Structure et modèle de développement de l'économie de l'Algérie… op, cit., p. 99.

3. 3. 2. Les limites de l'autogestion

Il n'a suffi que quelques années après l'indépendance pour voir le revers de la médaille de la politique économique poursuivie. Très vite, le secteur agricole, se trouvait impuissant, victime de l'incompétence de ses dirigeants, confronté à de multiples problèmes de gestion, d'approvisionnement, de commercialisation et de financement. De plus, les terres des anciennes exploitations coloniales n'ont fait l'objet d'aucune distribution comme l'avaient espéré les *fellahs*. Les promesses qui devraient transformer les structures agraires au profit des *fellahs*, n'eurent aucune suite.

L'insuffisance des capitaux, l'hypercentralisation de la décision[37], la domination de l'État sur les exploitations autogérées, la lourdeur bureaucratique, sont des facteurs qui ont fortement handicapé les exploitations agricoles, perturbé la mise en œuvre de ses programmes et limité leurs perspectives.

En conséquence, la gestion administrée de l'agriculture n'a pas atteint ses objectifs. Loin d'assurer ses fonctions, elle sombrait dans de multiples problèmes qui nécessitaient des bouleversements radicaux pour sortir le secteur de sa crise. « *L'agriculture algérienne traditionnellement dynamique suscitent des changements profonds destinés à autonomiser relativement les domaines agricoles socialistes*[38]».

Si l'autogestion a produit une transformation des conditions du travail par rapport à celles des fermes coloniales, c'est seulement dans le sens d'un certain relâchement dans les contraintes du contrôle qui a conduit à un rythme de travail moins intensif[39].

---

37 Les domaines autogérés étaient administrés à partir des bureaux d'Alger. Les responsables n'admettaient pas l'achat du moindre effet pour les fermes sans autorisation. Ce qui compliquer le travail quotidien des agriculteurs, notamment pour ce qui concerne l'achat des intrants et la distribution des semences.

38 Benissad, M. E. (1979). Economie du développement de l'Algérie, sous-développement et socialisme… op, cit., p. 36.

39 Devilliers, G. (1978). Pouvoir politique et question agraire en Algérie… op, cit., p. 194.

L'agriculture n'a rempli ni la fonction qui lui était assignée, ni réuni les conditions de la satisfaction des besoins nationaux en biens agricoles, ni même le maintien de la population rurale dans les campagnes. Seul un changement en faveur d'une autonomie des unités de production dans le cadre d'un respect de la planification nationale apparaît susceptible de dénouer les difficultés du secteur au niveau des productions[40].

40 Badillo, D. (1980). Stratégie agro-alimentaires pour l'Algérie,…op. cit., p. 44.

4. Les réformes de la fin des années 1960 et la tentative d'un renouveau de politique agricole

Entre la dégradation de la production agricole, la chute des exportations, la bureaucratie de gestion, le contrôle exercé par les responsables administratifs sur les producteurs, l'inadéquation des structures des nouvelles institutions étatiques, le manque d'investissements et de financements agricoles, l'échec cuisant de l'autogestion sur le plan économique, politique et social est flagrant.

Les difficultés auxquelles était confrontée l'agriculture à cette époque, suscitaient de profonds changements dans les politiques, afin de libérer le secteur de ses contraintes et permettre à l'agriculture de jouer son rôle économique et social.

Avec les premières réformes des politiques de la période 1966-1969 qui intervenaient dans le cadre du plan triennal 1967-1969 et qui visaient une nouvelle conception de l'autogestion au service de l'économie nationale et au profit des agriculteurs, l'État algérien prend conscience de la gravité de la situation et l'urgence d'un changement à entreprendre. Le principal but de ces changements *« était de réaliser une déconcentration administrative qui pouvait consolider l'emprise locale de l'État et de l'administration économique*[41]».

Depuis la chute du Président *Ahmed Ben-Bella* en 1965, le nouveau régime en place dirigé par le Président *Houari Boumediene*[42] avait remis en cause le système d'autogestion agricole entrepris depuis l'indépendance. « *Ce système considéré par le nouveau régime comme un mythe mobilisateur et un phénomène complexe et contradictoire,*

41 Badillo, D. (1980). Stratégie agro-alimentaires pour l'Algérie,...op. cit., p. 48.
42 Né le 23 août 1932 à Aïn Hesseinia, près de la Wilaya de Guelma, dans une famille pauvre du Constantinois, Boumediene connut déjà très jeune les événements sanglants du 8 mai 1945 à Sétif et à Guelma, dont il dit plus tard : « Ce jour-là, j'ai vieilli prématurément. L'adolescent que j'étais est devenu un homme. Ce jour-là, le monde a basculé. Même les ancêtres ont bougé sous terre. Et les enfants ont compris qu'il faudrait se battre les armes à la main pour devenir des hommes libres. Personne ne peut oublier ce jour-là». À l'indépendance, il devint vice-président et ministre de la Défense du Conseil de la Révolution qui est alors présidé par Ben Bella. Ne partageant pas les orientations politiques de ce dernier, il décide le 19 juin 1965 de mener un coup d'État au terme duquel il devient le nouveau président de l'Algérie.

survenu dans une période de profonds bouleversements, obscurcie par des luttes intestines au sein des organes de l'État[43] ».

Le Président *Boumediene* a déclaré le 20 octobre 1965 dans un débat, afin de préparer des changements au niveau de l'autogestion : *« nous sommes pour une autogestion rentable pour le travailleur et pour l'économie du pays[44] ».*

Ces réformes attendues qui constituaient une rupture importante avec l'improvisation, le désordre et l'anarchie décisionnelle pour renforcer l'autogestion. Elles avaient ciblé les points suivants :

- Trouver une nouvelle réorganisation pour adapter la politique d'autogestion à la réalité de la société algérienne ;

- Alléger les monopoles de l'État dans le secteur agricole afin de faciliter les transactions commerciales et les opérations d'approvisionnement en intrants agricoles ;

- Assurer une représentation effective des domaines autogérés au niveau de la direction des organismes ;

- Trouver une nouvelle politique pour limiter le chômage et l'exode rural afin d'engendrer une augmentation de productivité agricole et sortir le secteur agricole de sa suffocation.

Ces réformes ont principalement remis en cause l'administration de l'autogestion et ont confié la commercialisation de la production des domaines autogérés à des offices publics et à des sociétés nationales. C'est ainsi qu'en avril 1969, après la dissolution l'ONRA, ont été créés les offices des fruits et légumes (OFLA.), les offices des aliments du bétail (ONABA) de l'alfa (ONALFA) et l'office du matériel agricole (ONAMA).

---

43 Lamchichi, A. (1991). L'Algérie en crise. : crise économique et changements politiques. Paris, l'Harmattan, pp. 183-184.
44 Déclaration de H. Boumedienne le 20 octobre 1965, cité par Badillo, D. (1980). Stratégie agro-alimentaires pour l'Algérie,…op. cit., p. 44.

Au même temps, il y a eu la dissolution de l'union nationale des coopératives agricoles de commercialisation (UNCAC), les unions régionales coopératives agricoles de service (URCAS), les coopératives agricoles de conditionnement (CAC) et les unions du matériel agricole (UMA) par les mêmes décrets[45].

Le volet le plus important de ces réformes[46], concernait le financement du secteur autogéré, qui est, depuis ces réformes relevait du ressort de la BNA (Banque Nationale d'Algérie) par le canal des caisses régionales des CAM (crédits agricoles mutuels). Chaque domaine autogéré disposait d'un compte à part entière et traitait ses opérations bancaires avec son agence, contrairement au passé où les compagnes agricoles se finançaient grâce au Trésor public (compagne 1962-1963) ou par la Banque centrale d'Algérie (compagne 1963-1964 et 1964-1965), par le biais de la caisse centrale des SAP (Sociétés Agricoles de prévoyances).

Ses premières réformes de la fin des années 1960, n'ont pas donné les effets escomptés et n'ont pas atteint les objectifs attendus. Ce qui a conduit à d'autres réformes au début des années 1970, en l'occurrence celles dans le cadre du plan quadriennal 1970-1973 et le deuxième plan quadriennal 1974-1977.

En tant que première tentative de planification en Algérie indépendante, ces réformes ont préparé l'application des deux plans quadriennaux qui vont suivre jusqu'à 1977. Le plan triennal ne définissait pas des objectifs quantitatifs précis. Il se présentait plutôt sous la forme d'un programme de mesures d'organisation destinées à préparer les administrations et les agents économiques aux tâches de la planification et aux actions de développement.

---

45 Benamrane, D. (1974), Agriculture et développement, application à l'évolution de l'économie algérienne,...op. cit., p. 117.

46 Ces réformes ont accordé une grande importance à l'effort de l'investissement pour aider le pays à sortir de son sous-développement. Cependant, l'une des plus importantes réformes de ces années était la nationalisation du secteur bancaire en 1966 et sa réorganisation pour l'adapter aux besoins en investissements et aux conditions de leur réalisation, ainsi que la nationalisation des ressources du sous-sol la même année, et la nationalisation des grandes entreprises étrangères en 1968. Au même temps, l'État augmente son contrôle sur le commerce extérieur en promulguant un tarif douanier en 1968.

Compte tenu des connaissances insuffisantes de la situation économique et sociale, de la faiblesse de l'État et plus particulièrement des organes de planification, d'un secteur public économique limité et peu organisé, de l'inadaptation et l'absence de préparation des différentes structures administratives et technico-économiques, ce plan ne pouvait prétendre avoir un caractère autre qu'indicatif et un champ d'influence relativement restreint[47].

4. 1. Les résultats économiques de la politique agricole post indépendance

Les premières années de l'indépendance ont été marquées par une tentative de poursuite des grands aspects de la politique agricole coloniale, notamment en termes de productions. Seulement, les nouvelles conditions de la société algérienne, la dégradation des niveaux des productions ainsi que l'accroissement de la population et l'évolution rapide de la consommation ont eu des répercussions négatives sur la balance alimentaire, en particulier, celle de la céréaliculture[48], dont la situation est devenue extrêmement préoccupante.

4. 1. 1. Les importations des céréales

L'Algérie, grenier céréalier à une époque, se voit obligé d'importer aussi bien du blé dur que du blé tendre afin de couvrir et de satisfaire une demande locale parmi les plus importantes du monde d'une population à taux de croissance galopant.

En effet, l'Algérie réputée pays céréalier, devenait importatrice du blé tendre comme du blé dur. Le pays n'était plus en mesure de satisfaire la demande intérieure puisqu'en 1967, l'Algérie a importé plus de 7 millions de quintaux de céréales.

---

47 Nadir, M, T. (1982). L'agriculture dans la planification en Algérie de 1967-1977. Alger, édition office des publications universitaires, pp. 40-41.
48 Pour la consommation des céréales par exemple, on enregistrait près de 262,44 kg/tête selon l'enquête AARDES (Association algérienne pour la recherche démographique, économique et sociale) 1966-1967.

Les importations ne cessaient d'augmenter, particulièrement après la réduction sensible des exportations du blé dur et d'orge destinées à la France, qui fournissait quant à elle, l'Algérie en blé tendre. Cette situation est devenue d'autant plus grave depuis que la France a décidé d'arrêter sa politique des prix préférentiels[49], pratiquée vis-à-vis de l'Algérie à l'époque coloniale[50].

Les productions internes étant limitées, il a fallu recourir aux importations pour répondre à la demande locale. Il a fallu par conséquence dépenser des sommes importantes en devises dont le pays avait besoin pour d'autres secteurs productifs. Le graphique (4) retrace les quantités importées des céréales ainsi que leurs valeurs en milliers de dollars.

Graphique (4) : Importation des céréales entre 1961 et 1970.

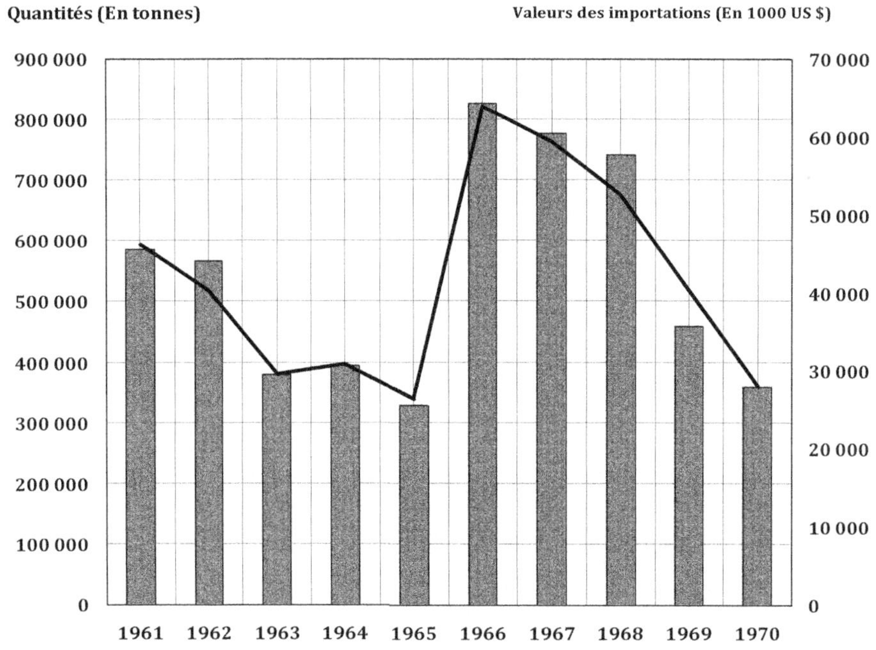

Source : FAOSTAT | OAA Division de la statistique 2006.

49 La France pratiquait des prix préférentiels pour les céréales algériennes supérieurs aux prix mondiaux : 50 DA le quintal au lieu de 32 DA le cours mondial. Ces prix préférentiels ont été pratiqués entre 1937 jusqu'à 1962.
50 Tidafi, T. (1969). L'agriculture algérienne et ses perspectives de développement. paris, édition François Maspero, pp. 51-53.

4. 1. 2. La viticulture

Comme à l'époque coloniale, la viticulture constituait une activité prépondérante et l'axe même de l'économie agricole de l'aire d'indépendance. La production viticole représentait le tiers de la production agricole et constituait la moitié des exportations des produits agricoles.

De plus, l'importance de ce secteur résidait dans son caractère pourvoyeur des devises, puisque la consommation locale du vin dans le pays restait infime. Les débouchés pour ces produits sont donc orientés surtout vers le marché français (la moyenne de 1956 à 1960 était de 15 700 hl par an) et à moindre mesure sur le marché international (à hauteur de 100 hl pour la même période).

La viticulture, fragile, vulnérable et dépendante vis-à-vis du marché français, ne tarde pas à se heurter à un problème qui met son avenir en péril, notamment que la production du secteur n'était pas négligeable comme le retrace le graphique (5) qui montre l'évolution des quantités de vignes à vin produites entre 1962 et 1970.

Graphique (5) : Productions des vignes à vin entre 1962 et 1970.

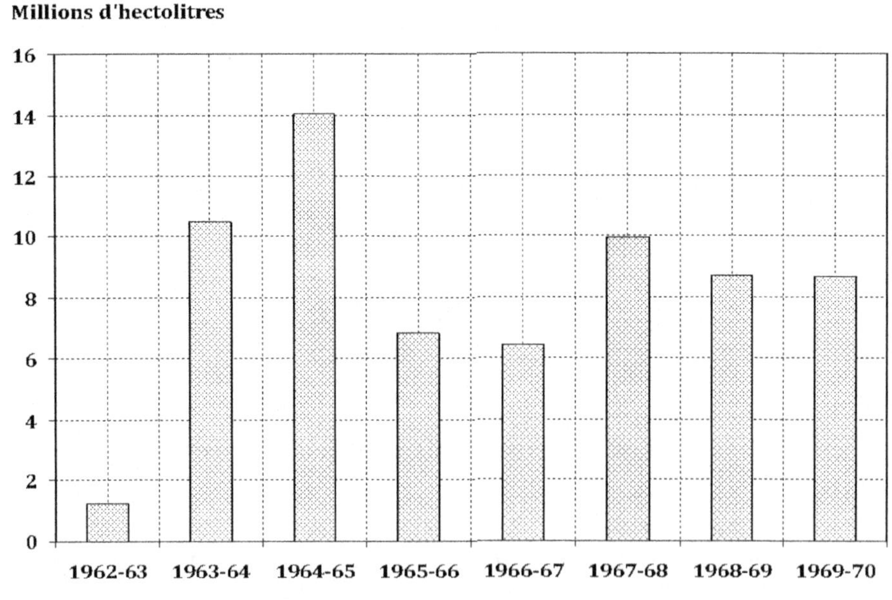

Source : À partir des séries statistiques de l'ONS n° 28, pp. 10-15.

Après une relative baisse des quantités produites en vignes à vin pendant les premières années de l'indépendance, celles-ci retrouvent un niveau normal à partir de 1964.

L'importance de ces quantités produites dans le secteur viticole qui s'étalait sur 352 000 hectares en moyennes par an, incitait à trouver de nouveaux débouchés pour son écoulement, surtout que les stocks du vin ne quittaient plus les chais algériens, après le refus du gouvernement français de respecter l'accord prévoyant l'écoulement des productions vers le marché français[51].

Ce refus peut être expliqué par des nouvelles provenances d'approvisionnement du vin pour le marché français : Italie ou Espagne. Il peut aussi être expliqué par le transfert des colons de leurs activités viticoles de l'Algérie vers la France. Les colons qui ont planté près de 460 000 hectares dès les premières années de leur arrivée et qui inondaient le marché local avec des quantités assez importantes en vin.

De ce fait, le secteur de la viticulture a connu une véritable crise des exportations à partir de 1966. Ces exportations destinées auparavant au marché de la métropole bénéficiaient auprès de la France d'un prix préférentiel, 40% plus élevé que les cours mondiaux. C'était une politique des prix pratiqués à l'encontre des viticulteurs en Algérie. Une sorte de politique de subventions indirectes au profit des colons.

C'est ainsi que les exportations du vin ont connu une diminution importante en volume et en valeur comme nous le constatons à partir de graphique (6) et notamment en 1967 où les exportations ont à peine dépassé le seuil de 4 millions d'hectolitres pour une valeur total de moins de 270 millions de DA.

---

51 En effet, des mesures très restrictives, prises par la France envers les exportations du vin algérien malgré ses engagements et ses accords passés en matière d'enlèvement des vins et la levée des abattements tarifaires dont bénéficiait jusqu'à là l'Algérie. Bourenane, M. (1981). La révolution agraire et le secteur privé agricole en Algérie in Coquery Vidrovitch, C. Sociétés paysannes du Tiers-monde. Publication du laboratoire connaissance du Tiers-monde de l'Université Paris VII. Lille, édition des presses universitaires de Lille.

La perte de ces ressources en devises constituait un coup très dur pour une économie déjà fragilisée. Des ressources assez colossales qui contribuaient à 23% de la balance des paiements et constituaient jusqu'à 1966 en valeur plus de 80% des produits agricoles exportés (une valeur ajoutée de 653,7 millions DA en 1966) et 25% des exportations totales. Un an plus tard, en 1967 et 1968, l'exportation du vin n'a constitué que 40% environ des exportations des produits agricoles et 10% environ des niveaux des exportations totales.

Malgré les pertes en devises causées par la diminution des exportations vinicoles, l'État algérien face à une situation paradoxale, ne pouvait qu'obéir à l'obligation d'arrachage de ses vignes.

L'inexistence d'un marché national et la restriction du marché mondial, rendaient nécessaire la reconversion rapide du vignoble, surtout que les stocks de vin non écoulés, dans les caves algériennes, ne cessaient d'augmenter. Ils s'élevaient à 2 millions d'hectolitres en 1963, 16 millions en 1967 et 22 millions en 1968, ruinant ainsi les domaines viticoles dans les régions les plus riches du pays, les obligeant à convertir dans l'urgence, les sols (arrachage du vignoble de cuve) et à débaucher massivement de la main d'œuvre la plus expérimentée (près de 23 000 travailleurs permanents entre 1965 et 1968)[52]. C'est ainsi que 71 300 hectares dans le secteur socialiste et plus de 5 000 hectares dans le secteur privé plantés des vignes à vin ont été arrachés entre 1968 et 1973[53].

---

52 Bessaoud, O. (2003). L'agriculture et la paysannerie en Algérie, les grands handicaps, op. cit., p. 22.

53 Séries statistiques agricoles n° 12 : « L'agriculture algérienne à travers les chiffres, 1970 », p. 30.

Graphique (6) : Exportations du vin en volumes et en valeurs entre 1962 et 1970.

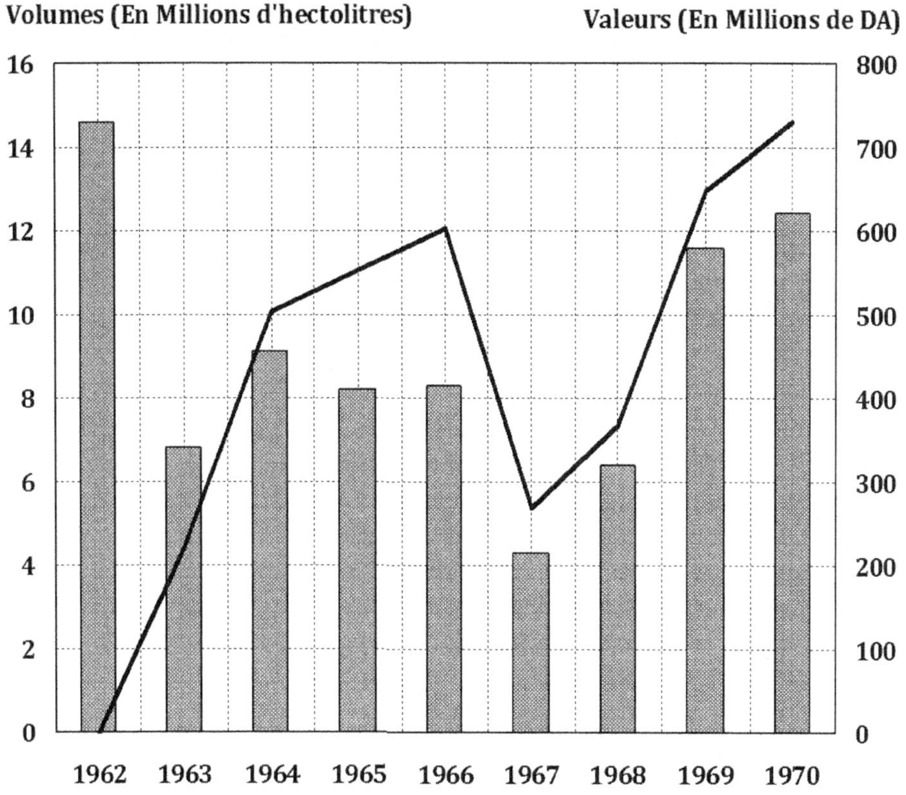

Source : Raffinot, M., Jacquemont, J. (1977). *Le capitalisme d'État algérien,* p. 384.

4. 1. 3. Les agrumes

La production agrumicole revêtait une grande importance pour l'économie algérienne. Elle couvrait de très loin la demande locale dont la consommation par tête ne dépassait pas les 6,6 kg[54] en 1967. De 1966 à 1968 elle constituait en valeur 20% des exportations des produits de l'agriculture soit en moyenne 5% de la valeur totale des exportations.

Sur près de 314 000 hectares couverts par les agrumes, 278 000 hectares appartenaient au secteur socialiste qui produisaient 4 millions

54 Selon l'enquête AARDES (Association algérienne pour la recherche démographique, économique et sociale) de 1966-1967.

de quintaux (90% de la production) et moins de 13% de ces superficies appartenaient au secteur privé qui produisait quant à lui, près de 445 000 de quintaux, soit 10% de la production agrumicole avec des rendements qui dépassaient les 110 quintaux par hectare en moyenne.

L'agrumiculture formait un secteur aussi important que la céréaliculture et la viticulture. Les séries statistiques de l'office national algérien sur les productions agricoles en 1970, précisaient l'évolution des quantités produites des différents agrumes comme suit (en quintaux).

Tableau (3) : Quantités d'agrumes exportées jusqu'à 1970.

Compagne	Total des exportations agrumicoles
1963-1964	4 636 820 quintaux
1964-1965	4 150 890 quintaux
1965-1966	4 019 820 quintaux
1966-1967	4 003 970 quintaux
1967-1968	4 316 370 quintaux
1968-1969	4 912 370 quintaux
1969-1970	5 078 600 quintaux

Source : Série statistique de l'ONS n° 28, pp. 10-15.

Ce secteur constituait une source de devises et une partie importante de la balance des paiements de l'Algérie. De 1966 à 1968, le poste des agrumes constituait 20% des exportations des produits de l'agriculture en valeur, soit en moyenne, 5% de la valeur totale des exportations[55]. Cela est grâce aux exportations qui évoluaient comme illustré dans le graphique (7) qui montre une tendance à la baisse depuis les premières années de l'indépendance.

55 Chiffres et taux arrondis, tirés de l'analyse de l'évolution de la production agricole de Temmar, H. (1974). Structure et modèle de développement de l'économie de l'Algérie… op, cit., pp. 65-66.

La situation des exportations agrumicoles pourrait être expliquée par divers facteurs. La diminution des qualités d'agrumes algériens à cause du manque de la main d'œuvre qualifiée, de la fertilisation des sols et le manque d'entretien des domaines agrumicoles ont eu des répercussions négatives sur la qualité des agrumes, en particulier sur les niveaux des rendements de ces derniers qui ont enregistré une chute significative.

Le recul de la production à l'hectare est d'autant sensible que régulier. Des rendements qui frôlaient en moyenne les 117 q/h en 1960 ne dépassaient pas les 106 q/h en 1964. Ils ont diminué pour atteindre 96,2 q/h en 1965, soit une baisse de 14 q/h en un an.

L'acharnement de la concurrence internationale dans ce domaine, ainsi que les retards enregistrés dans l'arrivée des agrumes sur le marché mondial étaient aussi des causes de la baisse des exportations. Les clémentines, les mandarines et les oranges en provenance du Maroc, de Tunisie et d'Espagne, rivalisaient les agrumes algériens sur le marché français.

Ceci est d'autant plus vrai quand on constate que la part de la production agrumicole destinée à l'exportation a baissé de 46% entre la compagne de 1961-1962 et celle de 1964-1965, alors que les exportations mondiales d'agrumes ont augmenté de 25% pour l'ensemble de la période[56].

56 Brahimi, A. (1991). Stratégies de développement pour l'Algérie : Défis et Enjeux, ... op, cit., p.72.

Graphique (7) : Exportations des agrumes entre 1962 et 1970.

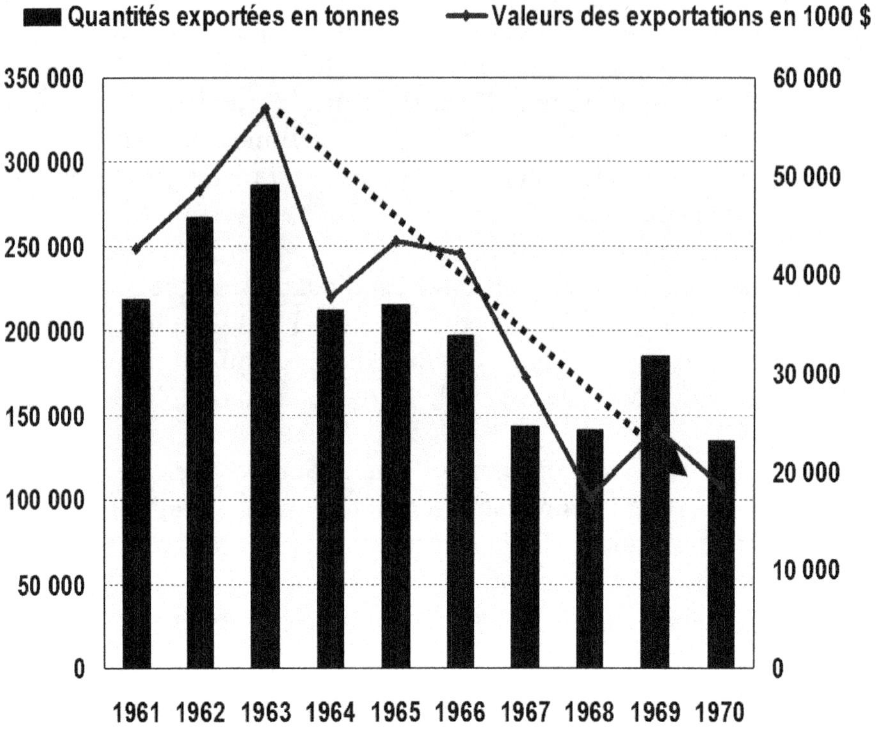

Source : FAOSTAT | OAA Division de la statistique 2006.

Ces baisses d'exportations étaient dues en premier lieu à des problèmes de logistique. L'improvisation, le manque des moyens d'une gestion efficace ainsi que le défaut de structures de commercialisation, d'approvisionnement et d'écoulement des productions, sont des facteurs qui ont empêché le développement des plantations agrumicoles. Ils ont défavorisé la création de conditions convenables et adaptées pour un système efficace de gestion. En effet, la politique suivie par le planificateur algérien voulant imiter l'autogestion yougoslave n'a pas donné les effets escomptés. Au contraire, elle était un facteur de déstabilisation du paysan qui a, plus résisté aux changements proposés que de les avoir acceptés. Le *fellah* a surtout, contrarié les plans dictés par le planificateur, loin des unités de production, occultant toute réalité du terrain[57].

57 La plupart des plans de cultures annuelles étaient établis et mis en œuvre par les centres de décision à Alger.

4. 1. 4. Les productions animales

L'Algérie, pays à vocation pastorale qui comptait en 1911 près de 9 millions de têtes de bestiaux, n'arrivait plus à subvenir à la demande locale en matière de viandes rouges. Le cheptel algérien a connu une régression importante de près de 50% en moins d'un demi-siècle pour atteindre 4,35 millions de têtes durant la période de 1946 à 1953[58]. Une réduction qui peut être expliquée par l'expropriation des paysans de leurs cheptels durant l'époque coloniale, mais aussi, à cause de la dégradation continue des terrains de parcours et la réduction corollaire à l'extension des superficies céréalières.

Les productions réalisées dans ce secteur révélaient une pression graduelle des besoins alimentaires locaux, durant une période marquée par une croissance démographique importante. Les recours aux importations de viandes rouges, blanches et de produits laitiers étaient inéluctables pour pallier à l'insuffisance de la production locale.

Pourtant, des efforts considérables ont été entrepris dans ce cadre depuis les années 1960 afin d'améliorer les niveaux des productions des différentes viandes blanches, rouges et même des productions avicoles. Le tableau (4) illustre l'évolution de l'élevage depuis l'indépendance dont les nombres sont donnés en milliers de têtes.

Tableau (4) : Évolution de l'élevage animal entre 1962 et 1970 (en milliers de têtes).

Élevage	62-63	63-64	64-65	65-66	66-67	67-68	68-69	69-70
Bovin	*****	525	531	602	668	800	841	871
Ovin	*****	3 798	3 981	5 726	5 714	7 130	7 634	7 668
Chevaux	*****	100	117	114	115	132	129	139
Camelin	158	162	175	176	175	175	173	178
Caprins	*****	1 356	1 642	1 762	1 771	2 322	2 515	2 557
Autres	*****	335	395	411	441	539	491	517

Source : Série n°12 : L'agriculture algérienne à travers les chiffres.

58 Mehsas, A. (1975). L'autogestion en Algérie, données politiques de ses premières étapes de son application … op, cit., p.19.

Les importations de toute sorte de viandes ovines et bovines se multipliaient dans le pays. En 1965, l'Algérie a importé 8 000 bovins de boucherie, 2,8 millions de tonnes de viande fraîche de bœuf, 500 tonnes de viande fraîche de mouton, 170 tonnes de viande congelée[59].

Cependant, la plus forte demande qui s'est manifestée dans le début des années 1960 concernait les produits laitiers. Ce secteur a connu la plus grande défaillance en termes des productions. Le secteur autogéré n'assurait que 2% de la production totale en 1964, contrairement au secteur colonial qui assurait quant à lui les deux tiers des quantités totales produites avant l'indépendance. De ce fait, l'importation des produits laitiers concernait 60% de la consommation nationale. En 1965, l'Algérie a importé plus 290 000 hl de lait frais, 22 000 tonnes de lait concentré, 1 500 tonnes de lait en poudre, 6 000 tonnes de beurre, 5 000 tonnes de fromage sans pour autant couvrir toute la demande locale.

En dépit des efforts entrepris en la matière, l'État a eu recours à des importations massives de vaches à hauts rendements laitier d'Europe et d'Amérique du Nord, pour faire face aux besoins croissants de la population locale (plus de 30 000 bovins d'élevage importés entre 1963 et 1965). Cela au détriment de la production nationale et au préjudice d'encourager la production de cheptel de race locale (essentiellement la "*brune de l'Atlas*", "*El-cheurfa*" et la "*Guelmoise*") mieux adaptés aux conditions climatiques et aux qualités des aliments.

Ceci s'est avéré d'autant plus vrai lorsqu'on constate l'échec cuisant de cette politique d'importations de bétail. La sous exploitation des capacités des étables héritées des colons, les conditions aléatoires d'alimentation et d'accueil des vaches ont contribué à l'échec de ce projet. Les rendements des vaches pastorales se sont dégradées et réduites, quantitativement et qualitativement. Affaiblies par les conditions climatiques et le manque de protection des maladies et des différentes épizooties, la production des vaches a été divisée par plus de la moitié[60].

---

59 Tidafi, T. (1969). L'agriculture algérienne et ses perspectives de développement...op. cit., p. 73.

60 Les vaches qui produisaient dans des circonstances normales environ 5000 litres/an en moyenne dans leurs pays d'origine, ne produisaient qu'environ 2000 litres/an en Algérie.

Graphique (8) : Importations de lait liquide entre 1961 et 1970.

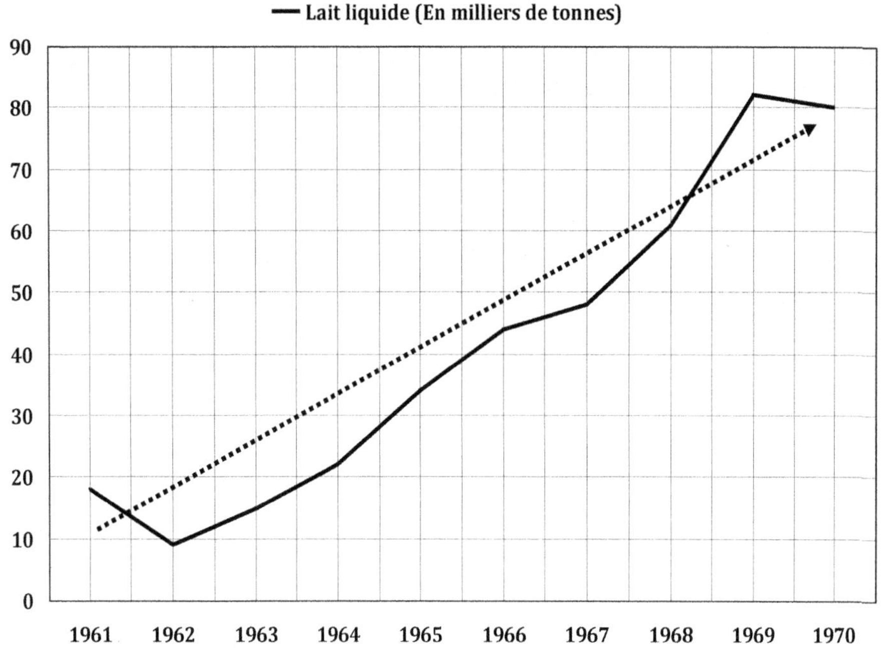

Graphique (9) : Importations de lait en conserve entre 1961 et 1970.

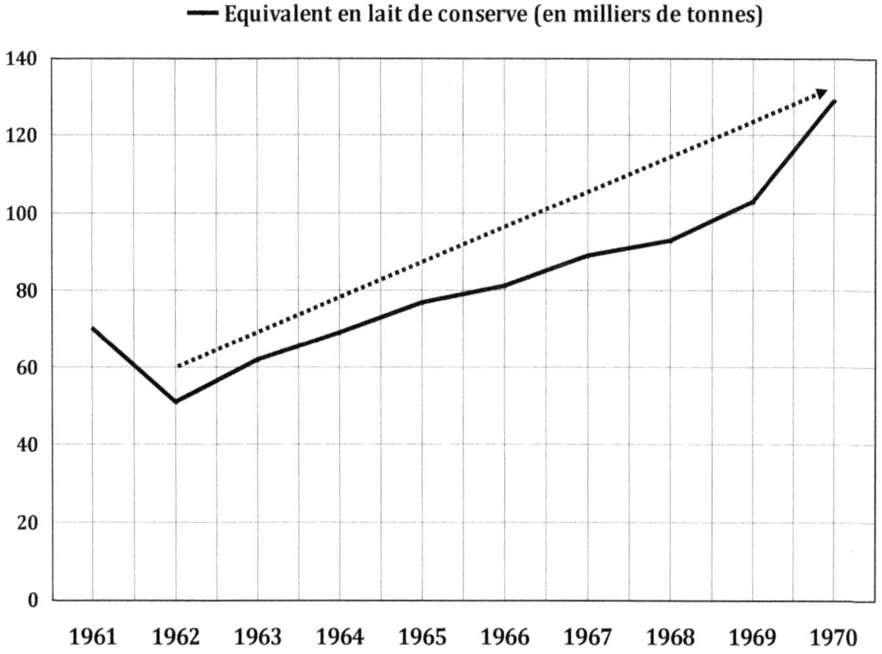

Source : Séries statistiques agricoles n° 12, p. 71.

5. De l'autogestion à la révolution agraire... La nécessité d'une autre réforme agraire.

La définition communément donnée à une révolution agraire classique, n'est autre qu'un *« processus de redistribution ou de déconcentration de la terre ».* Cependant, la réforme voulue par le gouvernement algérien dans les années 1970, dépassait de loin cette simple réforme. Une réforme qui s'inscrivait dans le cadre d'une ambitieuse stratégie de développement et qui *« représentait un pas important en avant dans l'orientation socialiste du pays*[61] *».*

Le Président *Houari Boumediene : « La révolution agraire est une nécessité qui s'impose dans notre pays. Telle que nous la concevons, elle doit être, dans toute l'ampleur du terme, une transformation et une création révolutionnaire au service de nos paysans. C'est la raison pour laquelle nous avons décidé de la commencer [...]. Le problème de la réforme agraire, en lui-même, exige davantage de temps, des possibilités énormes, des efforts soutenus et une grande compréhension de la part des cadres*[62] *».*

La réforme agraire de 1971, intervient dans un contexte particulier et à un moment clef du développement économique algérien. Entre la mise en application du premier plan quadriennal 1970-1973 et la nationalisation des hydrocarbures le 24 février 1971, l'Ordonnance n° 71-73 du 8 novembre 1971 mis en place la révolution agraire. Un des articles de la Charte de la révolution agraire précise que : « *la révolution agraire est une opération éminemment politique dans ses fondements comme dans ses buts, qui constitue une dimension fondamentale de la construction du socialisme. Sa réalisation doit par conséquent, respecter les méthodes mêmes de la construction du socialisme dans notre pays, c'est-à-dire avant tout, décentralisation, démocratie, participation des intéressés eux-mêmes, mobilisation de l'ensemble des institutions politiques, et adoption des instruments technico-administratifs*[63]».

---

61 Devilliers, G. (1980). « L'état de la révolution agraire en Algérie », revue française de science politique, volume 30, n° 1, p. 113.

62 Discours du Président Boumediene, ville de Tiaret, 22 avril 1966.

63 Ministère algérien de l'information et de la culture (1972). La charte de la révolution agraire. Ordonnance, n° 71-73 du 8 novembre 1971, portant révolution agraire. Alger, 1972.

La révolution agraire se proposait à moyen terme d'assurer une répartition juste et efficace des moyens de production agricole, de sanctionner le mauvais usage de la terre, et de supprimer la possibilité pour certains propriétaires d'exploiter les travailleurs à leur profit ou de laisser leurs terres à l'abandon. À plus long terme, et en fonction des impératifs des plans de développement, la coopération entre les secteurs devait être généralisée, afin d'arriver à une homogénéisation du secteur agricole dans son ensemble[64]. L'ensemble de ces objectifs recouvre le projet plus général d'intégrer les paysans dans l'effort de développement du pays, en leur garantissant de bénéficier des fruits de leur travail, en supprimant les obstacles à la transformation et l'exploitation des cultures[65].

La nécessité de la révolution agraire est mise en évidence par des chiffres qui analysaient les inégalités sociales. La Charte de la révolution agraire promulguée en 1971, indiquait qu'avant le démarrage des opérations de nationalisation, 16 500 exploitations (soit 3% des exploitations totales) possédaient des terres de plus de 50 ha (représentant 25% du total des terres privées), 147 000 exploitations de 10 à 50 ha et 114 000 exploitations de 5 à 10 ha.

À l'opposé, 310 000 exploitations de moins de 5 ha, représentant plus de la moitié du total des exploitations (en majorité des petites unités) ne disposaient globalement que de 10% de l'ensemble des terres privées[66]. C'est dire que les gros exploitants qui ne représentaient que 3% du total, disposaient à eux seuls de 25% de la surface cultivable, alors que les paysans insuffisamment pourvus, représentant plus de la moitié des exploitants, ne disposaient que de 10% de cette même surface[67]. Le tableau (5) illustre la répartition du nombre d'exploitations et de surface agricole utile en valeur absolue et en pourcentage par classe de superficie dans le secteur privé.

---

64 Burgat, F. & Nancy, M. (1984). Les villages socialistes de la révolution agraire algérienne, ,... op, cit., p. 48.

65 Bourenane, M. (1981). La révolution agraire et le secteur privé agricole en Algérie in Coquery Vidrovitch, C. Sociétés paysannes du Tiers-monde. Lille, édition des presses universitaires de Lille, pp. 226-227.

66 La transformation des rapports sociaux dans les campagnes, in l'Algérie en débat : luttes et développement, p. 23.

67 Préambule de la charte de la révolution agraire, Lesbet, D. (1984). Les 1000 villages socialistes en Algérie... op, cit., p. 49.

Tableau (5) : Répartition du nombre d'exploitations et de la surface agricole utile en valeur absolue et en pourcentage par classe de superficie.

Superficies	Nombre d'exploitations	SAU	% des exploitations	% de la SAU
Exploitants dans terres[68]	168 683	*****	18,75	*****
Moins de 1 ha	161 667	57 009	17,97	1,1
De 1 à moins de 10 ha	417 217	1 479 403	46,39	28,41
De 10 à moins de 20 ha	89 312	1 144 836	9,93	21,98
De 20 à moins de 50 ha	49 216	1 347 649	5,47	25,88
De 50 ha à moins de 100 ha	10 007	610 913	1,11	11,73
De 100 à moins de 200 ha	2 637	315 275	0,29	6,05
Plus de 200 ha	802	252 526	0,09	4,85
Total	899 541	5 207 611	100%	100%
Nomades	15 961	165 881	*****	*****

Source : Karsenty, J. C. (1975). « Investissements et agriculture en Algérie », *Annuaire de l'Afrique du Nord.* t XIV. Centre de Recherches et d'études sur les sociétés méditerranéennes, édition CNRS, p. 116.

---

68 Les exploitations sans terre sont définies par le recensement général de l'Agriculture comme ayant « soit des ovins, bovins, ou caprins…et elles ont une importance économique appréciable, soit des arbres isolés ou de la basse-cour, leur rôle est alors le plus souvent marginal ».

5. 1. Le choix d'un modèle de développement économique

La stratégie de développement adoptée à cette époque, était fondée essentiellement sur l'industrie qui était considérée comme le secteur moteur du développement économique. Cette vision est héritée de la théorie des "*industries industrialisantes*" sur laquelle nous allons revenir plus tard. L'intérêt accordé à la liaison sectorielle entre l'agriculture et l'industrie, s'illustrait nettement dans les propos des responsables de cette stratégie : *« aucune agriculture ne peut se moderniser sans entrer dans un système de relations étroites avec l'industrie et sans se laisser transformer techniquement et sociologiquement par l'industrie* [69]». Cette stratégie s'illustrait aussi dans les objectifs fixaient au secteur agricole, dont les plus importants sont de servir de débouchés à la production industrielle et aux équipements agricoles en utilisant des inputs tels que les tracteurs, les moissonneuses-batteuses, les moyens de transport, les engrais,...etc. Cela est en vue d'augmenter la production et la productivité agricole afin de satisfaire les besoins croissants en produits alimentaires. Mais aussi, pour augmenter les niveaux de vie des agriculteurs, leurs revenus et améliorer leurs conditions de vie pour une plus forte réduction de l'exode rural. Ce projet visait aussi que l'agriculture servirait de débouchés pour les biens industriels de consommation et de fournir les matières premières aux industries de transformation[70].

Avec le progrès industriel, le rôle stratégique de l'agriculture dans le processus du développement est devenu plus soutenu et plus clair. La conviction quant au blocage de l'industrialisation en cas de stagnation ou de recul de l'agriculture s'imposait[71]. L'interdépendance étroite entre l'agriculture et l'industrie ne pouvait donc être longtemps ignorée tant que la croissance continue de l'économie (et donc de l'emploi) reste l'objectif principal. Cette nouvelle thèse, qui avait de plus en plus de protagonistes, cherchait à initier l'Algérie à « *marcher sur ses deux jambes pour avancer*[72]».

---

69 De Bernis, G. D. (1966). « Industries industrialisantes et contenu d'une politique d'intégration régionale » Revue d'économie appliquée, Tome XIX, N° 3-4, p. 418.
70 Brahimi, A. (1991). Stratégies de développement pour l'Algérie : défis et enjeux... op. cit., p.166
71 Benissad, M, E. (1980). L'économie algérienne contemporaine. Paris, Presses universitaires de France, p. 49.
72 Ibid., p.50.

5. 1. 1. La stratégie de développement et les *industries industrialisantes*

Dans un contexte économique et politique difficile, l'Algérie a fait le choix de son modèle de développement, en voulant éviter les pièges des autres politiques de développement dans les pays du tiers monde, récemment indépendants. Le modèle de développement suivi s'est caractérisé par une forte planification centralisée de type soviétique.

La stratégie algérienne de développement basée essentiellement sur l'industrialisation, avait choisi en effet, de privilégier l'industrie lourde au prix de colossaux investissements matériels, supposée entraîner l'industrie légère en aval. C'est le cœur de la théorie des "*industries industrialisantes*". Un type de stratégie, écrit Assidon, *« qui a l'ambition de réaliser un auto-centrage intersectoriel davantage qu'intera-industriel[73] ».*

Gérard Destanne de Bernis[74] qui s'est inspiré des idées de la théorie des pôles de croissance, des industries motrices et des effets d'entraînement de François Perroux, défini les industries industrialisantes comme suit. « *Ce groupe d'industries dont la fonction économique fondamentale est d'entrainer dans son environnement localisé et daté un noircissement systématique ou une modification structurelle de la matrice inter-industrielle et des transformations des fonctions de production, grâce à la mise à la disposition de l'entière économie d'ensembles des nouveaux machines qui accroissent la productivité de l'un des facteurs ou la productivité globale et, en tout cas, un accroissement de la maîtrise de l'homme sur sa production et son produit. Ces transformations induisent, à leur tour, une restructuration économique et sociale et une transformation des fonctions de comportement dans l'ensemble considéré, la rénovation des structures sociales constituant à la fois et tour à tour*

73 Assidon, E. (2002). Les théories économiques de développement,...op, cit., p.8.

74 Gérard Destanne De Bernis a été un des principaux conseillers économiques de Président Houari Boumediene. Il a eu comme maître penseur François Perroux. Il restera fortement inspiré de son analyse du pouvoir, de la domination et des asymétries dans l'économie. Ses théories du développement sont fortement inspirées des idées de Perroux et des économistes du développement (Myrdal, Prebish, Furtado). Il s'inspirera beaucoup de Karl Marx et des auteurs marxistes pour ce qui est de son analyse du capitalisme.

une condition et une conséquence du processus d'industrialisation [...]. L'industrialisation se marque comme la domination sans cesse croissante de l'homme sur la nature et d'éventuelle possibilité de sa domination sur la société même, alors qu'en pays sous-développé, l'industrialisation constitue un point de rupture, l'amorce de cette puissance de l'homme qui n'accepte plus de se soumettre totalement aux éléments naturels[75]».

Les "*industries industrialisantes*" devraient donc, fournir à l'agriculture les produits qui, en améliorant la productivité, permettaient d'accroître le surplus agricole disponible. Deux étapes dans cette politique peuvent être distinguées. En premier lieu, une étape de maximisation du surplus agricole ; une seconde étape qui consiste en un processus de maximisation de l'efficacité avec laquelle ce surplus est utilisé pour le financement de l'ensemble de l'économie[76].

La représentation de la figure (1) de la page suivante, schématise le processus par lequel les hydrocarbures et l'industrie devraient être au service du secteur agricole.

Dans le modèle algérien de développement, le processus d'industrialisation, orienté vers l'implantation prioritaire d'industries de base, est, par conséquent, dissocié de la demande existante tant sur le marché national que le marché international. De plus, l'investissement, dans sa presque totalité devait être destiné aux "*industries industrialisantes*", qui recouvraient dans le cadre de l'économie algérienne des industries d'un rôle primordial : au secteur des hydrocarbures, de la pétrochimie, de la sidérurgie et de la mécanique qui sont les secteurs des industries industrialisantes[77].

Dès lors, une économie rentière basée essentiellement sur les industries pétrolières s'est mise en place. Une prérogative accordée au secteur industriel, traduisait par une importante accumulation des

---

75 De Bernis, G. D. (1966). « Industries industrialisantes et contenu d'une politique d'intégration régionale » ...op. cit., p. 419.
76 Azoulay, G. (2002). Les théories du développement, du rattrapage des retards à l'explosion des inégalités. Rennes, presse universitaire de Rennes, pp, 204-205.
77 De Bernis, G. D. (1971). « Industries industrialisantes et les options algériennes ». Revue Tiers Monde, n°47, Tome12, p 526.

fonds résultant d'un taux très élevé des investissements. Un taux d'investissement sans précédent dans l'industrie au détriment du secteur agricole, délaissé et défavorisé en termes d'investissement.
Le tableau ci-dessous résume les distributions relatives des investissements publics industriels entre 1967 et 1977.

Tableau (6) : Distributions relatives des investissements publics industriels entre 1967 et 1977.

* : Prévision.
** : Réalisation.

	Plan triennal 1967-1969		**1ère Plan quadriennal 1974-1977**		**2ème Plan quadriennal 1974-1977**	
	Prévi*	**Réali****	**Prévi**	**Réal**	**Prévi**	**Réal**
Hydrocarbures	41,9	50,9	36,9	47,1	40,6	48,6
Industrie						
Section I[78]	47	40,6	48,9	46,2	47,6	44,5
Section II[79]	11,1	8,5	14,2	6,7	11,8	6,9
Total des investissements	**100**	**100**	**100**	**100**	**100**	**100**

Source : Bedrani, S. (1981). *L'agriculture algérienne depuis 1966, étatisation ou privatisation ?,... op. cit.*, p. 6.

La stratégie étatique d'industrialisation a été mal appliquée pour différentes raisons, qui tiennent surtout à son inadaptation conceptuelle à la situation du pays[80]. L'absence d'effets

78 Industrie lourde qui regroupe l'ensemble des industries de biens de production.
79 Industrie des biens de consommation.
80 Blin, L. (1990). L'Algérie du Sahara au Sahel. Paris, l'Harmattan, p. 269.

d'entraînement de la production industrielle en amont vers l'agriculture commençait très vite à se faire sentir.

L'agriculture algérienne devenait incapable d'entrer dans le processus d'articulation avec l'industrie et elle s'est nettement régressée. La production agricole tendait de plus en plus à la baisse.

Schéma (1) : Processus par lequel les hydrocarbures et l'industrie devaient être au service du secteur agricole.

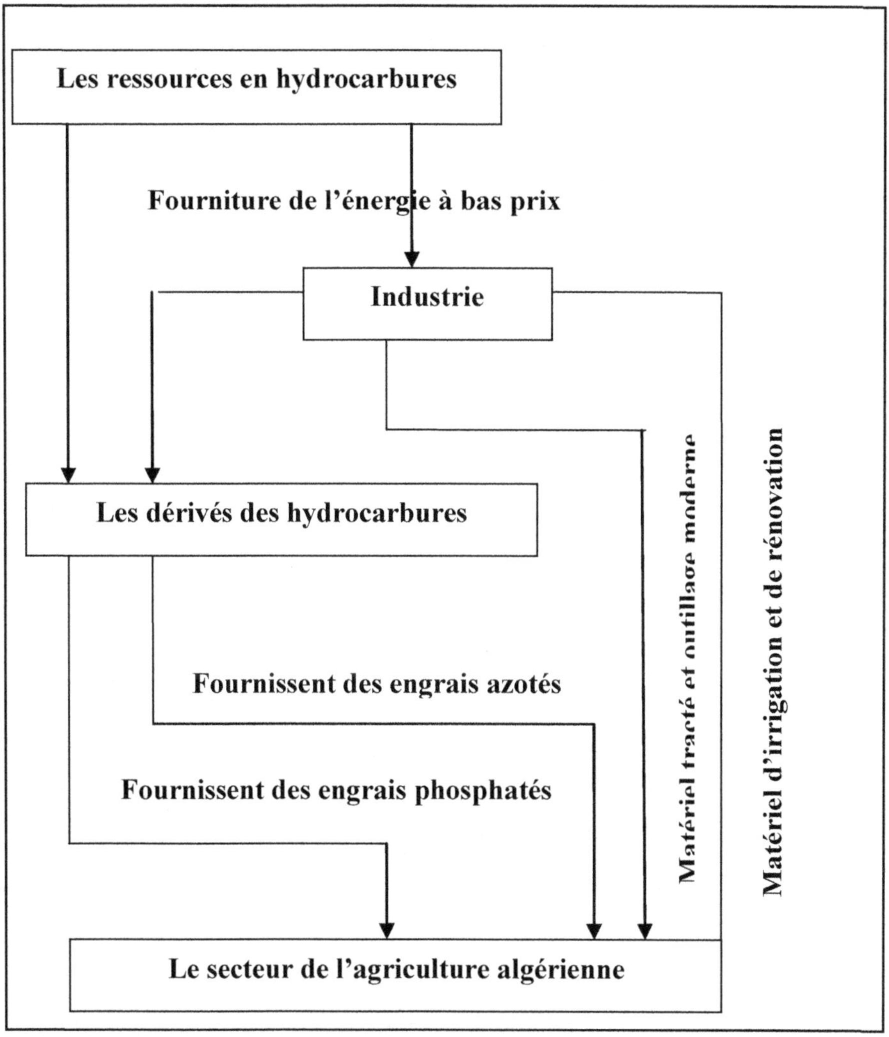

Source : À partir de différentes lectures.

5. 2. Les aspects de la révolution agraire

La révolution agraire se proposait de bouleverser une structure "dualiste" de l'agriculture algérienne afin de réaliser ses différents objectifs. Entre un système autogéré regroupant les terres des anciennes fermes coloniales dans des exploitations soumises à des impératifs de rentabilité strictes, pratiquant des systèmes extensifs, recherchant à prélever une rente foncière par des propriétaires citadins, et un système regroupant une pauvreté de masse et des petites propriétés, qui est le secteur le plus important (72% des exploitations[81]) et dans lequel le niveau de vie se situait en dessous du minimum vital.

Cela est bien illustré dans les textes de la Charte de la révolution agraire. *« La révolution agraire substitue à l'ancienne exploitation coloniale et féodale une organisation socialiste qui met fin au dualisme entre secteur traditionnel et secteur développé, oriente principalement la production vers la satisfaction des besoins nationaux, abolit l'absentéisme, la sujétion à une hiérarchie tribale exploiteuse, la khemassa et ses équivalents pastoraux, en même temps qu'elle supprime toute forme de commerce spéculatif sur les ressources en eau en les nationalisant[82] ».*

Ce dualisme caractérisé par l'absence de liaisons intersectorielles entre le secteur moderne et le secteur traditionnel, a constitué un handicap majeur pour le développement et la diffusion du progrès technique dans le secteur agricole.

Comme le précise G. Devillers[83], il ne faut pas chercher un seul facteur explicatif unique ou même central à cette révolution agraire, mais il faut retenir différents niveaux d'explications auxquels correspondent des déterminations spécifiques. La révolution agraire qui s'inscrivait au cœur de la révolution socialiste en Algérie, portait plus qu'un objectif et des différents aspects :

---

81 Blin, L. (1990). L'Algérie du Sahara au Sahel… op, cit., p. 225.
82 Ministère algérien de l'information et de la culture (1972). La charte de la révolution agraire. Ordonnance, n° 71-73 du 8 novembre 1971.
83 Devilliers, G. (1978). Pouvoir politique et question agraire en Algérie… op, cit., p.122.

5. 2. 1. Aspect idéologique de la révolution agraire

L'une des raisons explicites de cette révolution était de type historique et idéologique. La Charte de la révolution agraire impliquait que les terres des colons sont aujourd'hui nationalisées et gérées par les travailleurs.« *Les terres de ceux qui ont profité de la situation coloniale ou qui monopolisent à leur profit une part illégitime des capacités de production agricoles doivent maintenant être remises à la paysannerie*[84]». Une révolution qui prônait une justice sociale plus équitable que celle du passé, assurer une répartition juste des revenus dans l'agriculture[85], abolissant ainsi *"l'exploitation de l'homme par l'homme"*.

Cette révolution visait en particulier, la destruction des fondements matériels et des concepts antisociaux, mais surtout, de briser les liens de l'ancien ordre économique de dépendance et d'exploitation, de jeter les bases des nouveaux rapports sociaux dans le milieu rural, en réduisant les grandes propriétés privées. En plus, cette révolution visait l'élimination des disparités entre les villes et les campagnes, notamment par la construction des villages socialistes et l'institution du travail productif en tant qu'assise centrale de l'organisation économique dans les campagnes.

5. 2. 2. Aspect social de la révolution agraire

La Charte de la révolution agraire dans son 2ème chapitre, article 20, stipulait que la révolution agraire doit créer un nouveau modèle de société qui préfigure une Algérie dont les différentes régions urbaines et rurales se développeront de façon harmonieuse.

À ce niveau, la révolution agraire avait pour vocation de retirer les terres de ceux qui les possèdent sans les travailler directement, et de retirer le surplus à ceux qui possèdent plus de terres qu'ils ne peuvent en travailler explique M. Abbou[86]. Il rajoute que les terres soustraites devaient être distribuées par l'administration à des paysans sans terres ou à ceux qui n'ont pas suffisamment de terres.

---

84 Extrait de la charte de la révolution agraire.

85 Article 1 de l'ordonnance portant révolution agraire.

86 Abbou, M. (1999). L'Algérie : des principes de novembre à l'ajustement structurel, p. 239.

Il s'agit donc de rendre justice aux paysans défavorisés en aménageant, sous l'autorité de l'État, un nouveau régime de distribution et un nouveau cadre collectif d'existence qui permet aux paysans d'avoir un revenu minimum. Certes, dans un souci d'une justice sociale, mais surtout dans le but de freiner substantiellement l'exode rural qui résultait à la fois de la dégradation des conditions de vie et des mouvements d'industrialisation et d'urbanisation en cours. L'exode devenu l'un des principaux problèmes d'Algérie indépendante. L'autre aspect fondamental de cette réforme, concernait l'ambition de promouvoir et faire évoluer le niveau de vie dans le monde rural. La projection d'une transmutation radicale des conditions de vie et du travail des populations rurales en général est devenue un objectif déclaré de cette réforme. D'ailleurs, la Charte de la révolution agraire stipule à ce sujet : « *la révolution agraire a pour but d'assurer une répartition juste et efficace des moyens de production agricole et d'abord du plus important d'entre eux, la terre, pour que devienne possible, avec l'aide de l'État, la transformation radicale des conditions de vie et de travail des paysans*[87]».

5. 2. 3. Aspect politique de la révolution agraire

Sur le plan politique, il était très délicat pour le pouvoir politique en place de se maintenir en ignorant les couches des *fellahs*, principaux acteurs de la lutte armée pendant la guerre de l'indépendance. De ce fait, cette révolution avait pour objectif de rassembler autour d'elle le plus grand nombre de personnes, en particulier les paysans sans terre. À ce propos, D. Benamrane note avec beaucoup de raison : « *il est important de souligner avec force que c'est là une des pierres d'achoppement qui risque de faire dévier le système, au cas où cette masse n'est pas mobilisée en vue de sauvegarder les intérêts fondamentaux d'une authentique révolution socialiste menacée dans le contexte présent de l'Algérie par la dislocation systématique de l'appareil du parti et la prolifération cancéreuse de la bureaucratie*[88]».

---

87 Ministère algérien de l'information et de la culture (1972). La charte de la révolution agraire. Ordonnance, n° 71-73, 11/1971.

88 Benamrane, D. (1974). Agriculture et développement, application à l'évolution de l'économie algérienne... op. cit., p. 140.

Il était prématuré pour le nouveau gouvernement de s'attaquer aux gros propriétaires fonciers qui jouissaient de leurs privilèges depuis l'époque coloniale. La révolution agraire représentait une occasion pour une redistribution équitable des terres.

5. 2. 4. Aspect économique de la révolution agraire

Sur le plan économique, les objectifs de la révolution agraire résidaient dans son aptitude à faire émerger des exploitations économiquement viables dans le cadre d'une agriculture socialiste allant de la ferme individuelle à la grande unité agricole ayant une dimension industrielle[89].

La conception même de cette réforme reposait sur une modification fondamentale des conditions et des rapports du travail dans les exploitations agricoles. La Charte de la révolution agraire exprimait clairement cela : « *pour moderniser notre économie agricole et restructurer le monde rural, il faut s'assurer de disposer d'instruments techniques, économiques, appropriés et permanents, et des structures permettant une participation démocratique de ceux qui attendent de cette nouvelle étape de notre révolution, un changement dans leurs conditions de travail*[90]».

La création d'unités de production pratiquant des méthodes de cultures modernes et utilisant du nouveau matériel d'irrigation, d'ensemencement et d'emblavure accroîtrait la demande vers des outputs des industries mécaniques et chimiques. Elle assurait ainsi, un débouché pour la production industrielle, grâce à une politique des prix subventionnés accessible aux *fellahs* afin de leur donner des bonnes conditions d'exploitation. Enfin, la réorganisation et l'augmentation de la production agricole développeraient autour des zones de production tout un réseau d'industries de transformation et de soutien au profit de l'agriculture[91].

---

89 Bedrani, S. (1981). L'agriculture algérienne depuis 1966, étatisation ou privatisation ?... op. cit., p. 153.
90 Ministère algérien de l'information et de la culture (1972). La charte de la révolution agraire. Ordonnance, n° 71-73, 11/1971.
91 Meziadi, M. A. (1997). Les mutations agraires en Algérie depuis 1962... op. cit., p. 107.

Au même temps, l'industrie devait contribuer à la modernisation et à l'amélioration des performances de l'agriculture, en lui fournissant les techniques et le matériel nécessaire. Cela dans le but d'une augmentation sensible de la production agricole, devenue de plus en plus indispensable, en vue de l'augmentation de la production locale et la diminution des importations alimentaires. Un objectif visé en agissant sur la politique agricole et en mettant en place de nouveaux circuits d'approvisionnement, de financement et de crédit.

5. 3. Les phases de la révolution agraire

5. 3. 1. La première phase

La première phase de la révolution agraire lancée le 17 juin 1972 avait pour but la nationalisation et la redistribution des terres communales, domaniales, *habous* et autres collectivités publiques. Cette phase a été devancée par un recensement étatique des terres agricoles ou à vocation agricole. Elle avait concerné près de trois millions d'hectares parmi les huit millions d'hectares recensés.

De son début en 1972 à janvier 1973, cette première phase avait redistribué près de 800 000 hectares de terres cultivables des biens de l'État et des collectivités publiques, mais qui ne présentaient que peu d'intérêt vu que la plupart de ces terres étaient d'une valeur médiocre et à rendements très bas.

Cette phase a vu aussi la création d'un nombre important de pré-coopératives qui constituaient 40% du nombre total de coopératives créées au cours de cette révolution. L'exécution de cette phase n'a pas suscité de difficultés particulières dans la mesure où elle ne lésait guère d'intérêts privés.

5. 3. 2. La deuxième phase

Cette phase a été lancée le 17 juin 1973. Elle s'est échelonnait sur trois ans et avait pour objectif la saisie des grandes propriétés foncières[92] afin de les redistribuer sous forme de coopératives de production au profit des paysans sans terres. Cette phase a vu la nationalisation des terres des propriétaires absentéistes, la limitation des grandes propriétés foncières et la réduction des coopératives d'anciens combattants. « *Ils (les propriétaires absentéistes) sont à l'origine de l'abandon des terres et de leur mise en valeur insuffisante et provoquent des transferts abusifs de revenus de la campagne vers les villes*[93]», ce qui a conduit à un total de 50 092 propriétaires pour une superficie à nationaliser de près de 1,295 million d'hectares[94].

Tableau (7) : Le recensement par l'extrapolation au niveau national.

Catégorie e propriétaires	**Nombre**	**Superficie**
Non concernés	809 441	1 274 494
Non touchés	294 904	5 100 977
Absentéistes	34 096	243 057
Limites dépassant base supérieure des fourchettes	15 996	1 051 853
Limites entre base inférieure et supérieure	9 908	346 780
Total	1 164 345	8 017 161

Source : Lars, J. (1974). *La révolution agraire en Algérie* p. 26.

92 Les grandes propriétés des terres qui n'étaient pas en autogestion appartenaient aux grands propriétaires, aux caïds et aux nobles de la société même avant l'indépendance.

93 Préambule de la charte de la révolution agraire, cité par Lesbet, D. (1984). Les 1000 villages socialistes en Algérie… op, cit., p. 48.

94 Lars, J. (1974). « La révolution agraire en Algérie : historique, contenu et problème ». Rapport d'Uppsala : Scandinavian institute of African studies, édition : Scandinavian institute of African studies, p. 25.

Graphique (10) : Parts des terres touchées par la révolution agraire.

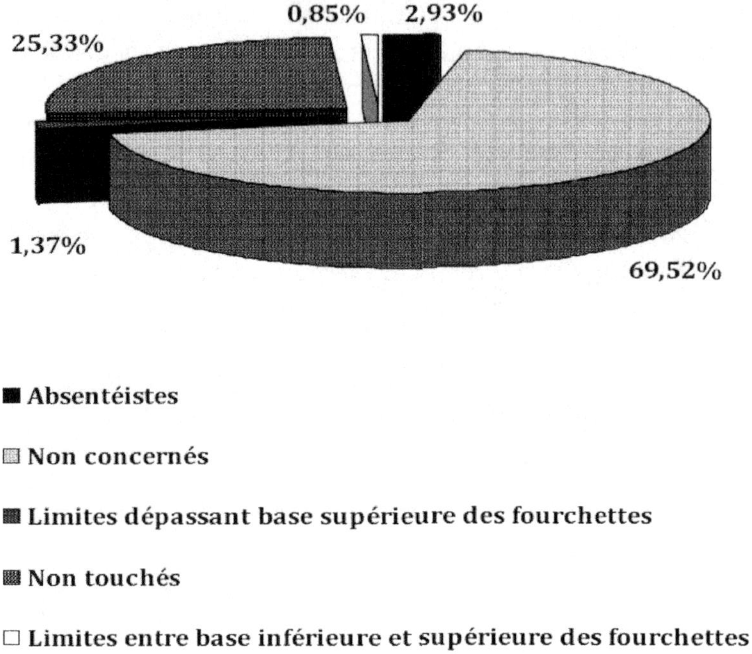

Source : Lars, J. (1974). *La révolution agraire en Algérie* p. 26.

5. 3. 3. La troisième phase[95]

Lancée le 8 novembre 1975, cette phase avait comme première ambition de restructurer le pastoralisme dans la steppe, en limitant le nombre des troupeaux des grands éleveurs qui devraient vendre l'excèdent de leur bétail et même l'ensemble de leurs troupeaux s'ils n'étaient pas les exploitants directs. Elle a porté également sur les terres des pâturages naturels, communaux, domaniales et privés[96].

En 1977, plus de 2 millions d'hectares de terres ont été nationalisés et versés au FNRA (Fonds National de la Révolution Agraire[97]). 1 259 679 hectares de terres cultivables (dont environ 60% dans le cadre de la première phase) ont été distribués à plus de 100 000 attributaires regroupés dans 6 604 unités de production, dont environ 70% sous forme de CAPRA (Coopération Agricole de Production de la Révolution Agraire), ce qui représentait 1/6 des terres cultivables du pays, ainsi que près de 8% de la population agricole active.

---

95 «Lorsque nous avons annoncé notre intention d'appliquer la réforme agraire, des voix se sont élevées pour semer la confusion et la crainte parmi les fellahs en misère. C'est une propagande intéressée propagée par les ennemis de notre peuple [...]. Il est inconcevable, dans une Algérie socialiste indépendante que des gens ne possèdent même pas un arpent de terre pour construire leur logis, alors que d'autres possèdent des milliers d'hectares». Discours de Président Boumediene dans la ville de Tiaret, le 22 avril 1966.

96 « Lorsque nous avons promulgué la Révolution agraire, d'aucuns ont pensé que cela consistait uniquement en un transfert de la propriété d'un citoyen à un autre. La révolution agraire, chers frères, ne se limite pas à cela. Cette œuvre vise, entre autres objectifs à permettre au fellah de jouir des commodités de la vie moderne. Elle lui permet de brûler son gourbi et de s'installer dans un village socialiste. Elle ouvre les portes du savoir et de la science à ses enfants. Elle lui permet d'entrer à l'école de la vie communautaire et coopérative par laquelle il devient le garant de l'édification d'une véritable société socialiste...». Le Président Houari Boumediene lors de l'inauguration d'un village socialiste le 21 novembre 1974 à Guelta Zergua dans la wilaya de Bouira.

97 Les ressources du compte de ce fonds sont constituées des dotations du budget de l'État, des remboursements effectués par les propriétaires nationalisés. Son champs d'intervention concerne la compensation financière octroyée aux attributaires de terres restituées à leurs propriétaires initiaux et qui n'ont pu être ni intégrés dans les exploitations agricoles déjà constituées, ni bénéficiés d'une nouvelle attribution de terre. La compensation financière attribuée aux propriétaires nationalisés lorsque la restitution des terres doit se traduire par un prélèvement de superficie remettant en cause la viabilité de superficie de l'exploitation agricole en place.

5. 4. Les critères de nationalisation[98]

Une grande partie des exploitants privés possédant des terres dont les superficies étaient supérieures aux limites permises par les lois, contestaient fortement l'application de cette révolution. Deux catégories de ces propriétaires sont distinguées par les lois de la révolution agraire. Ceux qui travaillaient leurs terres eux-mêmes et ceux qui ne le réalisaient pas, c'est-à-dire les absentéistes dont les textes de la Charte sont très claires.

Les définitions de ces deux critères sont données dans une circulaire MARA-CNRA du 26 avril 1973. Sont considérés comme non exploitants absentéistes dont les terres sont à nationaliser, les propriétaires qui n'exécutaient pas eux-mêmes et de façon directe et régulière les différents travaux culturaux pratiqués sur leurs exploitations, ou bien s'ils ont confié l'exploitation à une tierce personne à quelque titre que ce soit, ou même s'ils ne résidaient pas à proximité de l'exploitation. Il suffisait que deux conditions se réunissaient à la fois pour que les terres devenaient nationalisées. Soit, le propriétaire ne soit plus l'exploitant direct, ou bien, que la superficie de la propriété dépasse les limites de 5 hectares en sec, 0,5 en irrigué ou 20 unités de palmiers dattiers.

Quelques exceptions faites pour les propriétaires non exploitants, qui n'exerçaient aucune activité extra-agricole ou dont les ressources n'excédaient pas les 9 000, 12 000 et 13 500 DA, selon le nombre d'enfants qui sont à leurs charges. Autres que ces conditions, les propriétaires âgés de plus de 60 ans, les fils de *chouhadas*, les handicapés physiques de plus de 60% d'invalidité, les absents temporaires à cause de service militaire ou de l'immigration ne sont pas concernés par les lois. Les propriétaires dont les terres sont nationalisées étaient indemnisées pour chaque hectare par référence à l'impôt foncier, ce qui en pratique n'a rien coûté à l'État. Vu que les indemnisations ne concernaient pas les propriétaires qui ont acquis leurs terres entre 1954 et 1962, une période après le départ des colons où justement beaucoup de terres ont été accaparées par les propriétaires algériens.

---

98 Lars, J. (1974). La révolution agraire en Algérie : historique, contenu et problèmes… op. cit., pp. 27-30.

5. 4. 1. Les critiques à l'encontre de la révolution agraire

Malgré son *"importance"* et sa "nécessité" pour le développement économique et social du pays, et surtout pour sortir le secteur agricole de son étouffement, le principe de la révolution agraire rencontrait de nombreuses oppositions et beaucoup de réticence, non seulement de la part des gros propriétaires fonciers, mais aussi de la part des cadres dirigeants et de quelques membres de la classe politique au pouvoir.

Cette nouvelle réforme, s'est engagée sur près de 1,141 million d'hectares fondés sur un système de coopératives : 5 261 coopératives de différents types de 217 hectares en moyenne, sont constituées, intéressant 90 000 paysans contre 170 000 dans le secteur autogéré.

Après l'exécution de ses différentes phases, l'agriculture algérienne comptait trois secteurs. La superficie du secteur autogéré n'a pas été modifiée, mais le nombre des domaines a été porté à 2 071. La superficie du secteur de la révolution agraire, au 31 mars 1977, était de 1,96 million d'hectares dont 1,3 million ont été attribués à des groupements coopératifs au nombre de 6 604.

Le nombre d'attributaires installés : 100 330 dont 7 905 à titre individuel. La superficie du secteur privé s'étendait sur 4,7 millions d'hectares sur lesquels travaillaient 730 000 exploitants.

La mise en œuvre de cette réforme a fait naître de nouveaux problèmes dans la société rurale et son mode de fonctionnement. Plusieurs spécialistes de l'agriculture algérienne évoquaient les difficultés rencontrées par cette réforme qui démontraient que ce projet était voué à l'échec dès son départ. Ils voyaient dans cette réforme une erreur grossière. Parmi eux, O. Bessaoud[99] qui estime que des progrès préalables devraient être réalisés dans les domaines de l'organisation de la production agricole et des structures foncières.

---

99 Bessaoud, O (2004). L'agriculture et la paysannerie en Algérie ; les grands handicaps… op. cit., p. 12.

Cette même réforme ne suscitait pas un grand enthousiasme chez les paysans. D'ailleurs, une proportion significative des attributaires se désisterait. La population paysanne, estimée à 7 millions en 1973, ne se sentait pas impliquée par cette transformation autoritaire de l'agriculture, qui restait subordonnée aux impératifs de l'État[100].

La remise en cause de cette réforme est tout à fait justifiée à cause des contradictions qu'elle avait engendrées. L'insuffisance de moyens organisationnels pour concrétiser les actions de l'État afin de les rendre plus efficaces, la fragilité des institutions et de ses dirigeants, affaiblissaient les actions préludées dans le cadre de cette réforme. *« L'État en formation, manquant de véritables techniciens engagés, n'était pas en mesure, de promouvoir la révolution[101]».*

Quelles que soient les difficultés et le bilan de la révolution agraire, cette réforme paraissait être globalement inscrite dans un projet bien cohérent. Toutefois, *« l'État algérien se devait d'être fort, avant d'entamer une politique aussi controversée que la révolution agraire [...] il y avait donc des préalables nécessaires tant au plan politique, administratif, qu'économique[102]». « Ce n'est pas que les principes et les objectifs de cette* révolution agraire *soient discutables, mais elle n'est nullement la panacée attendue[103]». «Cette révolution agraire est une politique autoritaire de transformation partielle des structures agraires[104]».*

Cette révolution a eu comme effet l'accélération des processus, déjà en cours. L'abandon des terres et des cultures peu rentables, la dévalorisation du travail manuel, l'homogénéisation des modèles de consommation urbaine et rurale et la généralisation de l'état d'esprit et des rapports marchands dans les campagnes. Elle ne semblait pas avoir eu les effets escomptés en termes de résorption des inégalités

---

100 Stora, B. (2004). L'histoire de l'Algérie depuis l'indépendance : 1962-1988. Paris, la découverte, p. 50.
101 Mehsas, A. (1975). L'autogestion en Algérie, données politiques de ses premières étapes de son application … op, cit., p. 65.
102 Burgat, F. & Nancy, M. (1984). Les villages socialistes de la révolution agraire algérienne… op, cit., p.48.
103 Schnetzler, J. (1981). Le développement algérien… op, cit., p.43.
104 Bedrani, S. (1966). L'agriculture algérienne depuis 1966, étatisation ou privatisation ?… op, cit., p. 321.

quant à l'accès à la terre au sein du secteur privé[105]. Certes, les difficultés et les erreurs dans l'application de cette réforme n'étaient pas dérisoires. Elles étaient même parfois démesurées, notamment durant la troisième phase qui, à peine entreprise, a rencontré d'importantes incohérences entraînant des retards d'exécution des projets et des gaspillages dans les dotations. De grandes critiques ont été faites à l'encontre de la révolution agraire après l'augmentation des prix des fruits et légumes et les viandes, suite à la crise des approvisionnements en produits agricoles qui a suivi la nationalisation du commerce de gros et l'installation des coopératives de fruits et légumes (COFEL) dès la fin de 1974[106].

---

105 Bourenane, N. (1991). « Agriculture et alimentation en Algérie, ... ». Cahiers Options Méditerranéennes. Série A/n°21.

106 Bessaoud, O. (1994). « Crises et transitions des politiques agricoles». Cahiers Méditerranéennes. Série. B/n°8, 1994.

6. La place de l'agriculture dans la stratégie algérienne du développement, les objectifs assignés et les moyens mis à disposition pour sa réussite

La révolution agraire, mise en œuvre à partir de 1971, avait d'immenses problèmes à résoudre. Les objectifs qu'elle visait étaient variés, multiples et difficiles à réaliser au même temps. Entre la lutte contre le chômage et le sous-emploi dans les régions rurales, l'encadrement et la formation technique des populations rurales, l'aménagement et l'équipement de ces zones, la redistribution des terres et des parcelles à des familles rurales, l'octroi des crédits, l'intensification de la production agricole et la limitation des importations alimentaires, les objectifs étaient ambitieux mais la tâche n'était guère simple à résoudre.

Nous avons, à plusieurs reprises, rappelé les objectifs assignés à l'agriculture dans les premières années de l'indépendance du pays. Ces ambitieux objectifs, ont été évoqués dans les différents rapports des plans quadriennaux 1970-1973 et 1974-1977. D'après ces plans, l'agriculture devrait satisfaire en priorité les besoins alimentaires croissants de la population. Elle devrait assurer une augmentation sensible de la production céréalière afin d'équilibrer l'offre du marché local, une intensification des cultures maraîchères, des productions légumineuses et des cultures industrielles, un accroissement de la production viticole et laitière et l'augmentation d'élevage animal. À long terme, elle devait assurer un rôle important aux exportations sur le marché international, en améliorant les cultures de rente, tel que la vigne, les agrumes et les primeurs.

Les taux de croissance du PIBA (Produit Intérieur Brut Agricole) prévus par les premiers plans quadriennaux ont été, respectivement, 3% et 4,2% par an, ce qui correspondait à une augmentation de 35% au terme de l'année 1977, soit un taux de croissance à réaliser sur 8 ans[107]. Ces taux de croissance relativement élevés, ne pouvait être réalisés qu'avec une politique agricole bien claire dans le cadre d'une stratégie de développement détaillée, qui donne une priorité absolue au domaine agricole.

---

107 Karsenty, J. C. (1977). Investissements et agriculture en Algéri... op, cit., p. 119.

Bien que le gouvernement algérien soit parfaitement conscient de la difficulté des tâches à accomplir, il tentait absolument à subordonner les différents problèmes du secteur agricole, par une nouvelle orientation afin de réaliser les objectifs attendus.

Une stratégie de développement agricole qui a nécessité une réorientation des politiques de production. Cette réorientation impliquait notamment, une augmentation des productions céréalières et maraîchères par l'accroissement des rendements avec l'introduction et le renforcement du progrès technique dans l'agriculture, ainsi que l'extension des cultures industrielles, plus particulièrement, la betterave sucrière, le coton et le tournesol.

Une importante augmentation de la production de l'arboriculture par la reconstitution des vergers âgés, par l'amélioration des techniques, par l'utilisation des sols provenant de la réduction du vignoble, par l'accroissement des ressources hydrauliques était envisagée. En effet, la réduction significative des vignobles de cuve devrait libérer aux bénéfices d'autres cultures plus de 100 000 hectares. Par ailleurs, la modification des assolements permettant d'accroître les surfaces des cultures fourragères qui devaient remplacer les jachères qui occupaient près de 2 millions d'hectares en 1969[108].

Les moyens mis en disposition pour la réussite de cette nouvelle politique rappelle R. Miette, étaient immenses dans l'absolu, car la mise en valeur des millions d'hectares dans le Sahara et dans la steppe est liée à des équipements monstrueux, dont la mise en œuvre est simplement impensable. *« Tant l'énormité des moyens financiers exigés par cette mise en valeur, non seulement hors des ressources de l'État, mais hors de tout concept économique raisonnable. La rentabilité économique serait impossible et l'exploitation ruinerait l'État[109] ».* À la fin de cette phase active de l'histoire de l'agriculture algérienne, et à travers les résultats obtenus de la révolution agraire, le constat est sans appel, il s'agit de se rendre fatalement à une âcre évidence : le projet de la révolution agraire est un échec consommé, malgré tout ce qui a été mis à disposition pour sa réussite que nous évoquerons dans ce qui suit.

---

108 Miette, R. (1980). « L'évolution de l'agriculture»... op. cit., pp. 184-185.
109 Ibid., p. 181.

6. 1. Les investissements et les crédits agricoles

L'État algérien a beaucoup hésité en matière d'investissement après l'indépendance. Ce n'est qu'en 1967, au début du plan triennal (1967-1969) que la politique des investissements dans l'agriculture est devenue plus claire. Ces investissements étaient une des parties les plus importantes dans les différents plans qui l'ont générés ; le plan triennal 1967-69, le premier plan quadriennal de 1970-1973, et le second plan quadriennal de 1974-77. Ils faisaient partie d'un projet de développement agricole et rural situé dans le cadre de la problématique d'ensemble de la stratégie économique nationale. « *Dans le cadre de cette stratégie furent décidés des investissements de grande envergure qui devraient constituer la pierre angulaire de développement planifié en agriculture comme en industrie*[110]».

Entre le secteur autogéré, le secteur de la révolution agraire et le secteur privé, les montants, les modalités, et les conditions des prêts d'investissements étaient différents. En effet, l'État prenait seulement en charge les investissements des secteurs socialistes, ceux du secteur de la révolution agraire et ceux de secteur autogéré. Par contre, il ne finançait qu'une petite partie des exploitations appartenant au secteur privé, en particulier, les petits périmètres irrigués et les projets de l'hydraulique, dont les crédits consacrés atteignaient les 98 millions de dinars entre 1966 et 1979. La baisse de ces financements correspondait pratiquement à la mise en œuvre de la révolution agraire dont les unités de production captaient avec celles des domaines autogérés, l'essentiel des crédits.

Pour le secteur privé qui regroupait la plus grande partie des travailleurs de terres, et qui possédait la majorité des superficies agricoles utiles, les autorités ont toujours montré des réticences pour les accords des crédits d'investissements. De ce fait, l'exploitant privé devait assurer lui-même le financement de ses investissements et ne pouvait compter sur l'aide de l'État, ni prétendre à ses financements.

---

110 Toulait, H. (1986). Performances économiques du secteur agricole en Algérie : déterminants intra-sectoriels et extra-sectoriels. Thèse de doctorat, université de Paris 9, p. 164.

K. Zazou[111], rappelle que les banques n'ont jamais montré de disposition à la distribution des crédits aux profits des agriculteurs privés, sous prétexte de leurs insolvabilités (sans fondement d'ailleurs). Par conséquent, ce secteur devait assurer son autofinancement qui devenait possible, grâce à la spécialisation de ses exploitants dans les produits horticoles dont les prix ont connu une forte hausse. Cette situation avait fourni des disponibilités financières aux agriculteurs privés pour mieux exploiter leurs cultures, notamment dans les périmètres irrigués.

Dès le début de la mise en œuvre de la stratégie des investissements, la majorité de ceux-ci prenaient la forme de prêts d'équipements qui concernaient l'achat du matériel d'exploitation, des équipements d'irrigation pour l'extension des superficies irriguées, la construction des bâtiments d'exploitation, le développement de l'élevage ou l'achat des pièces détachées pour la remise en état du parc matériel… etc.

Ces prêts représentaient des crédits de 2 à 20 ans avec des différés de remboursement de 1 à 10 ans selon le type de l'investissement, dont les taux d'intérêts étaient de 3,5% de 1966 à 1970 pour le moyen et le long terme, de 6% de 1970 à 1974 pour le moyen terme et de 5,25% pour le long terme pour passer à 3% pour le moyen et le long terme en 1974[112]. Ainsi, les crédits accordés à l'investissement agricole pour la période de 1967-1969 atteignaient les 1,764 milliard de DA pour un montant total de 9,485 milliards de DA, soit 18,6% des crédits totaux d'investissement. La structure de ces crédits à investissements pour le début des années 1970, se présentait comme suit : 1 100 millions DA pour la mise en valeur hydraulique, 420 millions DA pour la restitution des terres, 1 997 millions DA pour les investissements liés à la croissance de la production végétale et animale ou la production de la pêche. 289 millions DA pour les infrastructures, 40 millions DA pour les études et la recherche et 294 millions DA pour le plein emploi.

---

111 Ali Zazou, Kh. (1986). Le développement de l'agriculture algérienne 1967-1986 : essai d'évolution. Thèse de 3ème sous la direction de Gabillard Jean, sciences économiques : Poitiers, p. 329.
112 Karsenty, J.C. (1977). Investissements et agriculture... op. cit., p. 120.

Bien que les montants des crédits accordés dans le secteur agricole aient connu une nette augmentation[113], passant de 1,325 milliard de DA en 1969 à plus de 5,585 milliards de DA dix ans après, ils demeuraient insuffisants pour assurer les ressources nécessaires à l'autofinancement du secteur. Nous présentons le graphique ci-dessous, qui retrace l'évolution des parts des crédits reçus par l'agriculture depuis 1965 jusqu'à 1979 ainsi que la part de ces crédits dans les crédits de l'économie.

Graphique (11) : Crédits reçus par l'agriculture (tous secteurs confondus) en millions de DA entre 1965 et 1979.

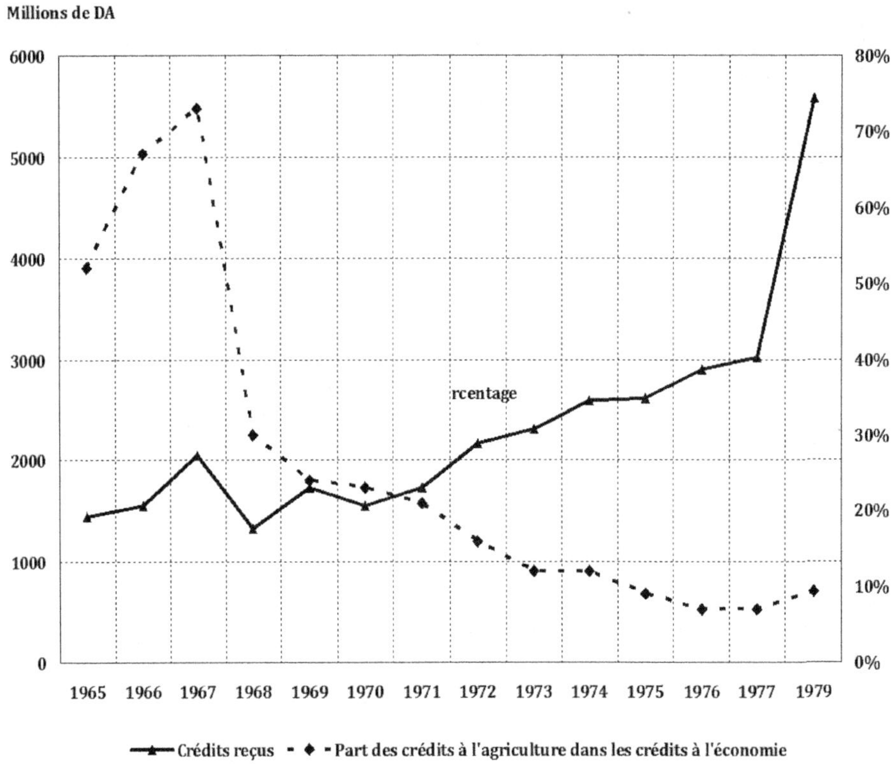

Source : Bouzar, C. (1986). L*e système financier, le financement de l'agriculture en Algérie*. Thèse de Doctorat. A.N.R.T, université Pierre Mendes (Grenoble II). p. 262.

113 Due essentiellement à l'aubaine financière qu'a connu l'Algérie après le 2ème choc pétrolier et non pas à une importance accordée par les autorités au secteur agricole. La diminution de la part des crédits accordés à l'agriculture dans les crédits totaux de l'économie ne peut que confirmer cela.

Par ailleurs, l'analyse de la part de l'agriculture dans la formation brute de capital fixe reflète explicitement une relative décroissance. De 22,8% en 1967 à 21,1% en 1968, à 16,7% un an après, pour atteindre la moitié de niveau de 1967 trois ans plus tard, soit 11,4% en 1970[114].

Rappelons qu'une part importante des crédits consacrés au secteur économique par les banques algériennes à la fin des années 1960, était destinée au secteur agricole. En 1969, les crédits accordés étaient de l'ordre 63,28% des montants totaux, contre 20,5% pour le secteur industriel, 14,58% pour le commerce et moins de 2% pour d'autres secteurs divers. À la fin des années 1960, les montants des crédits accorés atteignaient un montant total de 3,729 milliards de DA[115]. Cependant, ces prêts n'y sont pas consentis sur la base de mécanismes économiques et de normes objectives de gestion, puisque il n'était pas tenu compte de programmes d'investissement et d'approvisionnement des unités débitrices dans la détermination des montants prêtés. Ces crédits étaient fixés selon une nomenclature par type d'utilisation et par wilaya. C'est une commission administrative qui décidait des montants à accorder à chaque exploitation et de l'usage auxquels ils devaient servir[116].

À partir du plan quadriennal de (1970-1973), l'agriculture n'a reçu que 10,1% des investissements publics réalisés (contre 54% pour l'industrie). Lors du second plan quadriennal (1974-1977) le total des investissements réalisés dans l'agriculture avoisinait les 5,9% de l'ensemble (contre 56,2% pour l'industrie). « *Si l'on en juge par l'évolution des investissements, on remarque qu'une masse de plus en plus grande de capitaux est attirée par le secteur industriel et notamment les hydrocarbures, au détriment secteur rural*[117] ». Le graphique (12) illustre ces divergences entre les secteurs et résume les montants consacrés pour les autres secteurs durant les deux plans quadriennaux (1970-1973) et (1974-1976).

---

114 Bedrani, S. (1981). L'agriculture algérienne depuis 1966, étatisation ou privatisation ?... op. cit., pp. 9-11.

115 Données de la série statistique agricole n° 12 : L'agriculture algérienne en chifres (1970)... op. cit., p. 82.

116 Tayeb, N. M. (1982). L'agriculture dans la planification en Algérie de 1967-1977... op. cit., p. 408.

117 Benhouria, M.T. (1980). L'économie de l'Algérie, ... op. cit., p. 138.

Graphique (12) : Évolution des parts des investissements publics planifiés y compris pour le secteur agricole.

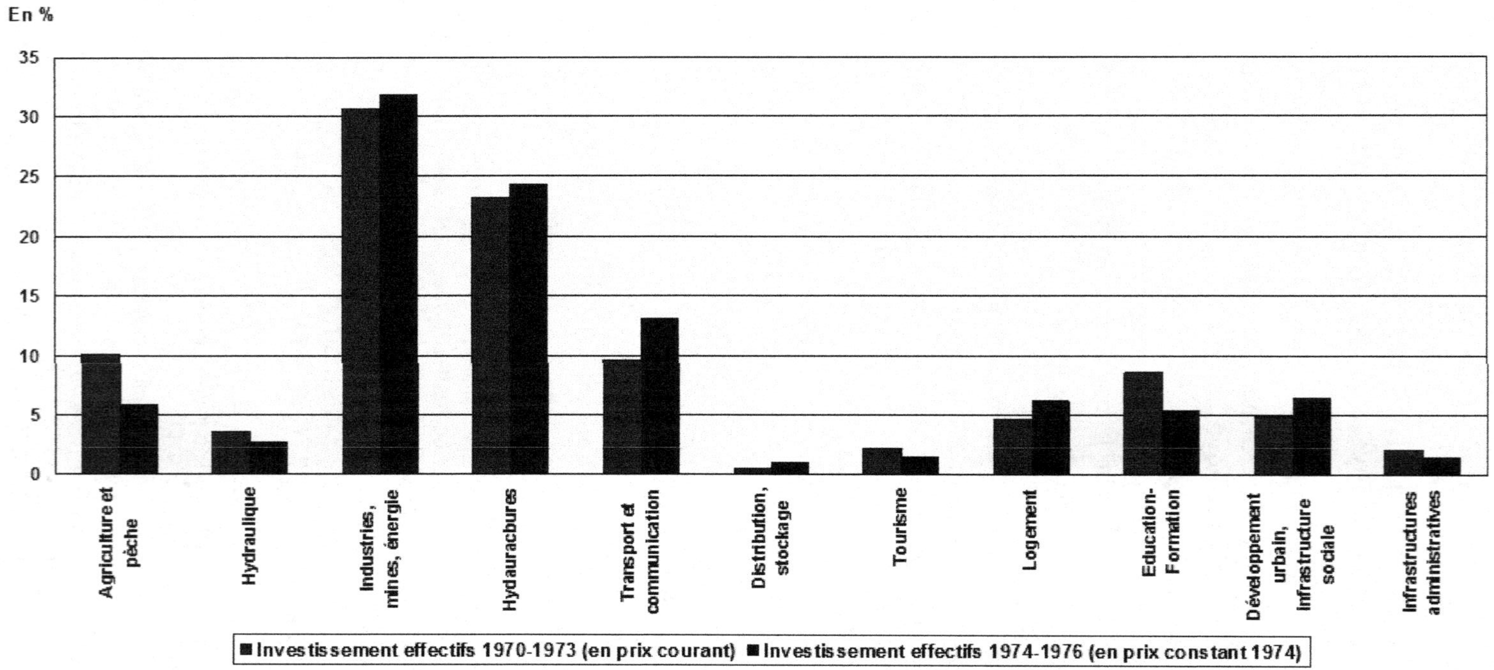

Source : Bedrani, S. (1981). *L'agriculture algérienne depuis 1966, étatisation ou privatisation?... op. cit.*, p. 10.

Tableau (8) : Répartitions des crédits d'investissements par plan de développement (en milliards de dinars).

Crédits d 'investissement	**P.T 1967-1969**	**P. Q "1" 1970-1973**	**P. Q "2" 1974-1977**	**Total**
C.P accordés/Agriculture	1,26	5,63	16,75	23,64
C.P réalisés/Agriculture	1,39	2,94	5,85	10,18
Réalisation C.P Agriculture (en %)	110	52,22	35,52	43,06
Total des C.P réalisés	9,16	36,31	121,25	166,72
CP réalisés Agri/ Total CP réalisés %	15,17	8,1	4,82	6,11
CP réalisés Hydrocarbures	2,52	9,78	36	48,3
Part Hydr./Inves. Global %	27,51	26,93	29,69	28,97

P.T : Plan triennal, P. Q (1) : Plan Quadriennal (1), P. Q (2) : Plan Quadriennal (2).

Graphique (13) : Répartitions et réalisations des crédits d'investissements agricoles dans les trois plans de développement.

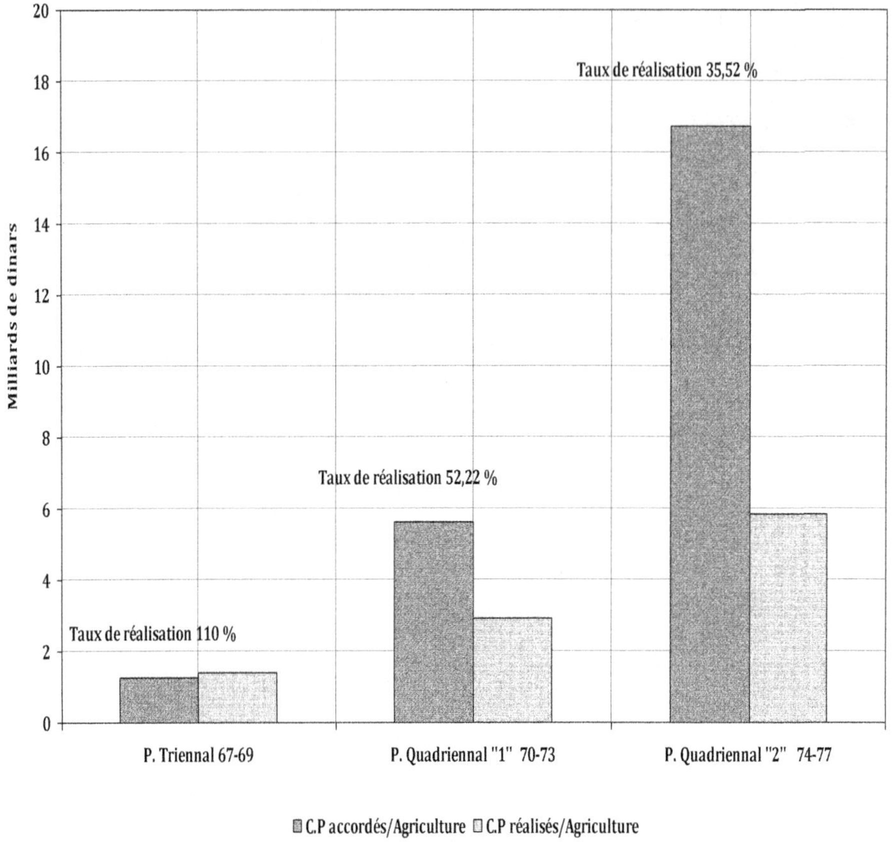

Source : CNES (1999). *Problématique de développement agricole en Algérie*. Commission perspectives de développement économique et social, 14ème session, p. 38.

6. 2. Les équipements agricoles

Dès l'indépendance, la politique de l'équipement matériel de l'agriculture reposait essentiellement et dans une large mesure, sur le transfert technologique et les importations de l'étranger. Les importations des moyens de production nécessaires à la mise en place de la politique de développement du secteur agricole, promulguée par la Charte de la révolution agraire afin de moderniser les systèmes de production et d'entraîner un accroissement des moyens mis à disposition de l'agriculture, ne cessaient de croître.

L'objectif essentiel de ces importations était de remplacer le parc matériel existant qui arrivait à son terme. Plus de 50% de ce matériel en 1968 avait déjà des années d'exploitation, que ce soit pour le matériel de préparation du sol, le matériel d'épandage et de semis, le matériel de récolte ou même celui d'irrigation.

Les importations étaient entreprises dans le but de répondre à la demande de mécanisation des grandes fermes autogérées et maintenir ainsi, le même niveau d'automatisation et de motoculture des anciennes fermes coloniales qu'elles regroupaient, notamment, après l'introduction des nouvelles cultures de fourrages et de légumes secs. Ces cultures impliquaient un haut niveau de mécanisation pour atteindre l'objectif essentiel de l'augmentation de la production.

L'examen de l'évolution des équipements alloués au secteur étatique autogéré montre que la recherche de l'intensification de la production agricole d'une part, et la tendance des travailleurs à fuir l'agriculture et la campagne, d'autre part, ont conduit à un accroissement des outils tractés. Le tableau (9) illustre l'évolution du parc matériel des exploitations étatiques de 1970 à 1977. Une évolution conséquente qui montre l'importance accordée à l'équipement agricole dans la stratégie algérienne de développement de l'agriculture. Une augmentation importante est constatée entre 1972 et 1976, en particulier pour les tracteurs, les moissonneuses batteuses, les charrues et les râteaux-faneurs. Cependant, le grand taux de matériel en panne (30% en moyenne), la fréquence des incidents techniques, le défaut de pièces détachées, l'imperfection du personnel de maintenance constituaient des entraves à l'efficacité des efforts entrepris en matière d'équipement.

Tableau (9) : Évolution du parc matériel des exploitations étatiques de 1970 à 1977 (non compris la révolution agraire).

	1970	1971	1972	1973	1974	1975	1976	1977
Tracteurs à roues	13 166	12 157	12 386	13 439	13 517	13 496	12 907	13 023
Tracteurs à chenilles	5 031	4 809	4 865	5 485	5 421	5 726	5 508	5 645
Total des tracteurs	18 197	16 966	17 251	18 924	18 938	19 222	18 415	18 668
Moissonneuses-batteuses	2 325	2 237	2 463	2 702	2 697	3 008	3 067	3 105
Moisson-lieuses	1 121	864	857	1 121	1 172	1 778	1 785	1 733
Batteuses à poste fixe	*****	586	427	354	954	1 024	1 374	1 039
Total des M.B. et batteuse	3 446	3 687	3 747	4 177	4 823	5 810	6 226	5 877
Râteaux-faneurs	*****	1 350	3 901	4 457	5 688	6 329	5 985	6 284
Charrues	16 549	18 568	17 110	19 062	20 154	22 787	23 515	20 568
Matériel pour travaux superficiels	19 306	10 622	16 675	18 785	18 886	16 622	15 170	15 470
Matériel de semis et d'épandage	5 166	5 082	6 443	7 101	7 486	8 123	7 717	7 703
Matériel de traitement	4 670	4 710	6 458	6 988	7 282	8 074	8 860	8 739
Camions	895	866	995	1 195	1 475	1 593	2 009	2 047
Remorques	7 899	11 307	11 711	12 765	11 024	11 515	11 538	11 245

Source : L'agriculture algérienne à travers les chiffres (1970)… op. cit., p. 195.

Dans le secteur privé, il est difficile d'évaluer le matériel agricole détenu par les exploitants. À travers nos différentes lectures, nous constatons que les divergences dans les chiffres sont souvent la règle.

Hormis les problèmes matériels rencontrés dans les domaines privés à cette époque, les difficultés de ce secteur étaient multiples. La majorité de ces exploitations agricoles, soit 79% utilisaient la traction animale et seulement 21% cultivaient à la traction mécanique. Le peu de matériel utilisé était d'une grande vétusté, 79% des tracteurs seulement étaient en état de marche. La puissance des 86% de ces engins ne dépassaient pas les 45 CV. Ce matériel agricole évalué à la fin de 1968, à 19 000 traceurs et près de 2 000 moissonneuses batteuses[118] devaient être réformés en vue de son état de vieillissement.

Dans une conjoncture marquée par des prix élevés du matériel agricole importé[119] et une déficience de la production locale, ce matériel s'est raréfié sur le marché local. De plus, le manque des crédits et les difficultés financières rencontrées par les agriculteurs privés constituaient d'autres adversités qui empêchaient un bon rythme de renouvellement du parc matériel agricole.

Cette situation a fait baisser les achats du matériel agricole durant les premières années de la décennie 1970. De plus de 5 000 tracteurs achetés entre 1967 et 1969, à moins 940 tracteurs entre 1970 et 1973, pour arriver à 222 en 1974, 35 tracteurs deux ans plus tard et pratiquement le même nombre un an après, soit 38 tracteurs en 1977[120]. Afin de mieux comprendre la baisse des acquisitions des différents matériels agricoles, nous exposons le tableau (10) qui énonce l'évolution de l'acquisition du matériel agricole entre 1967 et 1977 dans le secteur privé et dans le secteur de la révolution agraire.

---

118 D'après Miette, R. (1980). « L'évolution de l'agriculture algérienne »... op. cit., p. 190. Selon Bedrani, S. (1981). L'agriculture algérienne depuis 1966, , étatisation ou privatisation ?..., op. cit., p. 90, il y'avait près de 2 400 moissonneuses-batteuses et un peu plus de 2 500 unités. D'autres chiffres sont présentés par Tidafi,T. (1969). L'agriculture algérienne et ses perspectives de développement.

119 La baisse des importations du matériels agraires est due à d'autres problèmes macro-économiques liés essentiellement à la nationalisation du pétrole dans le début des années 1970.

120 Bedrani, S. (1981). L'agriculture algérienne depuis 1966, étatisation ou privatisation?... op. cit., p. 86.

Tableau (10) : Acquisition du matériel agricole entre 1967 et 1977 dans le secteur privé et dans le secteur de la révolution agraire.

Type de matériel	**Acquisition secteur privé**			**Acquisition "R.A"**	
	1967-1969	**1970-1973**	**1974-1977**	**Exploitations**	**C.A.P.C.S**
Moissonneuses-batteuses automotrices	678	61	41	469	1 044
Matériel de récolte fourrage	1 023	159	146	4 125	5 519
Matériel de préparation du sol	1 907	955	26	2 850	2 234
Pulvériseurs-cover-corps	1 139	667	63	3 346	4 370
Charrues (socs et disques)	2 682	874	126	4 599	6 014
Matériel épandage et semis	113	48	06	2 014	1 787
Matériel de traitement	******	168	169	4 284	1 830
Remorques	472	451	620	2 969	3 013

Source : Bedrani, S. (1981). *L'agriculture algérienne depuis 1966, étatisation ou privatisation?... op. cit.*,p. 90.

6. 3. Utilisation des engrais et des fertilisants

Les objectifs de production requis par cette politique agricole lors de la révolution agraire, imposait un très important accroissement du niveau d'emploi des fertilisants, d'engrais et des produits phytosanitaires dans tous les secteurs de production, moderne ou traditionnel au même titre, surtout que l'utilisation des intrants n'était que peu répandue chez les agriculteurs algériens à cause de leurs prix très élevés.

Depuis l'indépendance, la progression d'utilisation des fertilisants n'était pas à la hauteur des besoins. La consommation ne représentait que près de 15% des nécessités en 1968 (dont 20 000 tonnes ont été consommés par le secteur privé).

Cependant, à partir du début de 1970, on assiste à un accroissement important de l'emploi l'utilisation des engrais, et cela, malgré des mauvaises répartitions et des retards de distribution causés essentiellement par des problèmes bureaucratiques liés en particulier, à la détention par une seule entreprise *"SONATRACH*[121]*"* du monopole de transport de ces produits[122].

L'application de la révolution agraire, le développement de l'industrie chimique et de l'industrie des hydrocarbures ont été des facteurs qui ont favorisé la croissance des produits chimiques, engrais et produits phytosanitaires fabriqués en Algérie, ainsi que leur utilisation. Par ailleurs, les prix réduits et les importantes subventions étatiques accordées au profit des agriculteurs ont encouragé l'amplification de la fertilisation dans le secteur agricole.

L'amplification de l'utilisation des fongicides, d'insecticides et des herbicides, ainsi que les engrais potassiques, des engrais phosphatés et des engrais azotés dans le but d'intensifier les niveaux de production

---

121 Société Nationale pour la Recherche, la Production, le Transport, la Transformation, et la Commercialisation des Hydrocarbures.
122 En effet, les mauvaises répartitions et les retards de distribution ont joué un rôle négatif sur l'utilisation des engrais par les agriculteurs dont la plus part commençaient leur compagne de culture sans attendre l'arrivée de ces produits.

se manifestait particulièrement dans le secteur socialiste plus que les autres secteurs.

L'utilisation des engrais et des phytosanitaires a connu de son côté une évolution importante dans le secteur privé[123] à partir de 1970. Cependant, elle restait relativement minime par rapport aux surfaces agricoles disponibles. L'examen des rares statistiques disponibles à ce propos montre l'évolution constante depuis 1970. Le graphique (14) illustre l'évolution des quantités consommées qui a été multipliée par dix en moins de huit ans.

Graphique (14) : Évolution des consommations des engrais dans le secteur privé.

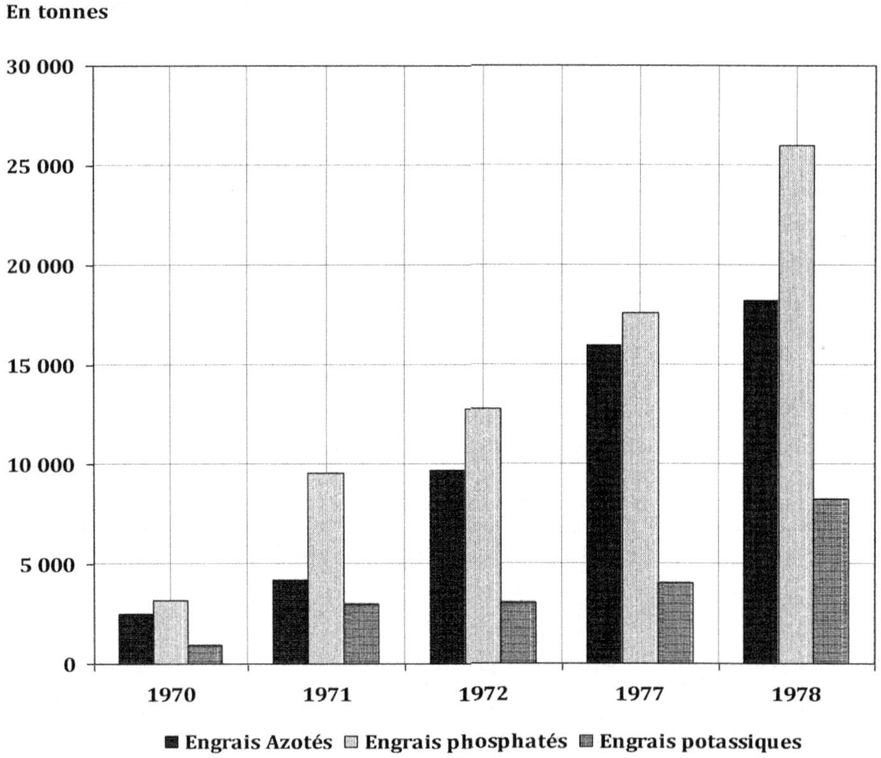

Source : Bedrani, S. (1981). *L'agriculture algérienne depuis 1966... op. cit.,* p. 80.

123 Cela montre une réelle volonté des propriétaires privés à développer les moyens de productions afin de mieux exploiter leurs terres. Cela devrait donner de très bons résultats si l'État avait suivi une politique avantageuse envers les producteurs privés.

Malgré les efforts entrepris dans la production, la distribution et la consommation des engrais et des fertilisants au début des années 1970, leur utilisation restait limitée dans toutes les cultures et dans tous les secteurs[124] : céréaliculture, arboriculture, cultures maraîchères et même les cultures industrielles qui exigent une forte intensification de l'utilisation des intrants[125]. Une fertilisation qui restait loin des niveaux requis, pour assurer une haute productivité et de meilleures performances. Le graphique (15), résume les tendances des consommations d'engrais (engrais azoté "N", engrais phosphaté "P2O5" et des engrais potassiques "K2O"), utilisés dans l'agriculture algérienne pendant la décennie de 1970 à 1980.

Graphique (15) : Consommation des engrais dans l'agriculture algérienne de 1970 à 1980.

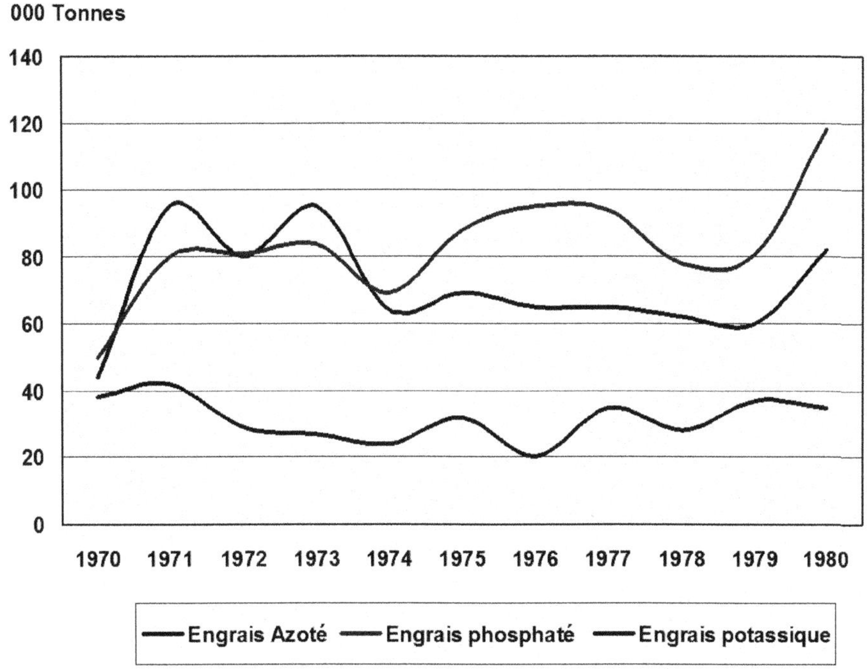

Source : FAO (2005). Rapport d'utilisation des engrais pp. 28-33.

---

124 Hormis le secteur privé comme nous venons de le voir dans la partie précédente.

125 Ce qui est en apparence en totale contradiction avec les niveaux de consommations des engrais dans la partie précédente, mais en réalité, les niveaux de l'utilisation restait trop bas dans les secteurs de l'État, ce qui a eu un effet négatif sur les niveaux totaux.

6. 4. La recherche scientifique dans l'agriculture

L'application des techniques relatives à l'utilisation efficace des éléments nutritifs sur les cultures, d'augmentation des productions, de la croissance quantitative et qualitative des produits agricoles, notamment dans un pays situé dans un aire géo-climatique difficile tel que l'Algérie, implique un haut niveau de chercheurs et un certain degré de développement de la recherche scientifique.

Depuis l'indépendance et contrairement à l'époque coloniale, l'action scientifique en Algérie s'orientait essentiellement sur la recherche appliquée au désavantage de la recherche classique[126]. La volonté de se procurer des cadres scientifiques de haut niveau aptes à répondre et à faire face aux difficultés de l'agriculture, a amené les responsables politiques à faire appel aux experts étrangers issus des pays dont le climat et la structure pédologique des sols sont proches de ceux de l'Algérie. C'est ainsi que la céréaliculture algérienne a utilisé les résultats des recherches agronomiques mexicaines.

Dans le but d'augmenter le potentiel scientifique mis au service de l'agriculture, dès 1968, l'Institut National Agronomique (ex Institut Agricole d'Algérie) prend en charge l'enseignement supérieur en matière agronomique et la formation des cadres supérieurs et techniques de l'agriculture.

La même année a vu la création de l'institut de la Vigne et du Vin (lVV) qui se chargeait quant à lui du secteur viticole. D'après R. Kellou[127], des ressources importantes[128], constituées principalement des subventions de fonctionnement et des allocations d'équipement issues du budget de l'État, ont été consacrées au renouvellement des

---

126 Cela vaudra dire que la recherche a été simplifiée à la phase de résultat seulement. Certes, la recherche appliquée est susceptible de donner des résultats rapidement, mais c'est aussi la méthode la plus sûre pour minimiser les pertes en cas d'échec.

127 Directeur Général de l'Institut National de la Recherche Agronomique (INRAA) en Algérie. Kellou, R. (2000). « la recherche agricole en Algérie ». Cahiers Options Méditerranéennes, vol. 32, pp. 7-8.

128 Près de 196 millions DA consacrées essentiellement aux études de ressources en eau, l'établissement de certes hydrogéologiques, études agro-pédologique, prospection hydrogéologiques, cités par Temmar, H. (1974). Structure et modèle de développement de l'économie de l'Algérie… op, cit., p. 75.

structures de base, avec un volet financier élevé lié aux infrastructures (construction des sièges, rénovation de stations d'expérimentations) pour la plupart ont été créées entre 1974 et 1980.

L'ensemble des moyens humains, des infrastructures[129] et des équipements de la recherche agronomique ont été regroupé sous la bannière de l'INRAA (Institut National de Recherches Agronomiques d'Algérie). Cependant, à partir de 1971 et jusqu'à 1978, une profonde restructuration de l'appareil national de la recherche agronomique a été entreprise avec la création de plusieurs instituts de développement par filière. Le plus important étant celui chargé des grandes cultures qui a vu le jour en 1974, prenant sa source dans le cadre de la mise en œuvre du projet "Céréales" mené avec une coopération étrangère[130].

Les instituts de développement de la production (ITGC), les instituts de la protection des végétaux (INPV), de la santé animale (INSA) et de vulgarisation (INVA) fonctionnaient avec des stations régionales de recherche et de développement qui à leurs tours travaillaient directement en relation avec les fermes. Selon K. Saka[131], le système d'organisation et le mode de fonctionnement des activités de recherche, de développement et de valorisation en agriculture, mis en place ont montré leurs limites et leurs incapacités à prendre en charge les préoccupations et les objectifs scientifiques et techniques de ce secteur stratégique et vital. K. Saka rajoute que les principales insuffisances de ce système ont généré un *« cloisonnement institutionnel »* défavorable à la valorisation des compétences et à leur mobilité, empêchant ainsi le développement des approches intégrées et pluridisciplinaires, et provoquant une marginalisation de la recherche scientifique. Cela a entraîné un renforcement du processus de dépendance scientifique des instituts techniques vis-à-vis des institutions de recherche étrangères. Ainsi, les effets sur la production agricole ont eu des impacts insignifiants dans la mesure où les acquis techniques étaient souvent inadaptés aux particularités socio-économiques des agriculteurs et aux spécificités agro-climatiques du pays.

---

129 Cependant, l'état des structures agraires, le retard au niveau des recherches agronomiques et les résultats obtenus ne prouvent que le contraire de ces propos.
130 Saka, K. & Taleb, S. (1997). « Régionalisation de la recherche agronomique en Algérie ». Cahiers Options Méditerranéennes, vol. 32, pp.126-127.
131 Ibid., pp. 126-128.

6. 5. La formation et l'encadrement agricole

Parmi nos nombreuses lectures sur l'emploi et la formation agricole, durant cette période, il nous a apparu totalement correct et tout à fait justifié de baser notre analyse essentiellement sur les études réalisées par S. Bedrani. Cela est dû à leurs diversités et leurs richesses en matière de données statistiques tant qualitativement que quantitativement. Ces données aussi rares que complètes, sont issues de plusieurs documents officiels du ministère de l'agriculture et de la réforme agraire[132]. Les statistiques qui vont suivre concernant l'emploi et la formation agricole sont en quasi-totalité relevées de ces études[133].

La politique de la formation agricole dans les années 1970, se basait particulièrement sur le développement de l'encadrement technique et la formation professionnelle. L'Algérie qui ne disposait que de peu de personnel capable de gérer les exploitations agricoles et les domaines autogérés de manière adéquate, se voyait contrainte à accélérer la formation des techniciens et des ingénieurs agricoles pour faire face à cette carence, malgré l'importance de la population agricole, hélas peu qualifiée. *« C'est ainsi que les besoins minimums pour la période 1974-1980 ont été établis de la manière suivante : 5 000 à 6 000 ingénieurs, 12 000 à 15 000 techniciens, 30 000 à 35 000 agents techniques et près de 70 000 à 80 000 ouvriers agricoles très qualifiés[134] ».* Cependant, cette politique de formation n'a pas atteint des résultats suffisants pour plusieurs raisons. D'abord, à cause de la faiblesse des moyens mis en œuvre par rapport aux objectifs visés. Ensuite, à cause de la nature des formations disponibles et des orientations proposées. Enfin, à cause de l'insuffisance des compétences techniques disponibles localement. Cette situation a conduit à une augmentation de la coopération étrangère, à la formation à l'étranger, et au recrutement des enseignants étrangers.

---

132 Il s'agit d'un nombre important de revues issues de MARA; RSA, série verte n° 7, 1977, RSA, série grise n° 19 et n° 20 de 1978, statistiques agricoles n°19 de 1976, statistiques agricoles n°20 de 1978. Enquête de MARA de 1968 sur la main-d'œuvre dans le secteur privé, rapport de MARA sur l'enseignement et la formation agricole, le bilan de 1èr plan quadriennal et de 2ème plan quadriennal, première assises régionales de l'autogestion agricole, Rapport sur la production agricole de 1976.
133 Bedrani, S. (1981). L'agriculture algérienne depuis 1966… op. cit., pp. 58-71.
134 Miette, R. (1980). L'évolution de l'agriculture algérienne… op. cit., p. 192.

La modestie des moyens accordés à la formation agricole explique en partie la faiblesse des résultats obtenus et cela, même si le nombre d'établissements de formation d'ingénieurs augmentait de 26 à 48 entre 1967 et 1978, accroissant ainsi les capacités d'accueil de 1 765 à 7 900 places.

Le nombre des centres de formation professionnelle passait également de 18 à 32 pour la même période, garantissant 12 340 stages, ce qui représentait près de 40% seulement des objectifs fixés[135], sans toutefois contre balancer la rémanence des besoins. Ce défaut de formation s'explique également par un aspect social important. L'enseignement agricole est celui qui attirait le moins d'élèves et d'enseignants, par son omission du prestige social et par la modestie de la rémunération financière dans le secteur. Cette situation posait des problèmes au niveau des effectifs d'encadrement technique qui se détériorait de plus en plus.

Les agents techniques formaient 78% des effectifs des cadres en 1971 mais seulement 53,5% en 1977. Ces pourcentages sont de 8% et de 21% pour les ingénieurs et 14% et 30% pour les techniciens moyens[136]. L'effort en matière de formation a été plus important à partir de 1972 comme c'est reflété dans le graphique suivant :

Le système de formation agricole axé jusqu'en 1967 sur la fourniture immédiate d'une main d'œuvre qualifiée, a surtout était tourné vers l'obtention de cadres et non vers l'augmentation du savoir scientifique et technique des producteurs directs.

En effet, à partir de 1970, l'accent est davantage mis sur la mise en place d'instituts de technologie formant des ingénieurs de différents niveaux ou des techniciens de vulgarisation que sur les centres de formation professionnelle accueillant des agriculteurs[137]. Cela s'est très vite répercuté négativement sur la formation professionnelle des agricultures et les conditions de vulgarisation des techniques nouvelles[138].

---

135 Bedrani,S. (1981). L'agriculture algérienne depuis 1966… op.cit., p. 61.
136 Ibid., p. 63.
137 Bedrani,S. (1981). L'agriculture algérienne depuis 1966…, op.cit., p. 63.
138 De Perthuis, C. (1984). L'Algérie face au déséquilibre agro-alimentaire. Thèse de doctorat d'Etat, université de Montpellier I, p. 118.

Graphique (16) : L'effort en matière de formation agricole dans les années 1970.

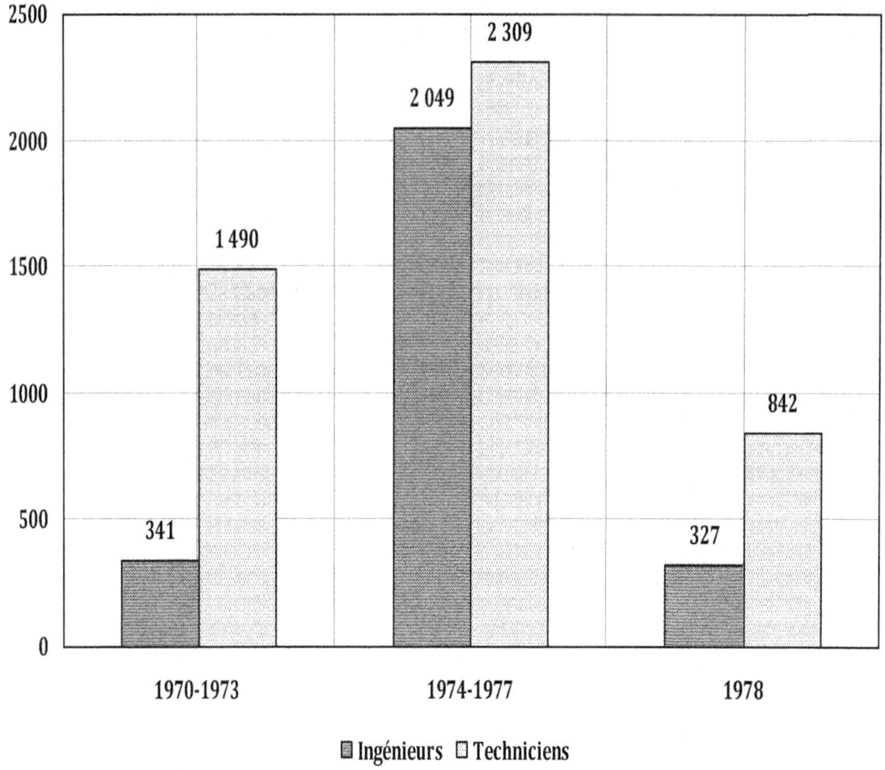

Source : Bedrani, S. (1981). *Agriculture algérienne depuis 1966... op. cit.*, p. 62.

Cette focalisation qui s'est opérée au profit de la formation d'ingénieurs hautement qualifiés au détriment de la formation professionnelle de base, très importante dans le domaine agricole, n'a pas eu un impact significatif sur l'augmentation de la production agricole. Les raisons sont nombreuses. Hormis la généralité de l'enseignement et son aspect théorique (loin de la réalité de terrain), le système d'enseignement qui les formait, explique S. Bedrani, « *leur inculque une mentalité de privilèges, d'attitude négative vis-à-vis du travail manuel, de sentiment de supériorité par rapport aux travailleurs*[139] ».

139 Ibid.

Par conséquence, des ingénieurs diplômés, sans aucune pratique concrète, demeuraient difficiles à mettre en valeur, d'autant plus que la plupart des titulaires des diplômes des centres de formation, étaient systématiquement affectés à des services administratifs (ministères, directions générales, directions régionales..., etc.), doublant ainsi l'effet négatif : un manque à gagner pour les unités de production qui avaient besoin d'un appui technique et l'encombrement des services administratifs qui grognaient déjà de surpopulation salariale.

Ainsi, en 1969, parmi 200 ingénieurs et 400 techniciens formés, aucun des premiers et seulement une dizaine des seconds exerçaient fin 1977 dans les exploitations autogérées, soit 2,4% des ingénieurs et 2,3% des techniciens en activité[140].

Graphique (17) : Affectations des cadres dans les différentes institutions et structures agricoles en 1979.

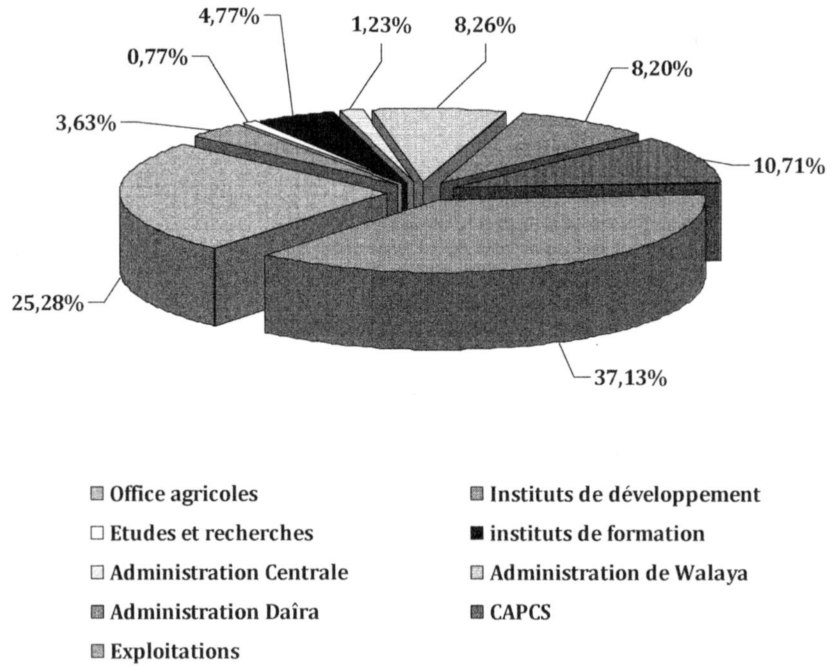

Source : Bernard, C. (1982). Revue du monde en développement, n° 36, Tome 9, p. 82.

140 Bedrani,S. (1981). L'agriculture algérienne depuis 1966..., op.cit., p. 63.

Tableau (11) : Affectations des cadres agricoles selon leur niveau en 1979.

Affectations	Niveau VI	Niveau V	Niveau IV	Niveau III
Offices agricoles	60	668	1285	3631
Instituts de développement	36	278	255	242
Etudes et recherches	17	60	36	60
instituts de formation	13	305	303	445
Administration centrale	30	94	66	75
Administration de Wilaya	40	390	580	835
Administration Daïra	0	375	635	820
CAPCS	0	208	555	1628
Exploitations	0	130	360	7800

Source : Bernard, C. (1982). Revue du monde en développement, n° 36, Tome 9, p. 82.

6. 6. L'évolution de la main-d'œuvre agricole

Sur l'ensemble de la période postindépendance, l'examen de l'évolution démographique montre que l'accroissement de la population agricole a été faible et quasi stagnante. Le tableau (12) retrace cette évolution en distinguant les variations dans les secteurs de l'autogestion, le secteur de la révolution agraire et le secteur privé.

Tableau (12) : L'emploi dans l'agriculture (en milliers de personnes).

Années	1973	1974	1975	1976	1977
Occupés permanents	520	533	547	563	570
Autogestion	180	182	185	188	190
Révolution agraire	60	071	82	95	100
Privés[141]	280	280	280	280	280
Occupés partiellement dans l'agriculture[142]	1 101	1 108	1 113	1 115	1 123

Source : Ali-Toudert, A. (1982). Le coût de la vie en Algérie depuis 1962, p. 113.

Cette stagnation, indique S. Bedrani, s'ajoutait à l'absence du niveau de qualification et d'instruction de la force de travail agricole. Entre 1968 et 1970, 83% des travailleurs agricoles permanents étaient analphabètes. 76% des chefs d'exploitations de culture et celles d'élevages se trouvaient dans le même cas. Le nombre d'analphabètes dans le secteur représentait entre 1974 et 1975 près de 77%. Il avait augmenté pour atteindre 81% entre 1975 et 1976. Le fléau de la modernisation de la société algérienne, l'immigration vers l'étranger étaient d'autres facteurs déterminants qui ont amplifié l'hémorragie des travailleurs agricoles et de leurs familles des campagnes.

141 Petits exploitants.
142 Population à revenus mixtes.

En effet, le salaire minimum agricole garanti (SMAG) quasi-stagnant depuis l'indépendance, accompagné des offres très attractifs en industrie, accentuaient de plus en plus l'évasion des salariés de secteur agricole, dévalorisant ainsi le travail dans l'agriculture.

Le graphique (18) retrace l'évolution du salaire minimum agricole garanti (SMAG) pour 8 heures de travail par jour, qui évoluait dans le même sens que celui de salaire minimum interprofessionnel garanti (SMIG), sans toutefois atteindre son niveau. Le SMIG qui évolué plus rapidement que le SMAG, contribuait à dévaloriser le travail agricole et à créer une disparité entre les secteurs professionnels, intensifiait par conséquence la crise de l'emploi agricole et le rythme de l'exode rural.

Graphique (18) : Évolution du SMAG et du SMIG entre 1970 et 1979.

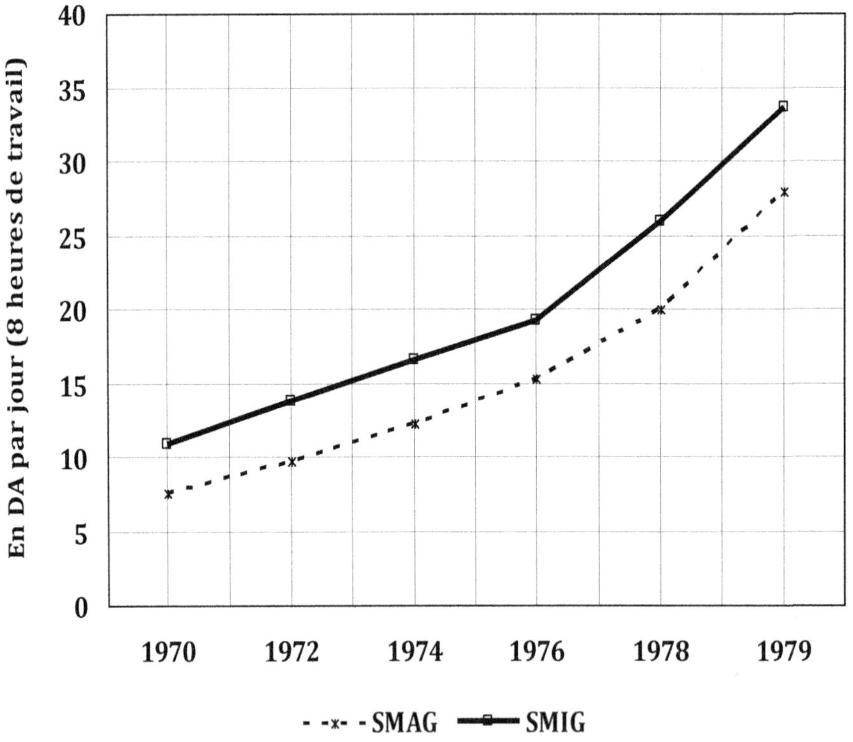

Source : D'après les chiffres d'Ali Zazou, Kh. (1986). *Le développement de l'agriculture algérienne 1967-1986 : essai d'évolution... op. cit.*, p. 53

Dans cette vision, le développement de l'emploi non agricole a concerné plus particulièrement les secteurs du bâtiment et des travaux publics, les secteurs de l'industrie, notamment ceux de la sidérurgie et des hydrocarbures, avec une moyenne moins importante pour les secteurs du transport et plus faible encore dans les commerces et les services.

Le graphique (19) illustre, en pourcentage, l'augmentation de l'emploi non agricole pour la période allant de 1966 à 1977, année où l'emploi non agricole a atteint les 1,725 million de travailleurs, représentant ainsi un taux d'occupation de 45%, par rapport à une population active non agricole de 3,74 millions[143].

Graphique (19) : Augmentation en % de l'emploi non agricole de 1966 à 1977.

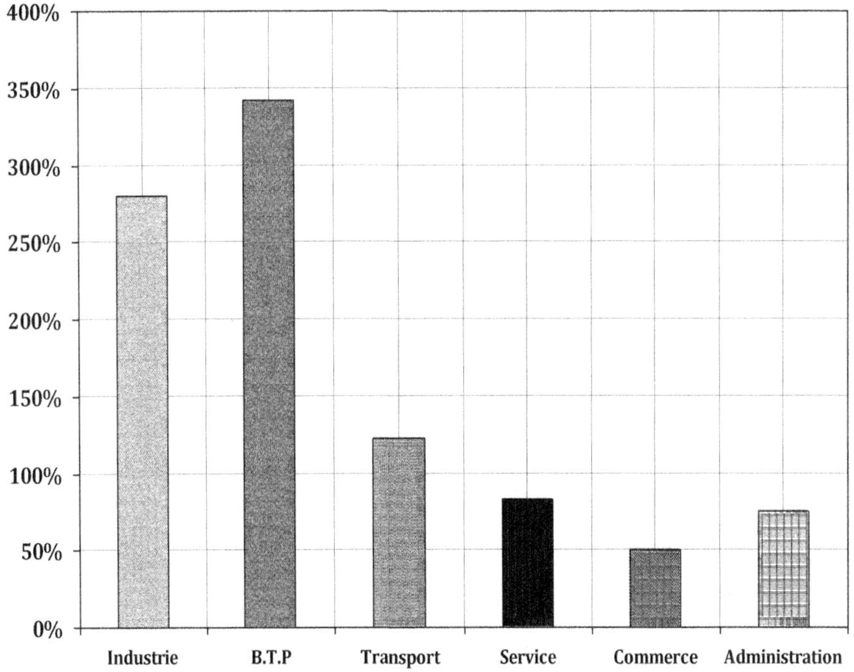

Source : Chiffres d'Ali Zazou, Kh. (1986). *Le développement de l'agriculture algérienne 1967-1986 : essai d'évolution... op. cit.,* p. 53

143 Benissad, M. E. (1979). Economie du développement de l'Algérie, sous-développement et socialisme… op, cit., p. 256.

De manière générale, l'industrialisation et l'urbanisation poussées des années 1970, l'expansion des activités non agricoles, le sous-emploi dans le milieu rural (65% d'actifs sans emploi[144]), les salaires attractifs dans les secteurs de l'énergie et de l'industrie ont révélé des disparités flagrantes en défaveur de celui de l'agriculture. L'état des villages dépourvus de services et de commodités disponibles en villes sont d'autres facteurs importants qui avaient accentué le départ massif des travailleurs agricoles vers les villes.

Au moment où les niveaux des emplois non agricoles connaissaient une poussée significative, la fraction active de la population agricole subissait une diminution en force de travail qui était due essentiellement au vieillissement de la population.

À ce sujet, C. De Perthuis, rappelle que plus de la moitié des effectifs permanents avaient dépassé 50 ans en 1980, dans un contexte où la société avait connu un taux important de rajeunissement de la population masculine. Moins de 35% de la population totale dépassait 50 ans cette année-là.

Graphique (20) : Répartition de la population agricole en 1975.

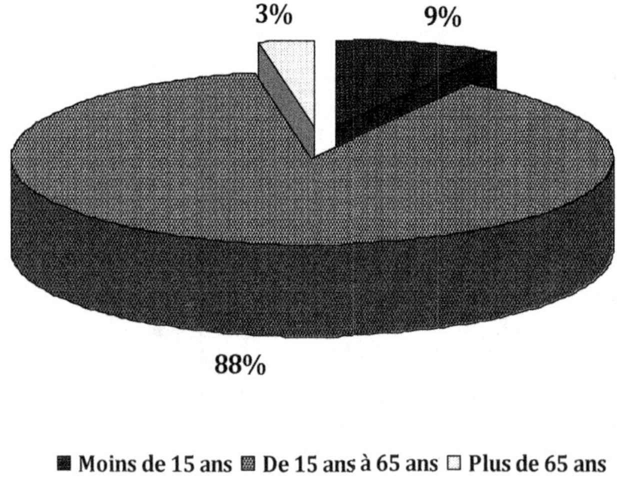

Source : À partir des chiffres de Bourrinet,J. (1975).*Salaires et revenus des travailleurs agricoles en Tunisie et en Algérie*, p. 80.

144 Bessaoud, O. (1994). « Crises et transitions des politiques agricoles en Méditerranée »... op, cit., p. 93.

7. L'aggravation de la dépendance alimentaire à la fin de 1970

L'étude de l'évolution des productions agricoles à la fin des années 1970, fait apparaître une dépendance alimentaire progressive, marquée par une croissance importante des importations alimentaires au même temps qu'un déclin des exportations. Nous tenterons dans ce qui suit, de déterminer les raisons et les causes essentielles de cette dépendance, en plus de celles de la décadence de la production.

L'amélioration du niveau de vie de la population accompagnée de l'augmentation des ressources de l'État due à l'explosion des prix des hydrocarbures sont des facteurs qui ont amplifié cette dépendance. C'est particulièrement la forte croissance démographique et l'exode rural qui accumulaient les difficultés de l'agriculture algérienne et aggravaient la dépendance économique du pays.

7. 1. L'exode rural

L'appauvrissement continu des *fellahs* et leurs conditions de vie pénibles, le sous-emploi rural, l'accélération du rythme de l'irrégularité du travail, la dévalorisation du travail agricole, le développement des activités industrielles dans les villes, sont les facteurs les plus importants qui ont accentué et accéléré le phénomène de l'exode rural. Ce phénomène devenait l'un des pires problèmes et l'un des plus incurables difficultés, avec ce qu'il entraîne comme conséquences négatives sur la société. Entre 1966 et 1973, près de 850 000 personnes ont émigré vers les villes. Près de 520 000 personnes entre 1974 et 1977 ont quitté la campagne, soit un taux d'exode évalué à 1,3% par an. Ce phénomène avait conduit à une évolution significative de la population urbaine, qui, entre 1966 et 1973, a augmenté de 5,6% par an, contre seulement 2% pour la population rurale. Cette dernière estimée à près de 7,542 millions habitants en 1970 a diminué pour atteindre les 6,628 millions d'habitants dix ans plus tard[145]. Vraisemblablement, l'analyse de cette situation nous conduit à déduire que l'évolution démographique avait une responsabilité dans l'aggravation de la dépendance alimentaire et l'augmentation des importations en Algérie.

---

145 FAO Statistics pour 1970 et 1980 et Benhouria, M. T. (1980). L'économie de l'Algérie,... op, cit., pp. 366-368 pour le reste.

7. 2. Déséquilibre alimentaire caractéristique et structurel

Avec un taux de natalité proche de 50 pour mille et un taux de croissance de 3% par an, qui constituait l'un des plus fort taux du monde, la population algérienne connaissait un taux de croissance frappant, soit un doublement tous les 23 ans. Le graphique (21) retrace l'évolution de cette croissance démographique. D'un peu plus de 12 millions de personnes en 1966, la population algérienne atteint près de 15 millions en 1973, pour arriver à 17 millions en 1977 et un peu moins de 19 millions deux ans après, soit une augmentation de près de 60% sur 13 ans.

Avec un tel taux de croissance démographique, même les progrès les plus significatifs en matière d'augmentation de production agricole et d'offre alimentaire, s'avéraient sans effets concrets. C'est ainsi qu'à partir de la fin des années 1960, un déséquilibre alimentaire caractéristique et structurel, commençait à se faire sentir et une dépendance alimentaire profonde se manifestait. Ce déséquilibre passe de 7% au début des années 1960 à près de 60% à la fin des années 1970.

La dépendance alimentaire en Algérie a été causée essentiellement par des crises de productions, des problèmes de rendements et surtout des difficultés d'organisation dans le secteur agricole. L'inefficacité des systèmes productifs, la décadence de la production locale par rapport à l'époque coloniale, la baisse de la productivité agricole, la faiblesse de l'appareil commercial, tous ces éléments déterminants ont été traduits par un déficit de production très important et de plus en plus préoccupant. En effet, dans un pays en voie de développement, nouvellement indépendant, la juxtaposition et la conjonction de ces facteurs déterminants ont fait de l'agriculture un secteur à évolution régressive. « *Après avoir été un secteur exportateur, l'agriculture devient l'une des cause de l'accroissement de l'endettement en Algérie*[146]».

---

146 Goumeziane, S. (1994). Le mal algérien : économie politique d'une transition inachevée 1962-1994. Paris, Fayard, p. 62.

Graphique (21) : Évolution de la population totale de 1966 à 1980.

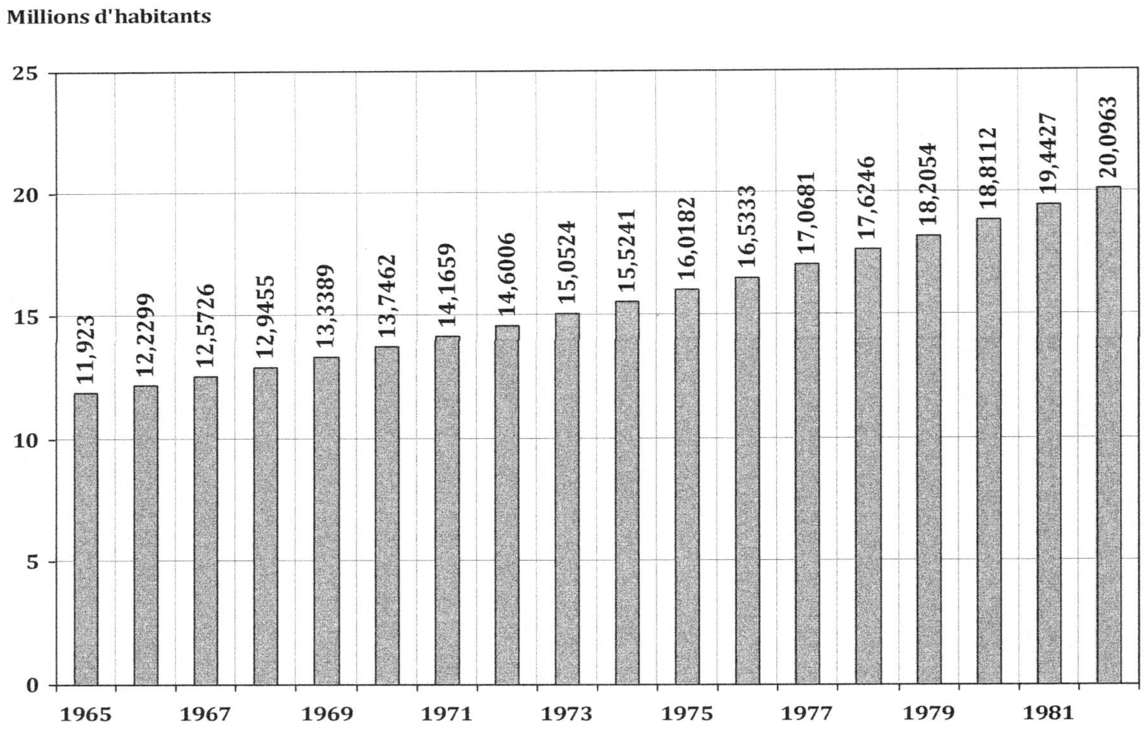

Source : Office national des statistiques (2009).

L'examen de l'évolution de la production agricole sur l'ensemble de cette période, illustre un déclin important, reflété par une augmentation des besoins alimentaire et une décrépitude de la couverture de la demande totale par la production nationale. La production agricole qui couvrait la quasi-totalité de la demande locale à l'indépendance n'assurait que partiellement la couverture des besoins en produits alimentaires de base à hauteur de 30% (en moyenne) des besoins au début des années 1980.

Ainsi, le recours aux importations des céréales, des huiles alimentaires, du sucre et de lait s'imposait de plus en plus pour couvrir les besoins de la population, ce qui a fait augmenter le poids de la facture alimentaire.

Entre 1979 et 1983, l'Algérie a importé 57% de ses céréales, 62% de ses légumes secs et 56% de son lait. Inversement, une chute des ressources en devises est constatée, due à la réduction des exportations agricoles à partir de 1980. Le pays s'enfonçait dans une dépendance grave aux importations alimentaires étrangères. La dépendance alimentaire, plus que jamais devenait une âcre réalité.

Le graphique (22) illustre l'augmentation des ressources consacrées à la facture alimentaire ainsi que les pertes financières enregistrées à cause de la diminution des exportations agricoles. Les chiffres sont exprimés en millions de dinars pour la période de 1969 à 1982 (100= 1973).

Graphique (22) : Évolution des ressources consacrées aux importations alimentaires (en millions de DA) (100= 1973).

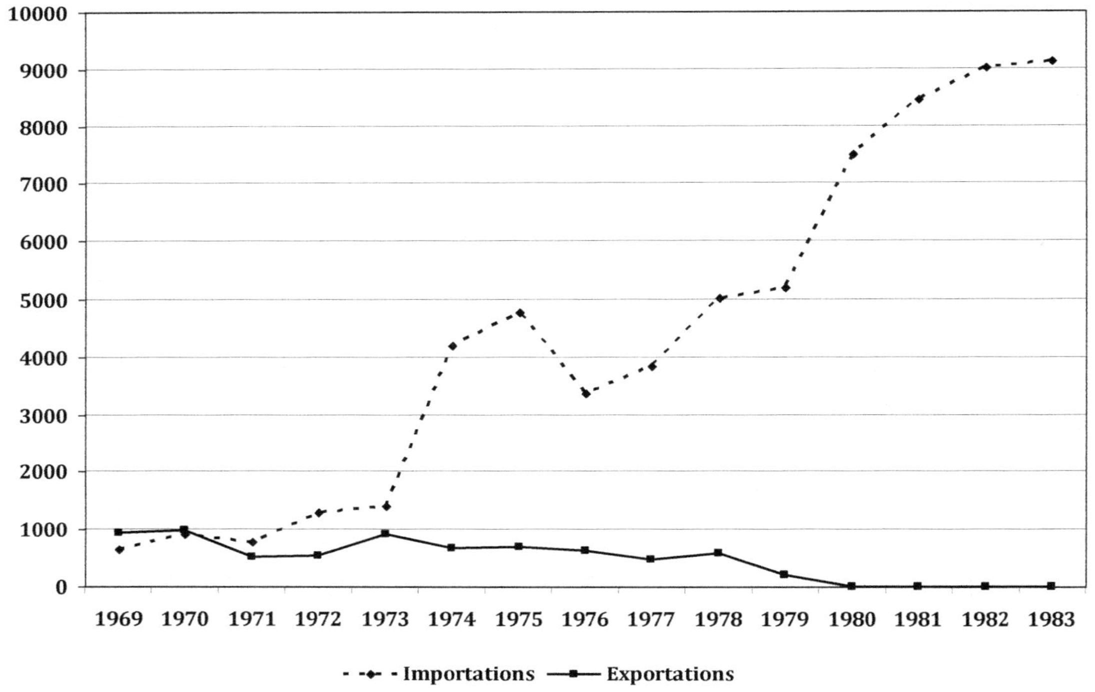

Source : Sari, D. (1977). « L'évolution de la production agricole en Algérie ». *L'Afrique et l'Asie moderne,* n°114.

Le graphique (23) quant à lui, représente l'évolution des taux des importations agricoles dans les importations totales ainsi que la diminution des taux des exportations agricoles pour la même période étudiée (de 1969 à 1981). Ce graphique nous permet également de constater le basculement de la balance commerciale agricole, positive depuis l'indépendance qui devenait négative à partir de 1973 pour les raisons que nous tenterons d'expliquer.

Graphique (23) : Évolution des taux des importations agricoles et les taux d'exportations agricoles dans les importations totales.

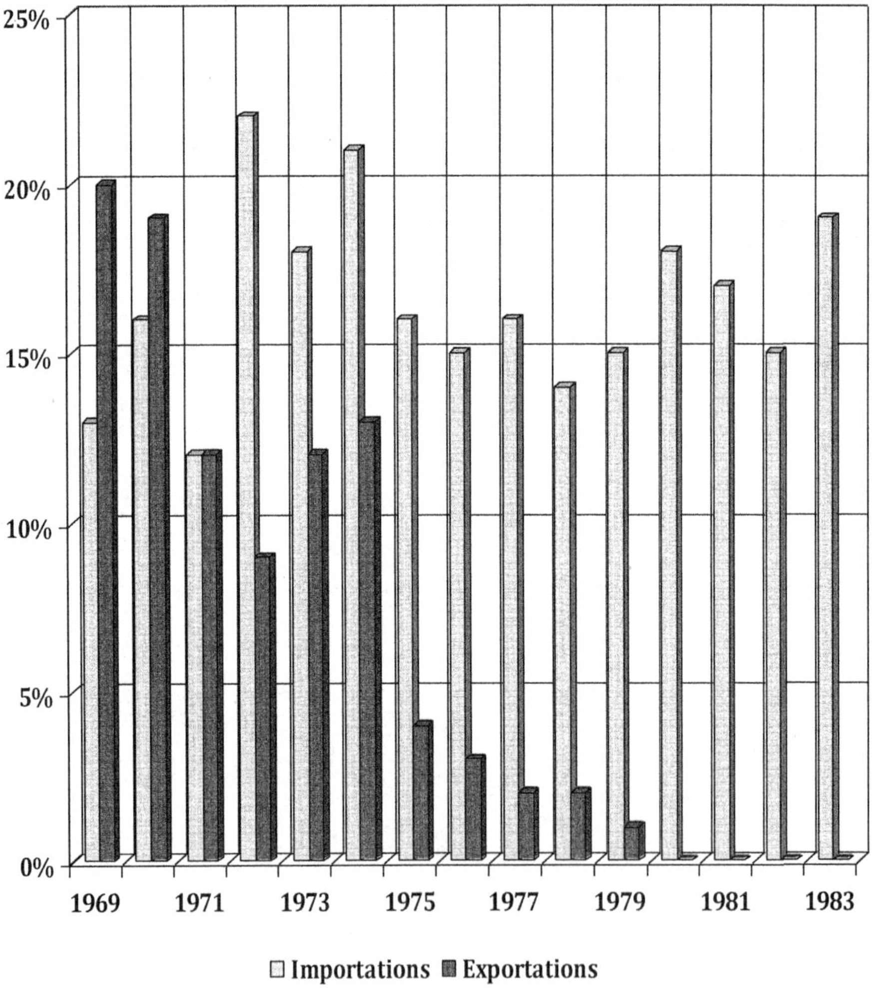

Source : Sari, D. (1977). « L'évolution de la production agricole en Algérie ». *L'Afrique et l'Asie moderne,* n°114.

D'autres facteurs ont été indirectement à l'origine de cette situation. La plus importante concernait l'immense disponibilité financière induite grâce à la conjoncture pétrolière particulièrement favorable à l'économie nationale dans les années 1970. L'acquisition de cette manne financière a suivi la décision du Président Houari Boumediene de nationaliser les hydrocarbures et une part majoritaire dans les compagnies pétrolières françaises le 24 février 1971[147]. Cette décision a reflété la volonté de l'État algérien de récupérer les richesses minérales et énergétiques nationales, exprimée dans le programme de la *Charte de Tripoli* dans la déclaration du 1er novembre 1954 et dans la *Charte d'Alger* en 1964.

Suivi dans cette démarche un an plus tard par l'Iraq, la Libye en 1973, les pays arabes et les membres de l'Organisation des Pays Exportateurs de Pétrole (OPEP). Ces pays, contrariés par la dévaluation du dollar américain, principale devise des transactions pétrolières d'une part, et décidant de mener et de définir une politique pétrolière commune dans leurs intérêts d'autre part, décréteraient un embargo pétrolier.

On note également d'autres événements géopolitiques qui ont favorisé en partie le rebondissement des prix du pétrole. La décision des pays arabes et les membres de l'OPEP à leur tête l'Arabie Saoudite de réduire l'offre du pétrole pour protester contre le soutien des États-Unis à Israël durant la guerre d'octobre 1973 qui a suivi l'offensive Egypto-syrienne pour reconquérir les territoires de Sinaï, occupés par Israël depuis 1967.

En réponse à ces mesures entreprises, les pays industriels importateurs d'hydrocarbures ont créé en 1974, l'Agence Internationale de l'Energie (AIE) afin de mener des actions qui servent à réduire leur dépendance énergétique vis-à-vis des pays exportateurs du pétrole. De ce fait, le prix du pétrole s'envolait et les effets sur le budget de l'État algérien étaient extrêmement positifs grâce aux recettes des exportations. Le prix du baril de pétrole a presque quadruplé en peu de temps. Il a bondit de 2,32 $/baril en 1973 à 9 $/baril en 1974.

---

147 Concrétisée par la loi du 12 avril 1971 qui abolissait le régime des concessions. Ordonnance n° 71-22 du 12 avril 1971 définissant le cadre dans lequel s'exerce l'activité des sociétés étrangères dans le domaine de la recherche et de l'exploitation des hydrocarbures liquides.

La situation était devenue encore plus favorable suite à la révolution iranienne en 1979 puis la première Guerre du Golfe persique entre l'Iran et l'Iraq. Une situation qui avait provoqué l'explosion des prix du baril qui a atteint les 40 $ en 1980. C'est ainsi que les recettes algériennes sont passés de 3 milliards de dinars en 1973 à 36 milliards de dinars en 1979[148].

La manne extraordinaire et la rente dégagées des exportations d'hydrocarbures, rendaient supportable la lourde facture alimentaire. Ils ont déclenché une multiplication de la consommation alimentaire en Algérie qui ne pouvait être couverte que par le recours aux importations. Le graphique (24) nous illustre la relation entre l'évolution des importations alimentaires et celui de l'indice des prix réels du pétrole.

Par ailleurs, cette période a connu une amélioration des revenus des travailleurs algériens qui ont vu leurs rétributions passaient de 6 à 33 milliards de dinars[149], avec une croissance de la masse salariale de 7,725 milliards dinars en 1969 à 57,133 milliards en 1980, passés à 75,738 milliards de dinars en 1982. Le pouvoir d'achat qui a progressé de près de 30% entre 1968 et 1978 (soit un taux de croissance annuel de près de 2,5%) conjointement à une demande alimentaire qui s'est accélérée, notamment dans les régions urbaines, ont provoqué en conséquence, un excès de la demande par rapport à l'offre sur le marché algérien.

La conjonction de ces facteurs induisait une faible productivité et une malingre élasticité des productions agricoles, rendant ainsi nécessaire le recours aux importations et exposant l'État à des pertes énormes en devises afin de maintenir fixes les prix des produits de grande nécessité et ceux des produits de base. Devant la dégradation et de la régression de la production, de déficit agricole dès le début des années 1970, l'agriculture algérienne assistait à la diminution de son poids comme un secteur économique prépondérant.

---

148 La parité Franc français/Dinar algérien durant cette période oscillait entre 0,8798 et 0,9059 en moyenne annuelle.

149 Goumeziane, S. (1994). Le mal algérien : économie politique d'une transition inachevée 1962-1994… op. cit., p. 65.

Graphique (24) **:** Évolution des importations alimentaires et l'indice des prix du pétrole. Les importations sont données en millions de dinars et l'indice de prix du pétrole (base 100 = 1973).

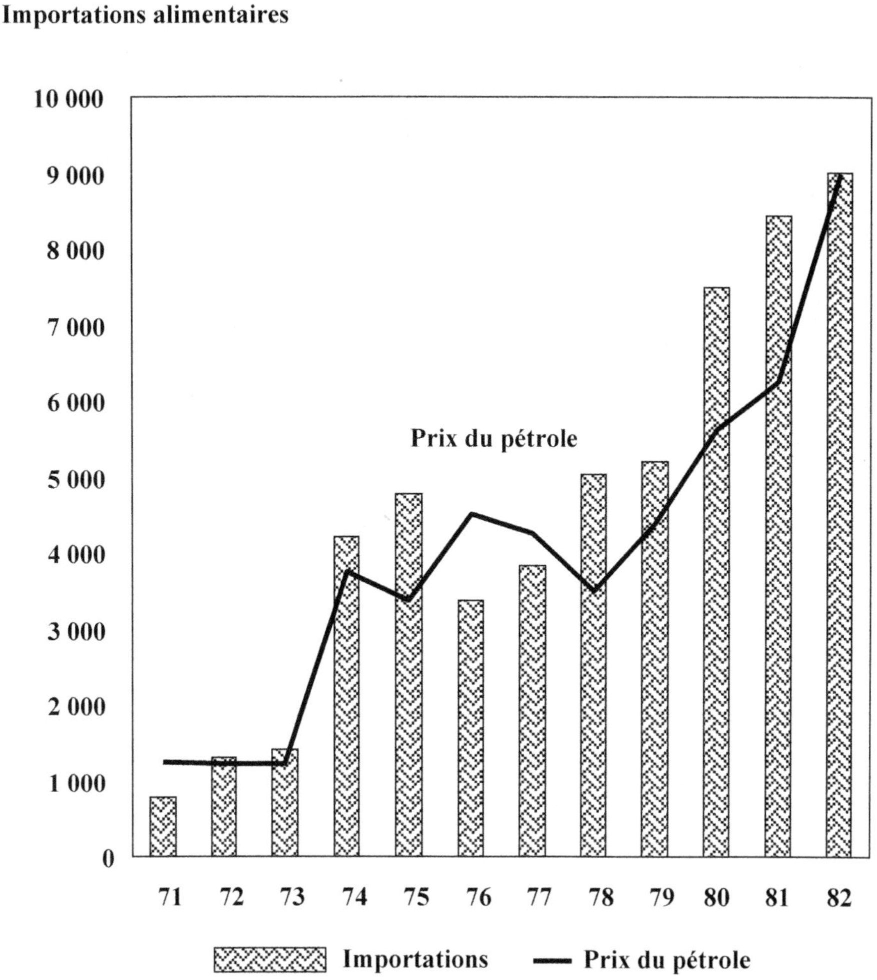

Source : Goumeziane, S. (1994). *Le mal algérien : économie politique d'une transition inachevée…op. cit.*, p. 65.

7. 3. Le déclin du secteur agricole

L'agriculture algérienne quasi-intégralement exportatrice à l'époque coloniale, avec une balance commerciale longtemps positive, perdait petit à petit cette place stratégique. L'économie perdait des ressources extrêmement importantes en devises. Sur l'ensemble de la période des années 1970, l'examen des échanges commerciaux révèle en effet que le déclin des exportations agricoles était relativement important.

Au moment où les importations (représentant 33,9% en 1957 et près de 40% en 1961) de biens alimentaires pesaient lourdement sur la balance commerciale, la part des produits agricoles dans les exportations totales qui représentait près de 4/5ème en valeur des exportations totales, avec 83,8% en 1957 et 80,7% en 1961, ne représentait pratiquement rien à la fin des années 1970.

Le graphique (25) retrace la déchéance des exportations agricoles et illustre la tendance à la baisse de leur part dans les exportations totales. De 795 millions de DA en 1973 à 430 millions DA en 1977, soit une baisse de près de 55% en valeur, 4 ans après.

Graphique (25) : Déclin des exportations agricoles entre 1969 et 1979.

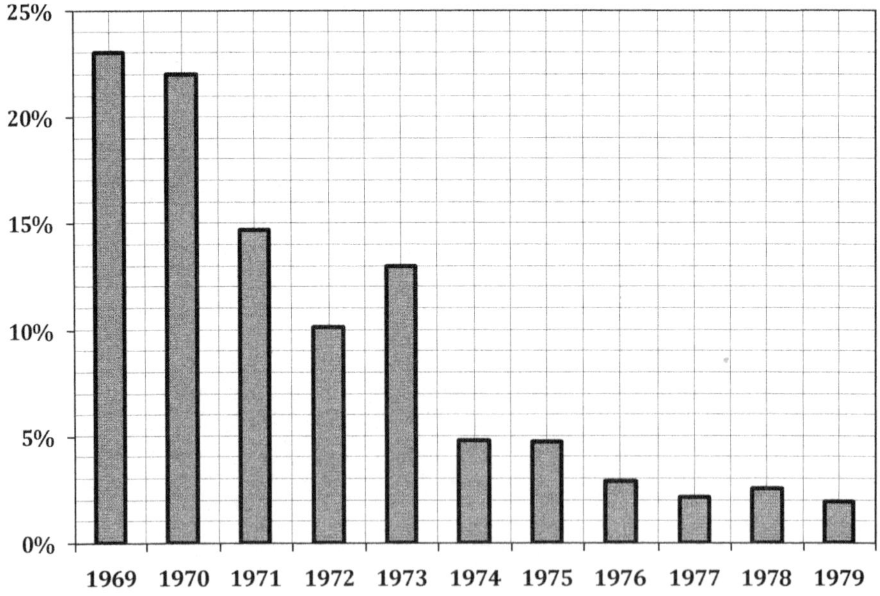

Source : Schnetzler, J. (1981). *Le développement algérie.*, p.47

Depuis l'indépendance, l'agriculture, handicapée par plusieurs contraintes structurelles, n'a pas cessé d'enregistrer une dégradation continuelle et une tendance à devenir un secteur économique secondaire. Un secteur manquant des moyens de production nécessaires et d'une intégration parfaite avec les autres secteurs économiques, mais aussi, d'une faible productivité due essentiellement au manque de la formation agricole, au défaut de la recherche agricole active et à la faiblesse de l'organisation du travail.

Le déclin du secteur agricole peut être très vite constaté en étudiant la contribution du secteur agricole au PIB. Premier secteur d'activité par sa valeur ajoutée entre 1963 et 1966 avec 2,1 milliards de dinars, elle passerait à 9,9 milliards de dinars à la fin des années 1970, au même temps que le PIB total avait été multiplié par 12, au début des années 1980. Le graphique (26) retrace la chute de la contribution du secteur agricole au PIB total de 1963-1966 à 1978-1981.

Graphique (26) : Contribution de l'agriculture au PIB de 1963 à 1981.

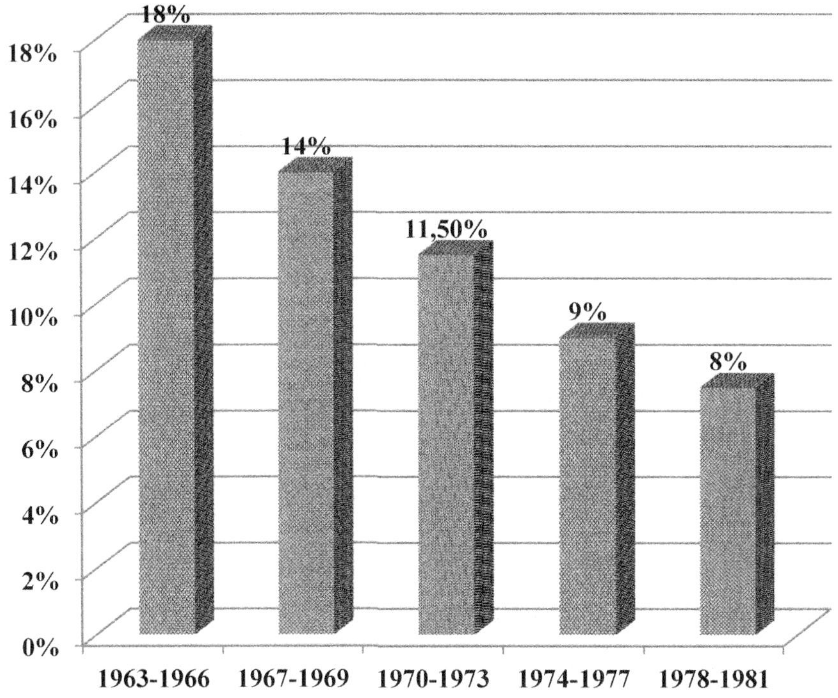

Source : Séries statistiques ONS (1984).

Le graphique (27) étudie la valeur ajoutée agricole à l'aide de l'indice des prix à la production agricole et qui reflète très clairement une diminution drastique en termes réels de la production agricole.

Graphique (27) : Évolution de la valeur ajoutée agricole à l'aide de l'indice des prix à la production agricole de 1970 à 1979.

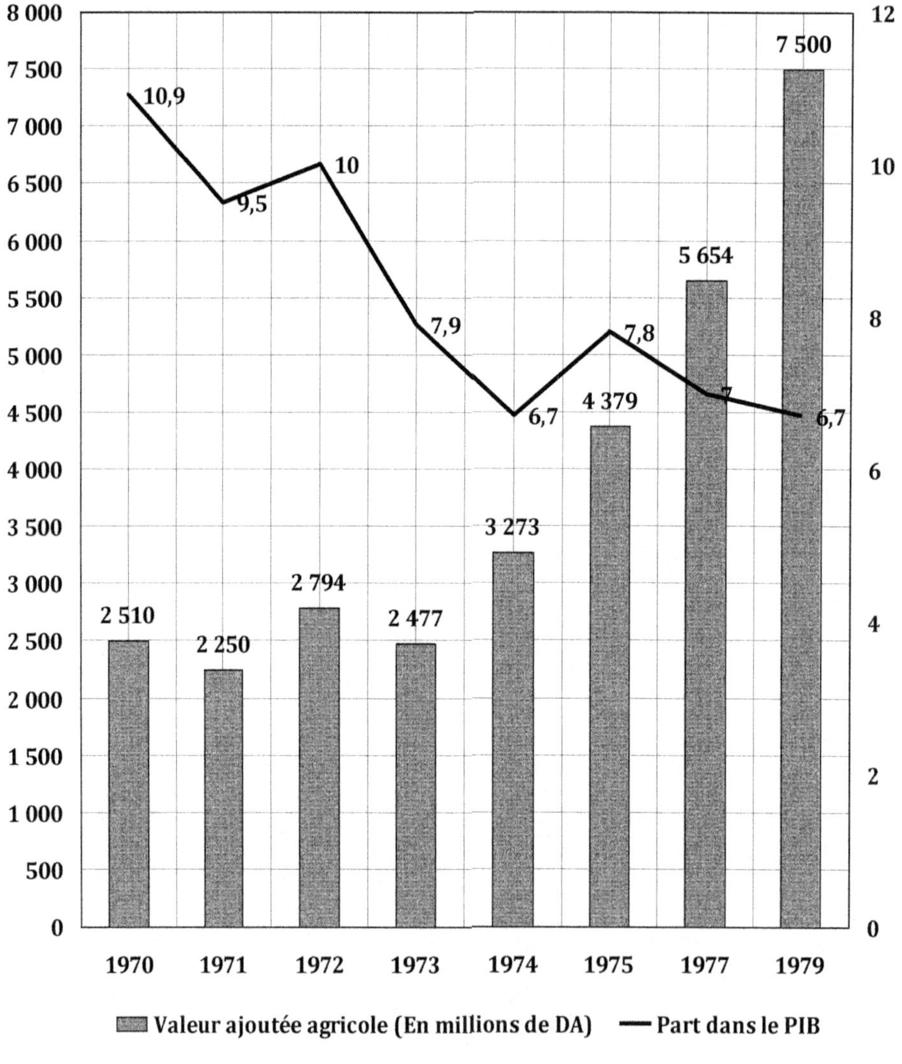

Source : Benissad, M. E. (1979). *Économie du développement de l'Algérie…op. cit.,* pp. 105-107, agencée à des statistiques de l'ONS.

8. Le blocage de la situation et la nécessité d'un autre changement

L'examen du secteur agricole algérien et les différents volets de ses politiques effectué à partir de ses différentes évolutions (politique d'investissement, politique d'emploi, de formation et de recherche agricole), de ses modes d'organisation, de ses faibles performances et réalisations, de l'analyse de l'évolution de ses productions végétales et animales pour la période postindépendance jusqu'au début des années 1980, traduit clairement une profonde crise du secteur agricole.

C'est une illustration distinctive d'une agriculture dépendante des monopoles étatiques. L'intervention de l'État était à tous les niveaux : le financement, la distribution et la commercialisation des produits, dans un cadre d'un système économique totalement planifié.

L'évolution de cette situation montre clairement à quel point la réalité est éloignée des objectifs planifiés dans les différents discours officiels, depuis la *Charte de Tripoli* jusqu'à la *Charte nationale* de 1976.

Loin d'assurer un rôle capital dans une économie d'un pays récemment indépendant, le rôle d'un secteur accumulateur du capital, une force motrice de la croissance nationale, la stagnation du secteur agricole et le désarroi dans lequel se trouvait, son incapacité à couvrir la demande locale et son inaptitude à dégager un surplus pour l'exportation, sont des facteurs qui ont installé le pays dans une dépendance alimentaire durable qui s'intensifiait d'un jour à l'autre[150].

Du coup, un programme de prévention, contre les déficiences alimentaires et les différentes pénuries, a même été mis en place. Il s'agit du PAP (programme de lutte anti-pénurie), initié en octobre 1979 et lancé avec 1,25 milliard $, qui visait essentiellement à faire face aux pénuries des biens de consommation alimentaires et à lutter contre la disette des biens de construction et des biens pour les ménages.

---

150 Sous l'effet conjugué de la croissance démographique incontrôlée, l'augmentation de la demande alimentaire urbaine et l'amélioration des revenus et de pouvoir d'achat du citoyen algérien en termes général.

Le PAP qui s'est étalé sur une période de deux ans (1980 et 1981) a accéléré le rythme des importations alimentaires qui se sont accrues de 3,2 milliards de DA, dont 2,6 milliards de DA en 1980 et 0,6 milliards de DA en 1981.

Au total, la mise en œuvre du programme anti-pénuries a entraîné un accroissement des importations à 8,2 milliards de DA (2 milliards de $) au lieu de 5 milliards de DA (1,25 milliards de $), prévus initialement pour les deux années 1980 et 1981, ce qui représentait un accroissement cumulé de 9% pour les deux années considérées[151].

Devant cette situation critique et face à l'inefficacité et l'impuissance du secteur agricole à faire face à la demande alimentaire, le gouvernement algérien, conscient de l'échec de sa politique planifiée dans ce domaine a décidé de prendre les devants et anticiper les changements.

Le constat fait par l'État intervenait dans un contexte sensible plus que jamais, et visait la minimisation du risque d'empirer la situation d'insécurité alimentaire et d'embraser davantage la facture des produits agricoles. Cela est dans une tentative d'équilibrer la balance agro-alimentaire largement déficitaire depuis quelques années d'une part, et limiter le recours à l'endettement extérieur déjà pesant sur l'économie algérienne, d'autre part[152]. Cette volonté politique de changement entreprise par l'État algérien, intervenait encore une fois dans des conditions internationales très favorables, marquées par une évolution conjoncturelle des prix du pétrole particulièrement propice, grâce à la manne financière dont bénéficiaient l'économie nationale et le budget public[153].

---

151 Brahimi, A. (1991). Stratégies de développement pour l'Algérie : défis et enjeux... op. cit.,p. 263.

152 Les dettes contractées dans les années soixante-dix, rentrées dans le cadre d'une politique de développement à long terme des industries industrialisantes comme nous l'avion exposé auparavant, et basée essentiellement sur l'extension des industries liées aux hydrocarbures et les industries lourdes, le renouvellement des sites d'exploitation, la construction des usines de liquéfaction et des raffineries du gaz pour accroître les exportations. Les recettes de ces devraient rembourser ces emprunts.

153 Un contexte international marqué par la révolution islamique en Iran et le deuxième choc pétrolier, où les recettes extérieures algériennes atteignaient une moyenne de 12,8 milliards de dollars par an.

3. La libéralisation du secteur agricole

Ainsi donc, l'agriculture socialiste en Algérie a été un échec patent. Comment l'État a-t-il cherché à remédier à cet échec ? Quels sont les effets des bouleversements géopolitiques que le monde avait connus dans les années 1970 sur l'économie nationale ? Comment le secteur agricole a-t-il évolué depuis cette période ? Ce chapitre tentera justement à répondre à cet ensemble de questions. Il présentera également l'évolution du secteur agricole depuis le début des années 1980 jusqu'à aujourd'hui. Les années 1980 ont représenté un grand virage pour l'économie puisque c'est à cette époque que la situation financière de l'État a connu un blocage suite à l'effondrement des prix du pétrole.

Cependant, des réformes structurelles de la politique agricole ont été entreprises avant cette date. Nous attribuons une partie conséquente de nos analyses pour ces restructurations ainsi qu'à leurs conséquences sur le secteur agricole en termes de production, des subventions et des aides. S'ensuit alors une analyse détaillée de la période suivant l'effondrement des prix du pétrole. Une période caractérisée par l'émergence d'un nombre important de problèmes dans l'activité agricole qui a obligé l'État à entreprendre d'autres réformes à partir de 1987 dans le but de réorganiser le secteur. Seulement, avec la chute des régimes politiques socialistes à travers le monde, la révolte d'octobre 1988 et l'effondrement des finances de l'État, les agriculteurs ont vécu des situations difficiles avec la libéralisation accrue des prix des intrants et la baisse des subventions accordées.

Ce chapitre consacrera ensuite, une part d'analyse à l'application du PAS (Plan d'Ajustement Structurel) imposé par l'intervention du FMI dans la gestion économique du pays. Une intervention dont les conséquences sur l'agriculture ne peuvent être décrites que de catastrophiques. Le reste de ce chapitre s'intéressera aux nouvelles mesures de la politique agricole à partir de l'an 2000, entamées depuis l'élection du Président A. Bouteflika. D'importantes décisions et de nombreux projets ont été entamés dans le but de permettre au secteur agricole de jouer son rôle. Des fonds colossaux sont consacrés à élaborer une politique agricole qui assurera la sécurité alimentaire du pays.

1. L'évolution du secteur agricole dans les années 1980

Il est concevable à notre sens de diviser l'évolution des restructurations dans le secteur agricole algérien en deux périodes distinctes :

1. Le lancement des remodelages du secteur agricole au début des années 1980, la restructuration du secteur entre 1981 et 1983, puis l'uniformisation et l'homogénéisation des propriétés en 1984, et enfin sa réorganisation en 1987. Ces mesures ont eu des conséquences sur les différentes politiques, ainsi que l'évolution des productions.

2. Le début de désengagement de l'État trop interventionniste et omniprésent dans la gestion du secteur agricole. Cette rupture brusque dans la gestion du secteur s'est synchronisée avec la crise de l'endettement et la chute des prix des hydrocarbures, ainsi que la mise en place des réformes économiques libérales relatives à l'économie du marché. Ces réformes ont été consécutives à la nouvelle constitution de 1989. S'ensuit alors une analyse de la situation économique suite à l'application du plan d'ajustement structurel, pour arriver à l'état actuel du secteur, vulnérable, altérable et fragile.

Ainsi, notre analyse des changements du secteur agricole s'articulera, d'une part, sur les mutations juridiques, économiques et sociales que le secteur avait connues, et d'autre part, sur l'évolution de la production agricole, des rendements et de la dépendance alimentaire du pays.

Dans cette dynamique, il nous incombe d'exposer les différentes évolutions et les divergentes modifications dans les politiques (investissement, environnement, emploi, formation agricole, recherche agronomique,...etc.) qui ont accompagné ces transformations, ainsi que leurs conséquences sur la production locale. Il s'agit évidemment d'essayer de moduler les données et les statistiques afin d'insuffler une compréhension correcte de l'évolution du secteur agricole, ses productions, ses productivités, son environnement économique et social, pour s'apercevoir que les anomalies et les accrocs dans le secteur agricole sont aussi nombreux que variés.

1. 1. Les réformes économiques des années 1980 et l'obligation de la libéralisation *"forcée"*

Les réformes entreprises par l'État au début des années 1980, rentraient dans le cadre d'une politique économique et sociale générale qui s'inspiraient des orientations et des recommandations du IVème congrès du FLN tenu en janvier 1979 et celui du congrès extraordinaire de juin 1980 qui affirmaient dans ces recommandations, la nécessité d'un examen approfondi de la politique des revenus en vue d'aboutir aux mesures économiques et organisationnelles susceptibles de mettre fin aux disparités sectorielles. Une ligne qui constituait une étape nouvelle pour procéder aux corrections nécessaires dans la mise en œuvre de la stratégie algérienne du développement et qui a donné naissance à l'application des orientations du plan quinquennal 1980-1984.

Selon A. Brahimi[154], ce Congrès insistait sur la nécessité de mieux assurer la satisfaction des besoins sociaux et mettre fin aux déséquilibres créés au cours des périodes antérieures. Il affirme que les actions de développement économiques et sociales menées en Algérie, ont conduit à une montée considérable des besoins sociaux, qui sont autant des défis aux efforts de développement. La volonté d'avoir un progrès global impliquait la prise en charge de l'ensemble des besoins sociaux du peuple par la politique du développement[155].

Les orientations du plan quadriennal de 1980 à 1984 ont été définies sur la base de l'évaluation de la politique du développement mise en œuvre entre 1967 et 1978 et des perspectives décennales économiques et sociales. Selon A. Brahimi, ce plan se voulait être équilibré, mettant l'accent sur l'économie des ressources rares, l'amélioration des productivités et des productions. Il devrait rétablir au moins les équilibres intersectoriels entre l'agriculture-hydraulique et l'industrie, entre les activités productives et les infrastructures et entre volet économique et aspect social.

---

154 Abdelhamid Brahimi, Ministre de la planification et de l'aménagement du territoire en 1979, membre du bureau politique du FLN en 1983, il a exercé les fonctions de premier Ministre entre 1984 et 1988.

155 Brahimi, A. (1991). Stratégies de développement pour l'Algérie : défis et enjeux… op. cit., pp. 249-255.

Ce plan quinquennal visait d'autres objectifs tels que le rétablissement de l'équilibre général de l'économie et de l'équilibre extérieur, en particulier ce qui concerne la réduction de la dette qui pesait sur la balance des paiements et qui bloquait le processus de développement. Ce plan visait également le renforcement de processus d'intégration économique dans le marché international.

Parallèlement, ce même plan envisageait la poursuite du développement économique et social à un rythme soutenu, en adaptant la structure sectorielle des investissements en vue d'assurer la couverture des besoins sociaux fondamentaux et l'élimination des retards, ainsi que la poursuite de la politique de l'emploi et d'élévation du niveau des qualifications pour un meilleur bien-être social.

Le même plan, envisageait également l'organisation de l'économie nationale en vue d'améliorer ses performances économiques à travers la planification, l'utilisation judicieuse des instruments d'encadrement de l'économie et la mobilisation efficace des capacités humaines et matérielles disponibles. Enfin, dans le but de corriger les déséquilibres régionaux et d'organiser la diffusion du développement économique et social sur l'ensemble du territoire national, ce plan ciblait la mise en œuvre d'une politique d'aménagement du territoire pour les régions les plus reculées du pays. C'est dans cette conjoncture et dans le cadre de ces changements qu'intervenaient des nouvelles réformes engagées, par l'adoption de l'instruction présidentielle n°14 du 17 mars 1981 qui a proclamé une directive intitulée : *« restructuration du secteur agricole*[156]». Cette instruction a insisté sur l'urgence de la restructuration du secteur autogéré. Elle a porté exclusivement sur les moyens de redresser, dynamiser et impulser le secteur agricole. La loi adoptée, a même défini les principes de cette action par le remembrement des domaines, par l'assainissement comptable et l'autonomie de gestion des exploitations, par l'amélioration des fonctions techniques de ceux-ci.

---

156 Il s'agit de mettre en œuvre un programme national de développement intégré dans un objectif lointain qui est de satisfaire la demande alimentaire algérienne. Par le renforcement des actions entreprises dans le passé, par la libération de tous les blocages et les différentes entraves dans l'activité agricole, par l'assainissement des domaines, le secteur de l'agriculture devrait se renforcer et reconquérir ainsi sa place stratégique dans la carte de développement algérien.

1. 2. La nécessité d'une nouvelle restructuration

Une fois de plus, les réformes entreprises, ciblaient des objectifs très ambitieux. Elles s'inscrivaient dans le cadre du plan quinquennal du développement du début des années 1980 pour insuffler au secteur agricole une vitalité qui lui faisait défaut.

Il s'agit de mettre en place les différentes infrastructures adéquates au développement des activités agricoles, particulièrement, en matière d'installations hydrauliques, l'accroissement des revenus agricoles et l'augmentation de la fourniture des différents intrants nécessaires à la production. Il s'agit aussi d'appuyer les diverses politiques susceptibles d'augmenter la productivité : semences améliorées, augmentation de l'emploi agricole, développement de la recherche agricole, de la formation technique, l'intensification des périmètres irrigués,... etc.

Ces restructurations ont été accompagnées par des réformes foncières qui sont passées par trois phases importantes. D'abord, par la restructuration du secteur public entre 1981 et 1983, ensuite, par l'uniformisation et l'homogénéisation des propriétés du secteur public sous la tutelle de l'État en 1984, et enfin, par sa réorganisation qui s'est soldée par l'abandon progressif des modes collectifs de gestion des domaines socialistes agricoles.

Ces réformes ont été suivies par d'autres dispositions juridiques promulguées dans les années 1990, qui ont suivi l'instauration d'un nouveau régime politique, une nouvelle constitution et des nouveaux mouvements de libéralisation et de privatisation économiques, dont nous reviendrons un peu plus loin.

Selon un document officiel, la restructuration du domaine autogéré dans les années 1980, « *est comprise comme un réaménagement de l'espace agricole en liaison avec un réaménagement des activités agricoles*[157]», en vue d'une « *amélioration de la production et de la productivité, l'intégration harmonieuse de l'espace agricole dans les*

157 Diafric- La documentation Africaine. (1984). L'agriculture algérienne, édition la documentation africaine… op.cit., p. 46.

actions d'aménagement du territoire, la recherche du meilleur équilibre socio-économique, le bon fonctionnement des structures agricoles,...[158]».

La loi foncière n°83-18 du 13 Août 1983, a eu de multiples objectifs. Faciliter et favoriser l'accession privée des terres, rendre chacune de ces nouvelles unités plus libres dans la gestion interne des domaines pour mieux les rationnaliser et pour une meilleure maîtrise de leur gérance et leurs productions afin de doter le secteur agricole de nouvelles ressources.

Cette loi s'est focalisée sur la manière d'augmenter l'efficacité technique et la rentabilité économique des exploitations du secteur public par la mise en valeur optimale des ressources à disposition de ces domaines, à travers l'assainissement financier, l'encouragement de leurs autonomies en matière de gestion et l'indépendance au niveau de l'organisation, pour parvenir ainsi à avoir des résultats économiquement fiables, éliminer les entraves du secteur agricole et d'améliorer ses performances.

En même temps, cette loi a restauré la liberté des transactions sur les terres agricoles privées et aboli les limitations de la propriété foncière imposées par l'ordonnance de 1971, portant révolution agraire[159].

L'année 1983 a vu donc, la promulgation de la loi portant accession à la propriété foncière par la mise en valeur. Elle a fixé également les conditions de mutation de propriété portant sur des terres privées agricoles et à vocation agricole[160]. Un an plus tard, la loi n°84-16 du 30 juin 1984 relative au domaine national disposait dans son article 89 que « *les terres et bâtiments d'exploitation du secteur socialiste agricole au sens de la législation en vigueur sont inaliénables, imprescriptibles et insaisissables* ».

158 Ibid., p. 47.

159 Benissad, M, E. (1991). La réforme économique en Algérie : l'indicible ajustement structurel. Alger, office des publications universitaires, p. 28.

160 Par la loi n° 83-18 du 13 août 1983 relative à l'accession à la propriété foncière agricole (JORA N° 34 du 16-08-1983).

La première phase de cette réforme a concerné les exploitations du secteur autogéré. Les domaines autogérés d'une taille moyenne de 850 hectares qui occupaient près de 2,3 millions de ha, ont fait l'objet d'un redimensionnement de leurs tailles. Ainsi, cette réforme a eu comme résultat la transformation de 2 099 domaines autogérés à 3 415 unités nommé "*Domaines Agricoles Socialistes*" (DAS)[161], occupant une superficie totale de près de 2,8 millions d'hectares, dont 3 048 DAS constitués à partir des domaines autogérés et 367 autres constitués à partir des Coopérative Agricole de Production de Révolution Agraire (CAPRA)[162]. 700 000 hectares étaient attribués à titre individuel.

Le nombre total des travailleurs permanents par nouvelle unité étaient de 50 à 80[163] personnes pour un total de 155 354[164]. Ces nouvelles unités seront orientées par vocation agricole selon leurs tailles : des exploitations maraîchères d'une superficie comprise entre 50 et 100 ha, des exploitations pour la polyculture d'une superficie comprise entre 150 et 200 ha, des exploitations arboricoles ou viticoles d'une superficie comprise entre 150 et 200 hectares et des exploitations de céréaliculture d'une superficie comprise entre 800 et 1 500 ha.

Ces nouvelles restructurations constituaient le début d'une rupture avec le passé socialiste de la gestion et du fonctionnement du secteur agricole[165]. Elles suscitaient même des espoirs en termes de redressement de la situation économique du pays.

On voyait même dans ces grands chantiers de réformes, dans la réorganisation et dans les nouvelles transformations entreprises dans le domaine, un appui pour propulser l'économie nationale et palier par conséquence à la paralysée du secteur agricole.

---

161 La superficie moyenne des domaines agricoles socialistes est de 820 hectares.

162 Il y avait 5 028 Coopérative Agricole de Production de Révolution Agraire (CAPRA) qui occupés 1 226 000 ha avec une taille moyenne de 240 ha avant cette restructuration. 367 ont servi à des apports aux DAS, 91 sont dissoutes, soit 13 000 ha.

163 En moyenne selon les superficies des exploitations.

164 Ces chiffres sont évoqués par Lecoz, J. (1991). Décennie 1980 : les étapes de la désocialisation… op. cit., p. 34.

165 Notamment par l'abolition des principes institués par l'ordonnance de 1971 portant la révolution agraire.

En effet, l'État, dans une tentative d'auto-ajustement, par une timide expérience de libéralisation a indirectement commencé à se désengager du secteur agricole par le biais de plusieurs actions qui concrétisaient ses intentions.

Des bons signes et des mesures actives pour l'entame d'une nouvelle politique annonciatrice d'actions pour la propulsion du secteur privé et des espoirs pour une renaissance de l'activité agricole, longtemps stigmatisée, pour limiter ainsi, son recul graduel et sa régression continue.

Le graphique (28), élaboré à partir des statistiques présentées par L. Baci, dans son analyse des réformes agricoles en Algérie, retrace l'évolution de la distribution des terres, entamée à partir de 1984 par les services du ministère de l'agriculture. Les superficies sont indiquées en hectares.

Le graphique (29) quant à lui illustre le nombre des bénéficiaires qui ont joui de cette opération[166].

---

166 Mais des questions à ce propose se posent : qui acheter et comment ?

Graphique (28) : Nombre de bénéficiaires de cette distribution.

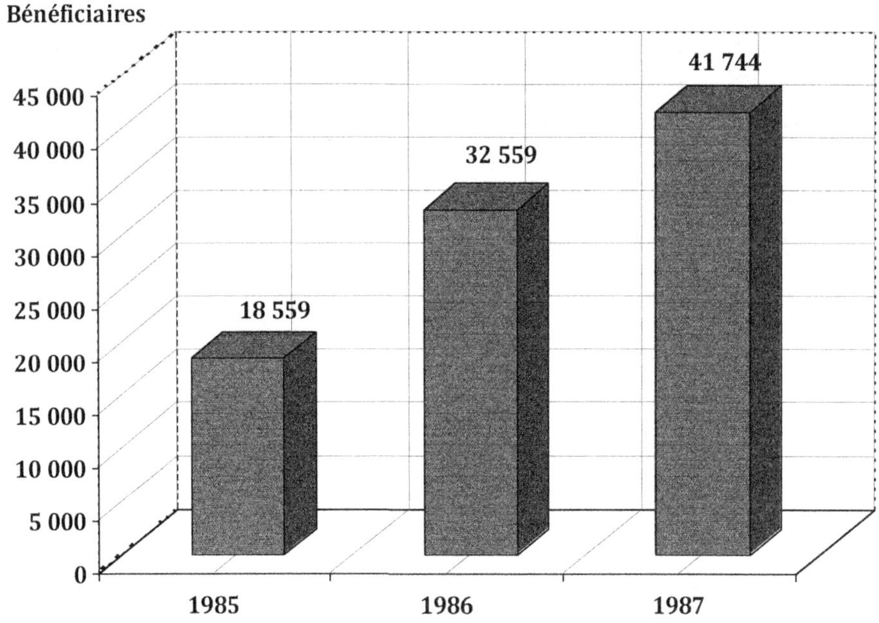

Graphique (29) : Distributions des terres en hectares à partir de 1984.

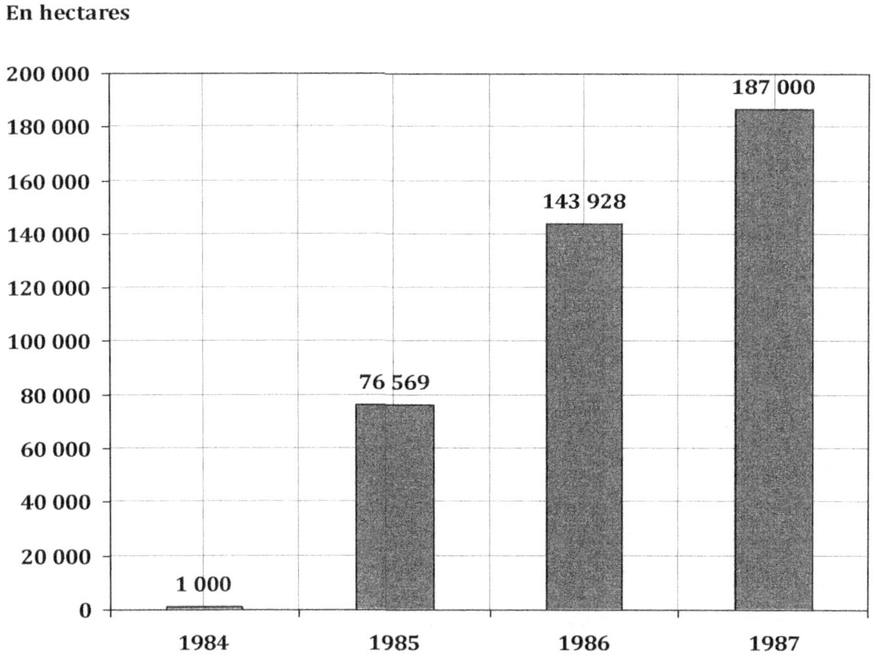

Source : Baci, L. *Cahiers Options Méditer,* vol. 36.

1. 2. 1. Libéralisation de la commercialisation des produits agricoles

La plus importante de ces réformes concernait la libéralisation de la commercialisation des produits agricoles[167] considérait longtemps comme le maillon faible de secteur[168] pour permettre plus de souplesse et d'efficacité dans la distribution des denrées. Une politique des prix réels est appliquée et un ajustement de ces prix aux règles du marché est progressivement institué.

Les offices de l'État qui devaient assurer un revenu substantiel aux agriculteurs par l'écoulement des productions ou l'approvisionnement des producteurs en éléments de production devenaient une vraie entrave à l'activité. « *En général, le comportement des organismes (sous-évaluation de la qualité des denrées, le non payement, ... etc.) exerce des effets désastreux sur l'état financier des domaines socialistes, leur endettement, les revenus et l'intéressement psychologique des travailleurs autogestionnaires*[169] ».

Cette opération intervenait par la suppression des monopoles des différents offices spécialisés : l'Office National des Fruits et Légumes (OFLA), l'Office National des Produits Laitiers (ONALAIT), l'Office National des Aliments du Bétail (ONAB), l'Office National de Matériel Agricole (ONAMA), l'Office National d'Approvisionnement du Secteur Agricole (ONAPSA[170].),… etc., ainsi que la désagrégation des coopératives et des organismes semi-publics ; Coopératives Agricoles de Comptabilité et de Gestion (CACG), Coopératives Agricoles de Services et d'Approvisionnement (CASAP), Coopératives de Semences (CASSEM), qui étaient avant, chargées de récupérer les productions des fermes socialistes ou les approvisionner en intrants.

---

167 Hormis les céréales vendues obligatoirement à l'État, tous les produits agricoles ont bénéficié d'une levée de contraintes concernant la commercialisation.

168 Afin de protéger le pouvoir d'achat des différentes couches de la population, l'État a opté pour intervenir et protéger les prix à la consommation des denrées de base qui ont été dissociés des prix à la production à l'aide d'un fonds de soutien des prix institutionnalisé dans les années 1970 chose qui faisait baisser les prix.

169 Benissad, M, E. (1991). La réforme économique en Algérie : l'indicible ajustement structurel… op. cit., p. 28.

170 Les subventions allouées à cet organisme importateur ont été considérablement diminuées.

Les effets de cette libéralisation se faisaient sentir immédiatement. On enregistre une hausse des prix des denrées agricoles à forte valeur marchande et une amélioration sensible de la situation financière des domaines agricoles notamment des exploitations socialistes.

1. 2. 2. Les investissements au secteur privé

Parallèlement, le secteur privé a bénéficié de mesures juridiques motivantes qui lui ont été favorables, pour mettre fin au processus de la nationalisation des terres, et qui servaient à cuirasser, sécuriser et encourager les propriétaires privés par rapport à leurs moyens de production, dans le but d'accroître leurs investissements et intensifier leurs efforts pour augmenter les productions.

Entre 1980 et 1986, et bien que la part consacrée aux investissements dans l'agriculture ait chuté par rapport aux périodes précédentes pour atteindre les 7,23%[171], soit 29 000 millions de DA, un grand effort a été entrepris dans le redéploiement de l'investissement au profit du secteur privé.

Durant le plan quadriennal 1980-1984, l'affectation du matériel agricole de traction et de récolte a connu une augmentation substantielle au profit de ce secteur. Entre 73% et 80% de ce matériel vendu, était destiné au secteur privé, le reste était affecté au secteur public qui ne bénéficiait plus du même traitement qu'auparavant.

En effet, près de 4 277 tracteurs ont été attribués au secteur privé, 5 552 engins et matériels de récolte, 434 semi-épandeurs, 8 348 aratoires sont fournis, pour un secteur qui est resté longtemps stigmatisé et loin de toute préoccupation des services officiels concernés.

Le secteur privé profitait également de nouvelles mesures techniques afin d'améliorer les performances de ses productions, telles que l'importation des semences potagères améliorées, des plants fruitiers à

---

171 La part des investissements dans l'agriculture était de 15% durant le premier plan quadriennal (1970-1973) et de 10,90% pour le deuxième plan (1974-1977).

hauts rendements, des vaches laitières sélectionnées et un programme spécial de relance de l'aviculture.

Le graphique (30) synthétise[172] l'augmentation des ventes du matériel agricole au profit du secteur privé en 1986 par rapport à 1979. Il illustre les quantités vendues au profit de ce dernier, ainsi que celles attribuées au secteur socialistes (en unités vendues).

172 Selon les statistiques officielles de l'ONS. Séries statistiques de l'ONS, n°26, janvier 1991, pp. 34-38.

Graphique (30) : Augmentation de ventes du matériel agricole au profit du secteur privé en 1986 par rapport à 1979.

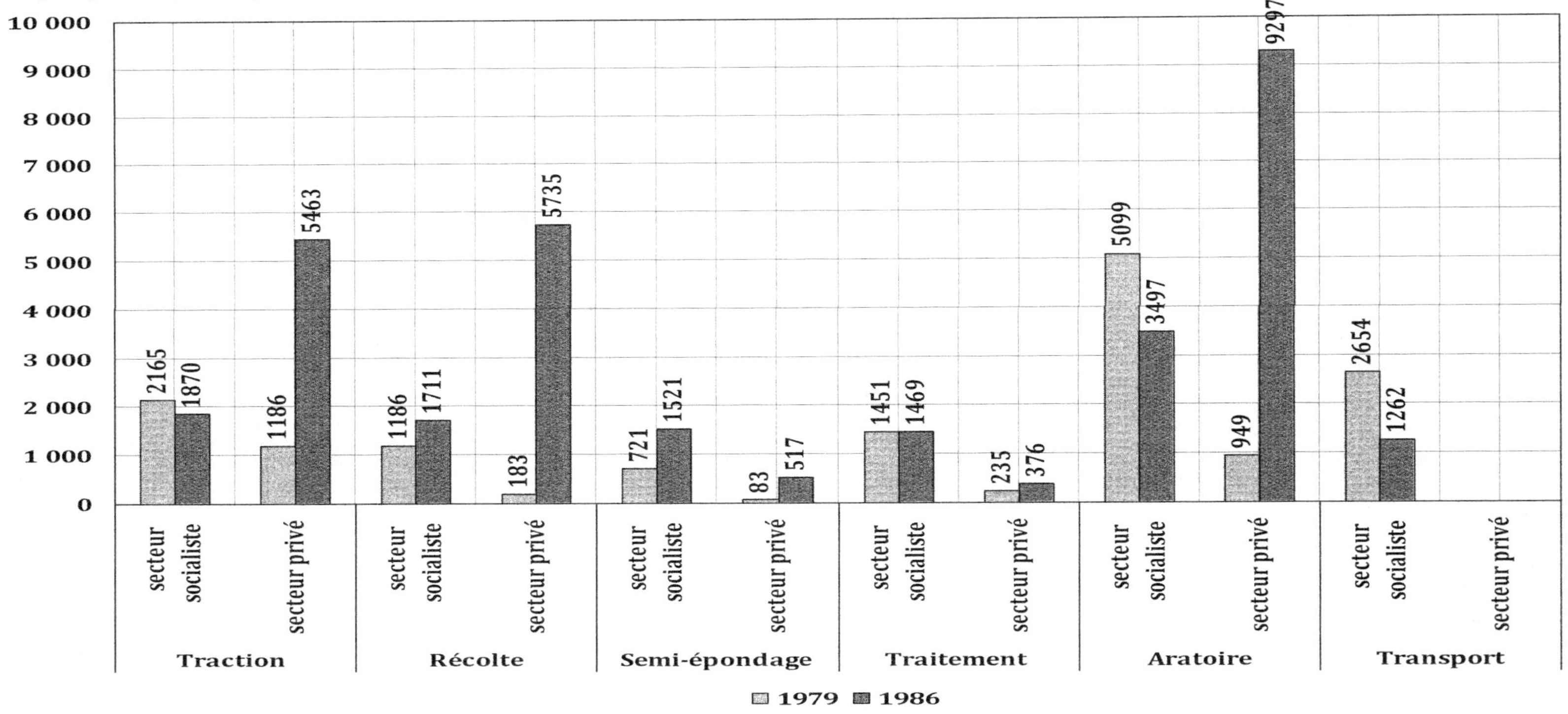

Source : Bedrani, S. (1981). *L'agriculture algérienne depuis 1966, étatisation ou privatisation ?... op. cit.*, p. 83.

1. 2. 3. Les crédits aux bénéfices des agriculteurs privés

Des actions sérieuses ont été menées pour soutenir l'accessibilité des agriculteurs privés aux crédits d'investissements aux quels, pendant longtemps, ils n'avaient pas accès, et faciliter les conditions de leurs attributions.

La création de la BADR (Banque de l'Agriculture et du Développement Rural)[173] par le décret n° 82-182, est née d'une volonté politique dans le cadre de ces restructurations. Cette banque avait pour mission essentielle l'aide au développement de l'ensemble du secteur agricole par le financement de ses structures et la promotion des activités liées en amont ou en aval à l'activité agricole en garantissant la facilité des conditions de l'octroi de prêts et leurs accessions aux agriculteurs.

Par ailleurs, la création du FGA (Fonds de Garantie Agricole)[174] venait pour cautionner les prêts des agriculteurs privés qui y sont affiliés devant la croissance des financements et des prêts d'investissement dans le secteur privé.

La création de cette banque à vocation agricole, est en effet, une mesure d'une grande importance de point de vue opérationnel. Le monopole exercé jusqu'à là par la BNA (Banque Nationale d'Algérie), le seul organisme qui pouvait financer l'activité agricole, la lenteur des procédés d'attributions des financements privés étaient souvent des obstacles au processus de production agricole et à son bon fonctionnement.

Cette mesure, venait libérer un secteur obligé depuis l'indépendance à recourir à l'autofinancement pour assurer ses ressources et ses fonds de roulements, longtemps privé des possibilités du financement de l'État, pour pouvoir acquérir les moyens de production nécessaires et indispensables pour l'augmentation des productivités et des productions agricoles.

---

173 La Banque de l'Agriculture et du Développement Rural est une banque à vocation agricole qui a était créée le 13 mars 1982 avec initialement 140 agences notamment dans les régions rurales, pour prendre le relais à la BNA.

174 Le FGA était chargé d'une mission dans le cadre du financement des opérations d'investissements agricoles, pour garantir l'action des prêts d'investissement.

Par conséquence, le nombre des agences bancaires, consacrées au financement de l'activité agricole a connu une augmentation significative durant ces années, passant de 68 agences de la BNA(Banque Nationale d'Algérie) en 1968 à plus de 215 agences de la BADR(Banque de l'Agriculture et du Développement Rural) en 1985 afin de rapprocher les institutions financières au plus près des *fellahs.*

Le graphique (31) retrace l'évolution du nombre des sièges de la BNA(Banque Nationale d'Algérie) (avant 1982) puis celles de la banque de l'agriculture et du développement rural[175] (à partir de 1982).

Graphique (31) : Évolution du nombre de sièges BNA puis ceux de la BADR.

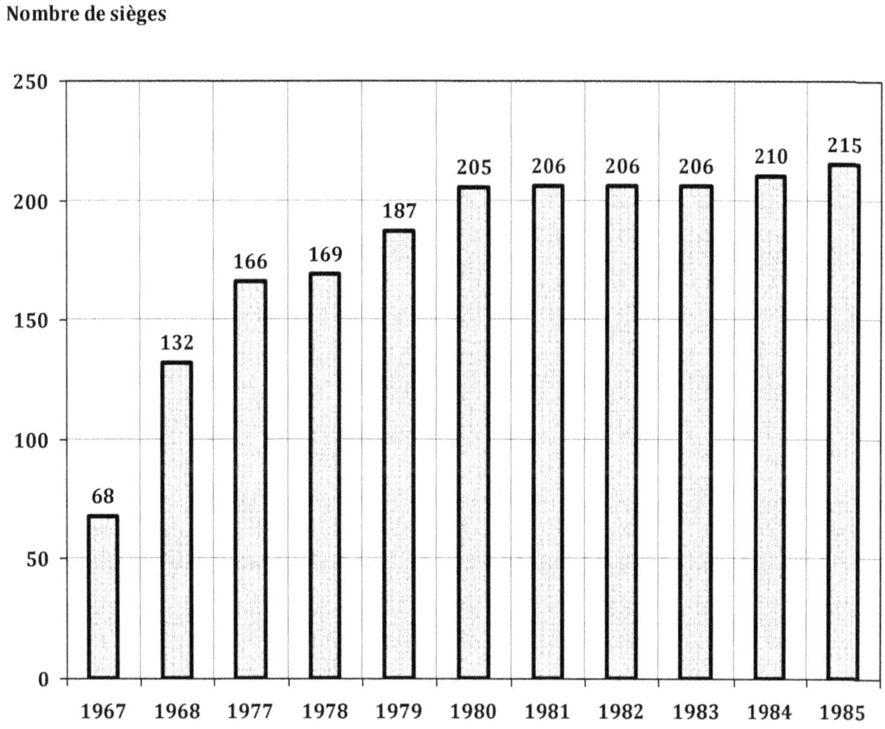

Source : Bouzar, C. (1986). *Le système financement de l'agriculture en Algérie... op. cit.,* p. 123.

175 Qui comptait à la fin de 1982 : 175 agences, 29 succursales et 2 agences centrales d'après la même source citée plus haut.

1. 2. 4. L'évolution de la main d'œuvre agricole du secteur privé

La loi n° 83-18 relative à l'accession de la propriété foncière agricole offrait de vastes possibilités de mise en valeur des terres du domaine public non affectées. Toutefois, l'augmentation du rythme de création d'emplois et l'amélioration du marché de travail agricole demeuraient loin des aspirations des planificateurs et les résultats restaient relativement modestes par rapport aux possibilités offertes, même si l'étude de la structure de l'emploi[176] fait apparaître une génération plus au moins importante des niveaux d'emploi agricole.

Avec près de 992 937 emplois en 1985, le secteur agricole enregistrait une augmentation relative de ses effectifs de plus de 300 000 emplois par rapport à 1977 (près de 37 600 emplois par an en moyenne), ce qui représentait en 1985, une proportion d'environ 25,6% de la population active totale occupée par l'agriculture. Notons que dans le début des années 1980, l'essentiel des emplois créés concernaient le secteur privé, prédominant par rapport au secteur public.

Les conditions économiques peu favorables, dans lesquelles l'agriculture évoluait, l'insuffisance du soutien technique et financier, la reconversion d'un nombre important de salariés agricoles à d'autres secteurs d'activités pour des raisons de précarité, de faiblesse de la rémunération, de la pénibilité et l'insalubrité de l'emploi agricole, peuvent dans une large mesure, expliquer cette situation. Les possibilités offertes pour le développement de l'emploi agricole n'étaient pas tout à fait saisies et la stagnation des effectifs persistait de plus en plus.

Le graphique (32) expose l'évolution du poids du secteur public dans l'emploi agricole, qui a connu une nette régression de 6 points en six ans, passant de près 29% en 1980 à 23,2% en 1986.

---

176 À partir des résultats de l'enquête sur la main d'œuvre de juin 1989. Série statistiques ONS N° 26, janvier 1991.

Graphique (32) : Évolution du poids du secteur public dans l'emploi agricole (en %).

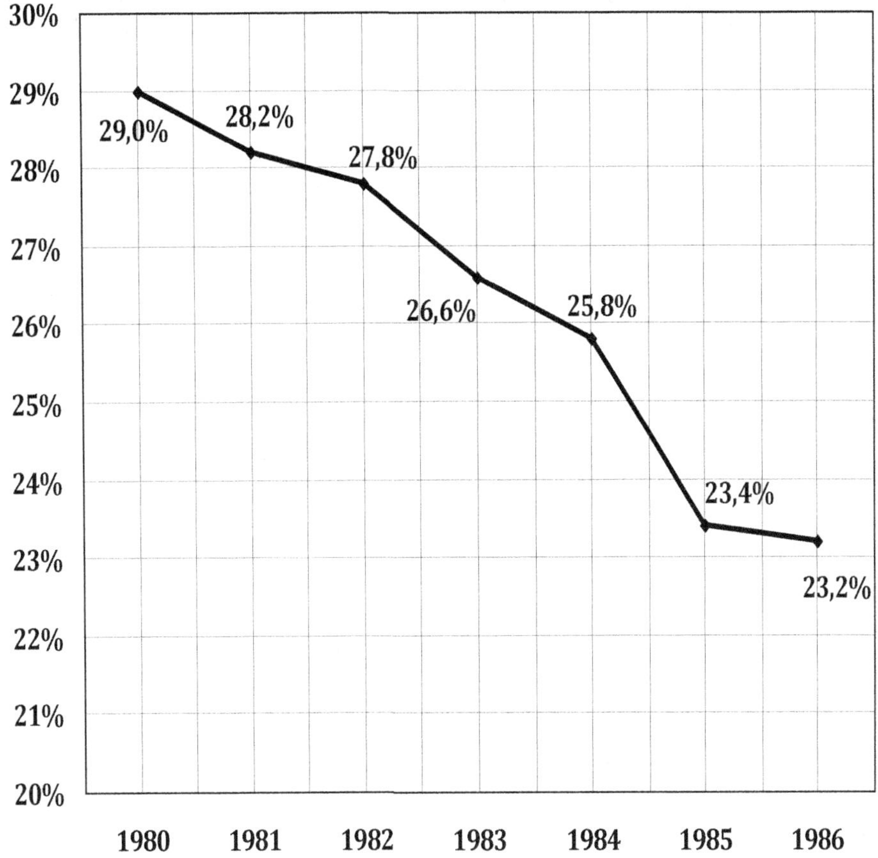

Source : ONS (1991). *Analyse de la population active en Algérie*, séries statistiques n°30, p. 37.

1. 3. Évolution des productions agricoles dans les années 1980 et l'influence des prix des hydrocarbures

La part de l'agriculture dans la production intérieure brute a connu une augmentation dans le début des années 1980. Elle passe de 6,2% en 1982 à 7,9% en 1984, 9,52% en 1985, 10,49% en 1986 et 12,19% en 1987[177]. Même si cette augmentation reste légère, néanmoins, elle concrétisait les efforts de l'État dans le domaine, réalisant ainsi un résultat positif des redressements et des réformes depuis le début de la décennie.

L'analyse des productions réalisées montre aussi une évolution positive et encourageante depuis le début de ces réformes, mais très loin des attentes et des promesses.

Hormis la production de la vigne qui a subi une nette régression par rapport à ses performances du passé, ainsi que celles des produits agrumicoles, toutes les autres productions ont connu des fluctuations plus au moins positives. D'après le graphique (33), les productions des céréales ont connu en 1985 un niveau important à l'échelle nationale.

Nous constatons un doublement des productions du blé dur, un triplement des quantités produites d'orge et d'avoine, ce qui fait de la récolte de cette année-là, un record d'environ 30 millions de quintaux[178] pour toutes les céréales si on inclut les productions du maïs et du sorgho. Le riz cultivé avant en petites quantités, a disparu des champs depuis la fin de 1978.

Le même constat est fait pour les cultures maraîchères. La libéralisation des prix de ces dernières à forte valeur marchande, dont la spéculation a connu une croissance remarquable, a induit une augmentation des niveaux des productions de ces cultures. En plus, la croissance importante et rapide de la consommation des légumes frais chez le citoyen algérien, a fortement influencé l'orientation des cultures vers la hausse.

177 Revue statistique de l'ONS n°28 (1991). évolution de la production agricole 1962-1988, op. cit. p. 6.

178 Selon les statistiques officielles.

Graphique (33) : Production céréalière entre 1983 et 1986.

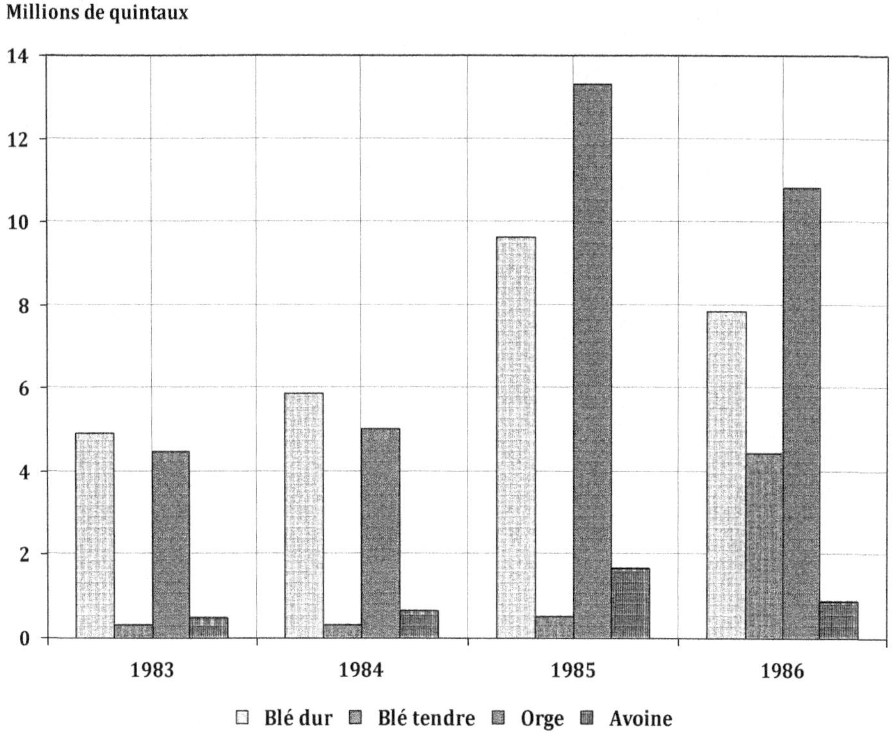

Source : ONS (1988). *Évolution de la production agricole 1962-1988.* Séries statistiques agricoles n°28, pp. 20-21.

Selon l'enquête de DSCN/CNERS réalisée entre 1978 et 1980, la consommation des légumes frais s'élavait à 55,79 Kg par tête. Elle a évolué pour atteindre 75,76 Kg par tête au milieu des années 1980 (d'après une enquête de l'ONS réalisée en 1988[179]), ce qui encourageait les producteurs à s'orienter plus vers les cultures maraîchères.

Les quantités produites en pommes de terre ont doublé. Les quantités des tomates et d'autres légumes ont elles aussi connu une augmentation de plus de 50% par rapport à leurs niveaux de 1982, comme c'est illustré dans le graphique (34) qui retrace l'évolution de quelques productions maraîchères pour la période de 1982 à 1986.

179 Voir la série statistique de l'ONS sur les caractéristiques socio-économiques des pays du grand Maghreb. Série statistique de l'ONS n°10, 1988.

Graphique (34) : Productions maraîchères entre 1982 et 1986.

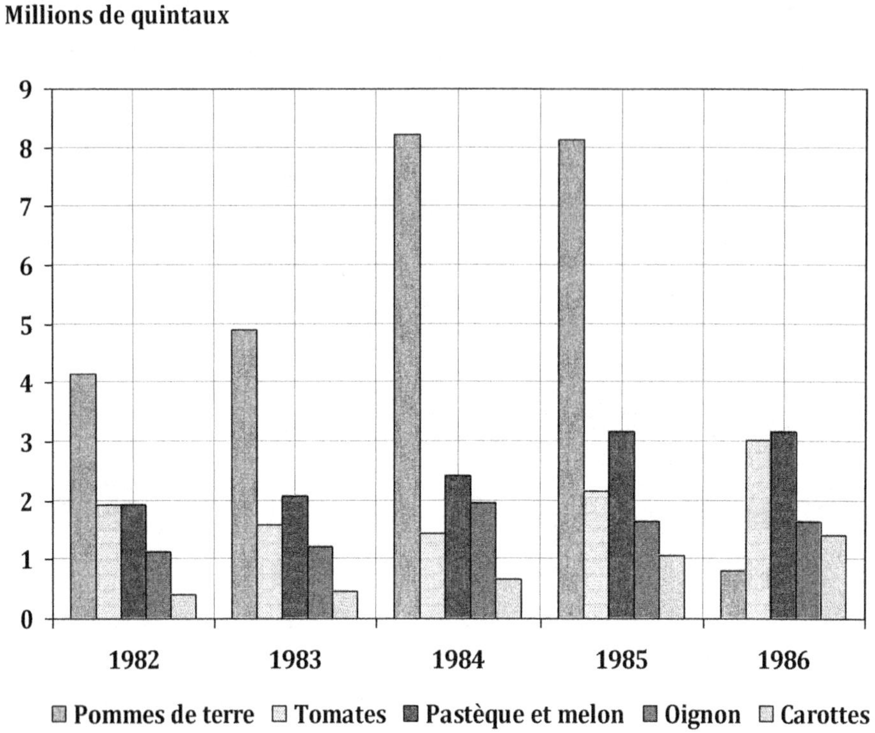

Source : ONS (1988). *Évolution de la production agricole 1962-1988.* Séries statistiques agricoles n°28, pp. 20-21.

En revanche, la production agrumicole a accusé quant à elle de fortes fluctuations à la baisse en prenant en considération leurs valeurs dans les exportations agricoles. Les niveaux des productions ont passé de 5,21 millions de quintaux en 1976 à 0,841 million de quintaux en 1986, soit une division des niveaux des productions des agrumes par sept en moins de dix ans.

Le manque de renouvellement et le défaut de financement permettant le rajeunissement du parc des arbres arboricoles, la reconversion de beaucoup d'agriculteurs vers des cultures financièrement plus rentables[180] peuvent en partie, justifier la baisse des niveaux de production.

---

180 notamment les cultures maraîchères à forte valeur ajoutée et à forte valeur commerciale.

Graphique (35): Niveaux des productions agrumicoles de 1982 à 1986

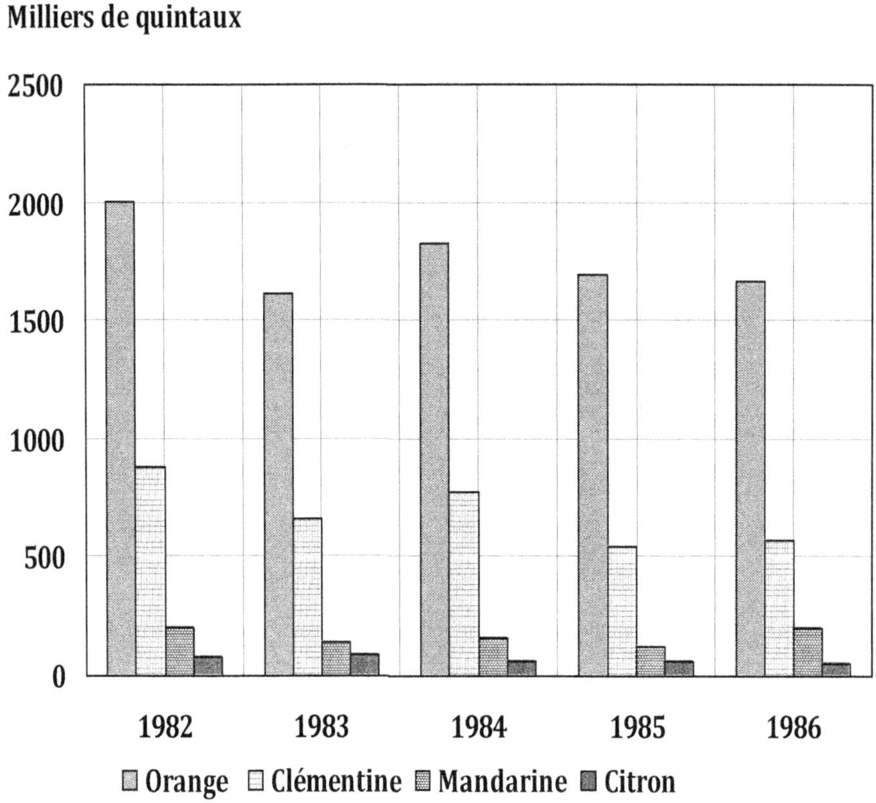

Source : Série statistique agricole n° 28, pp. 20-21.

Par ailleurs, la production des fourrages a de même enregistré une augmentation durant cette période. Les quantités produites ont augmenté considérablement et rapidement en peu de temps, aussi bien pour les fourrages naturels que les fourrages artificiels. De 158 912 en 1982 à 308 734 tonnes en 1985, soit une augmentation de 95% pour les fourrages naturels en moins de 4 ans et de 607 306 en 1982 à 1 084 087 tonnes en 1986, soit une augmentation de près de 80% pour les fourrages artificiels.

Manifestement, l'augmentation des productions fourragères a eu un impact positif sur le nombre de cheptel. Le graphique (36) résume le nombre des têtes élevées de 1982 à 1987 en milliers de têtes. Elle a eu également un impact sur les niveaux des productions des viandes rouges.

L'augmentation des productions a contribué à plus de disponibilité de viande dans la consommation de citoyen algérien. Cette disponibilité a atteint selon l'observatoire méditerranéen entre 1980 et 1985, les 14,24 Kg par personne et par an.

Graphique (36) : Évolution de l'élevage en Algérie de 1982 à 1987 en millions de têtes.

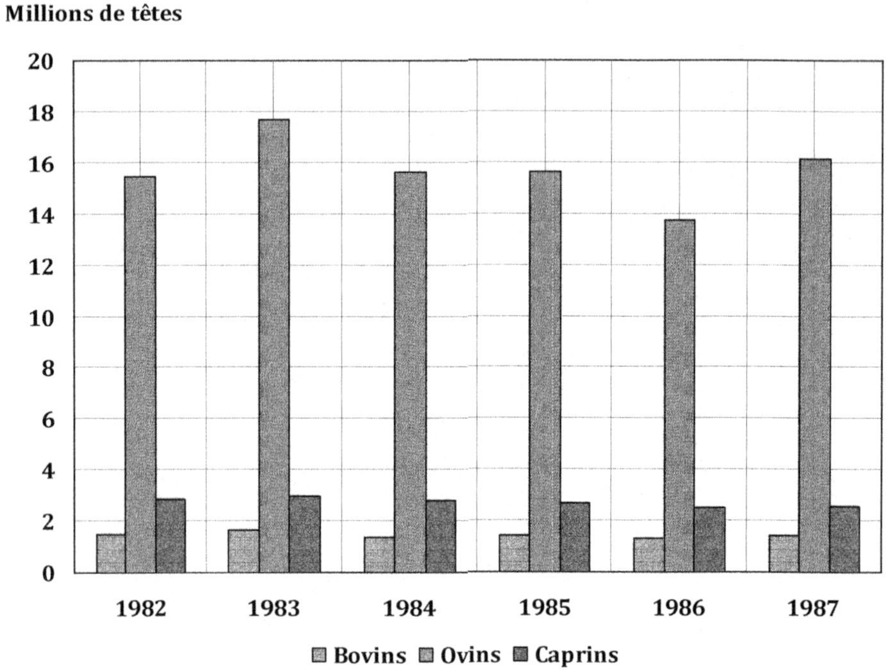

Source : ONS (1988). Évolution de la production agricole 1962-1988. Séries statistiques agricoles n°28, pp. 20-21.

Outre, les niveaux des productions arboricoles ont connu une augmentation sensible passant de 153 094 tonnes en 1982 à plus de 245 950 tonnes en 1986 pour toute sorte de fruits : pommes, poires, pèches, abricots, prunes, nèfles, figues, cerises.

Comme nous l'avons avancé ci-dessus, les productions vinicoles ont connu une réduction sensible en termes des niveaux des productions[181], au profit des productions des raisins de table.

181 Conséquence de la baisse drastique des rendements : de 33 q/h en 1971 à 9 h/q en 1985.

Ces dernières évoluaient positivement depuis déjà quelques années, contrairement aux raisins de cave qui subissaient les conséquences du fléchissement de la demande locale[182] et la réduction des possibilités d'exportation (une diminution de près de la moitié de production en deux ans). Selon les statistiques de l'ONS, le graphique (37), illustre la chute de la production dans les années 1980.

Graphique (37) : Productions de raisin entre 1982 et 1987.

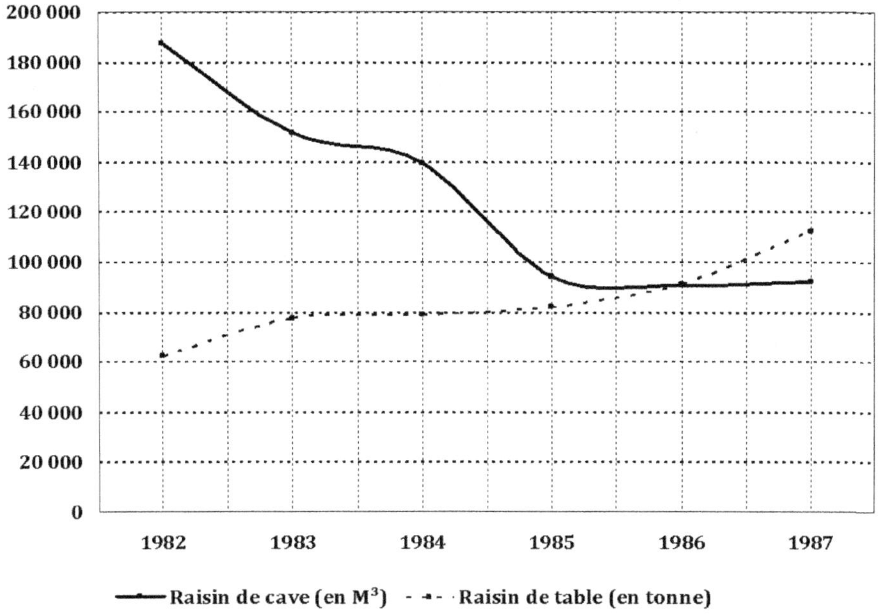

Source : Série statistique agricole n° 28, pp. 20-21.

Contrairement à la diminution des cultures vinicoles, les cultures industrielles connaissaient une augmentation sensible des niveaux de productions, malgré la disparition des champs algériens des cultures des oléagineux en 1984, suivaient de celles des betteraves sucrières en 1986 et celles de l'alfa un peu plus tard. Cette disparition était une des causes majeures qui a influencé négativement les quantités importées de ces matières essentielles dans la consommation alimentaire du citoyen[183].

---

182 Conséquence de l'absence d'un marché local capable de résorber la production interne.

183 En particulier pour le sucre et les huiles végétales.

L'effort concernant les cultures industrielles est surtout focalisé sur les tomates industrielles. Ainsi, l'indice de production des cultures industrielles demeurait en hausse entre 1983 et 1986. Près de 118,08 en 1983, 177,23 en 1984, 161,9 en 1985 et 195,49 en 1986, sans toutefois dépasser le niveau de 1981 estimé à 203,37[184].

Globalement, le bilan dressé de l'évolution des productions agricoles en Algérie après les premières réformes libérales du secteur en 1983, se voulait positif et croissant. On constate une tendance à la hausse des moyennes de productions, même si le décalage entre l'offre et la demande subsistait toujours et le rythme de la croissance agricole demeurait démesurément insuffisant et largement inférieur à celui de la croissance démographique.

Graphique (38) : L'indice de production des cultures industrielles entre 1982 et 1987.

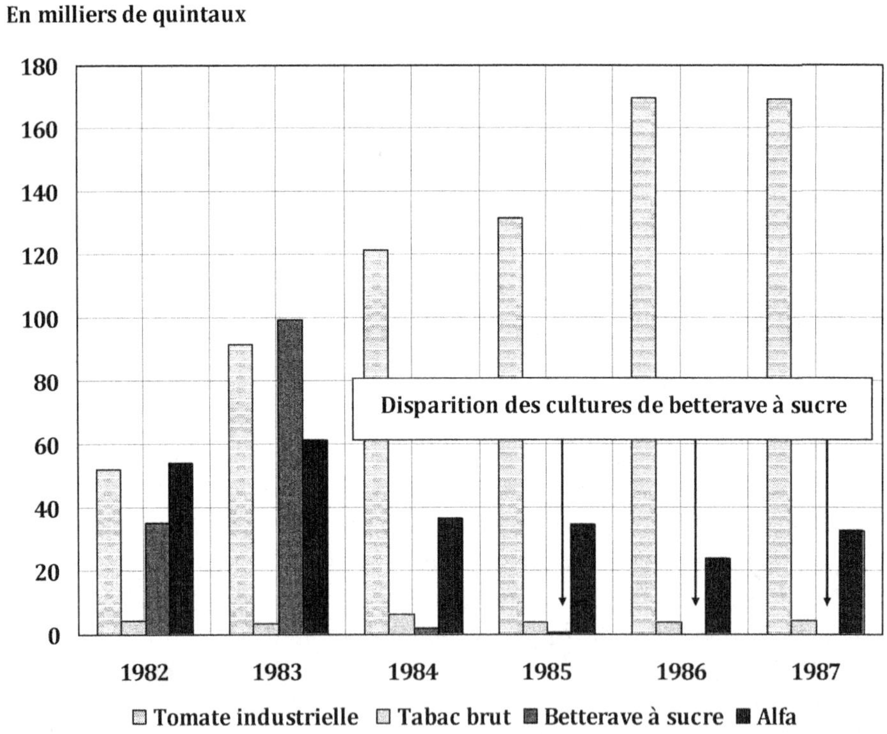

Source : Série statistique agricole n° 28, pp. 20-21.

184 Prix 1979, selon les chiffres de l'ONS, revue n° 28… op. cit., pp. 29-30.

On estimait le taux de couverture de la demande locale en moyenne entre 1982 et 1986 à 82% pour les viandes rouges, 32% pour les légumineuses, 40% pour le lait et 24% seulement pour les céréales[185].

En dépit des efforts et des augmentations enregistrées dans les productions agricoles, le pays demeurait fortement tributaire du marché international et le déficit alimentaire ne se comblait que par le recours aux importations. La question de la satisfaction de la demande nationale se posait une fois de plus. On attribuait cette augmentation importante des importations agricoles au déficit en céréales et en légumes secs. Ce déficit a atteint les 60% en 1984 pour les céréales et 80% pour les légumes secs la même année. Rappelons que la structure des importations agricoles était essentiellement constituée des produits agricoles à hauteur de 82,5% en 1982, 84,2% en 1984 et 87,1% en 1985. Le reste concernait le bois, les engrais et le matériel agricole.

La part des importations agricoles des importations totales augmentait régulièrement et la facture alimentaire ne cessait de croître d'une année à l'autre. De 10,717 milliards de Da en 1980 à 12,796 milliards deux ans après pour atteindre 15,079 milliards de Da en 1985, excavant ainsi le solde de la balance commerciale agricole dont les exportations ne dépassaient pas les 0,455 milliard de Da la même année, soit, un solde négatif de 14,7 milliards rien que pour 1985. Les produits laitiers à eux seuls, occupaient une part importante de ces importations. En dépit des projets entrepris en la matière, le taux de couverture de la demande locale demeurait faible et insuffisant ne dépassant pas les 40%. La déficience de disponibilité par habitant (la demande était de 108,2 kg par an en 1986)[186], rendait ainsi l'offre fortement liée au marché mondial. Pourtant, l'État n'a pas ménagé ses efforts envers les offices laitiers pour l'augmentation des productions afin de répondre à cette demande régulièrement croissante. Les montants des subventions allouées par l'État à ces offices, dans le cadre du soutien du prix de lait, étaient de 4,8 millions de Da en 1982[187].

185 Bedrani, S. (1993). Rapport sur le secteur agricole et ses perspectives à l'horizon 2000, pour le compte de la CCE, p. 29.

186 Auriol, P. (1989 Cahiers Options Méditerranéennes - Série Séminaire n° 6, 1989. p. 59.

187 Amellal, R. (1995). « Les agricultures maghrébines à l'aube de l'an 2000 ». Cahiers Options Méditerranéennes, Série. B/n°14. p. 231.

Comme le retrace les données du graphique (39), les importations en produits laitiers ainsi que leurs coûts en $ ont considérablement augmenté de 1982 à 1986, creusant un peu plus le niveau du déficit alimentaires en termes des produits laitiers.

Graphique (39) : Évolution des importations des produits laitiers et leurs coûts en $ de 1982 à 1986.

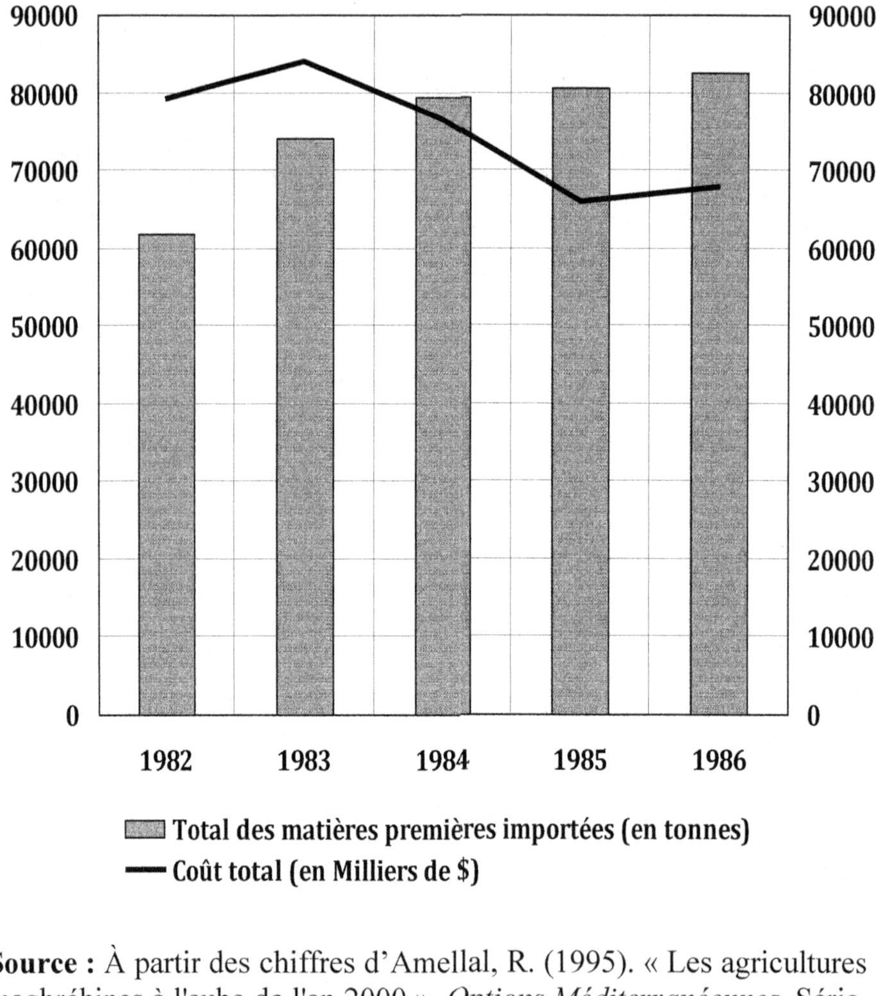

Source : À partir des chiffres d'Amellal, R. (1995). « Les agricultures maghrébines à l'aube de l'an 2000 ». *Options Méditerranéennes*. Série. B/n°14. p. 233.

2. L'émergence des problèmes dans le secteur agricole

L'émergence de signes inquiétants concernant le fonctionnement du secteur socialiste, l'inadaptation des choix appropriés, la lenteur des changements et la stagnation des rendements agricoles ont été à la base et les causes mêmes d'autres réformes.

Le plus important de ces obstacles concernait les dimensions des domaines agricoles socialistes (DAS) qui posaient de grands problèmes en termes de gestion et de maîtrise. Par leurs tailles gigantesques (entre 800 et 1500 ha), les domaines agricoles socialistes, manquaient d'homogénéité et de cohérence de gestion, ce qui posait un problème d'augmentation de productivité des exploitations et la croissance des rendements.

L'immensité des tailles des domaines agricoles a soutenu fortement leur inefficacité économique et leur inanité technique. L'examen des bilans des DAS, sur les dernières années, a montré clairement, la constance des déficits due essentiellement à la mauvaise gestion.

Ces exploitations agricoles étaient en grande partie et souvent endettées. On dénombrait 83% des DAS déficitaires en 1983, plus de 80% en 1984 et 68% en 1986, ce qui illustre le gouffre financier dans lequel se trouvaient ces exploitations. Un constat qui réaffirme le caractère structurel de la mauvaise organisation et la situation épouvantable du secteur agricole.

Les graphiques (40) et (41) exposent l'évolution des niveaux des déficits des DAS ainsi que l'évolution du nombre des domaines déficitaires. L'examen de ces deux graphiques, montre que la précarité de la gestion a atteint son apogée lors des réformes de 1983.

Avec près de 83% des DAS déficitaires, l'instabilité en termes de gestion et le déséquilibre financier des domaines agricoles ne pouvaient être pire. Durant la compagne de 1983-1984, 2 667 domaines étaient déficitaires sur un total de 3 212 DAS. Pendant cette même compagne, ce déficit a atteint un total de 2,085 milliards de DA en moyenne par domaine.

Un autre problème, lié également à la taille des DAS, concernait les salaires des prolétariens, notamment ceux qui intervenaient indirectement dans le processus productif et qui représentait près de 30% de la main d'œuvre permanentes dans les exploitations (chefs de chantier, magasiniers).

D'après la loi en vigueur dans l'article 11, ordonnance 75-42 relative à la formation des revenus dans le système de l'autogestion, stipule que : « *tout membre du collectif perçoit une part de revenu de l'exploitation autogérée agricole, en fonction du travail fourni et des résultats obtenus. En cours d'année il perçoit une avance sur sa part de revenu, déterminée par l'assemblée générale sur la base du revenu prévisionnel de l'exploitation, en tenant compte du salaire national garanti pour l'agriculture*[188]».

En réalité, les revenus des salariés agricoles restaient déphasés de toute productivité économique des domaines agricoles et demeuraient loin de tout résultat financier des exploitations, ce qui devait déterminer le niveau des revenus salariaux comme le précise la loi.

188 Cahiers de la réforme.

Graphique (40) : Nombre des domaines socialistes déficitaires.

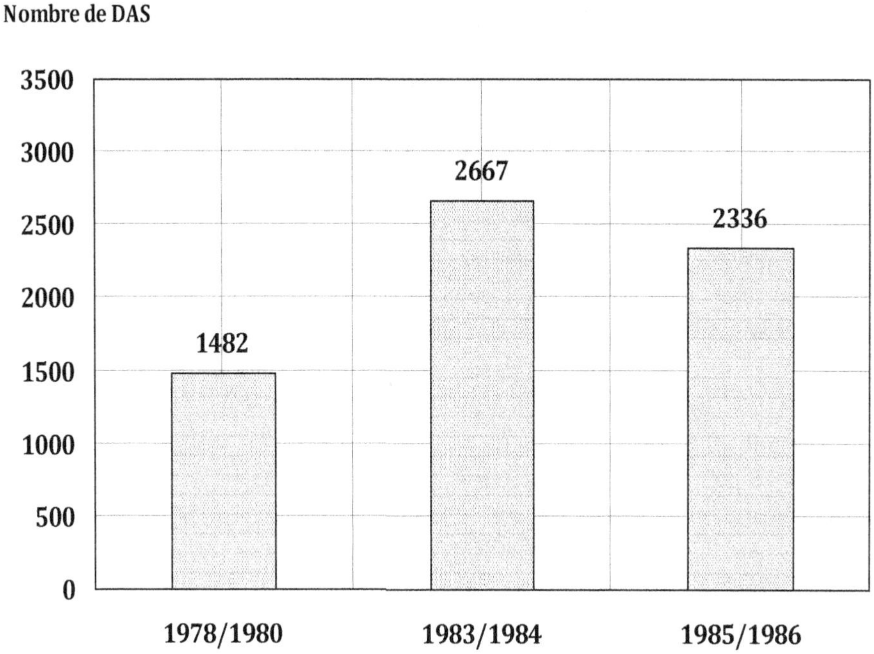

Graphique41: Niveaux des déficits des domaines agricoles socialistes.

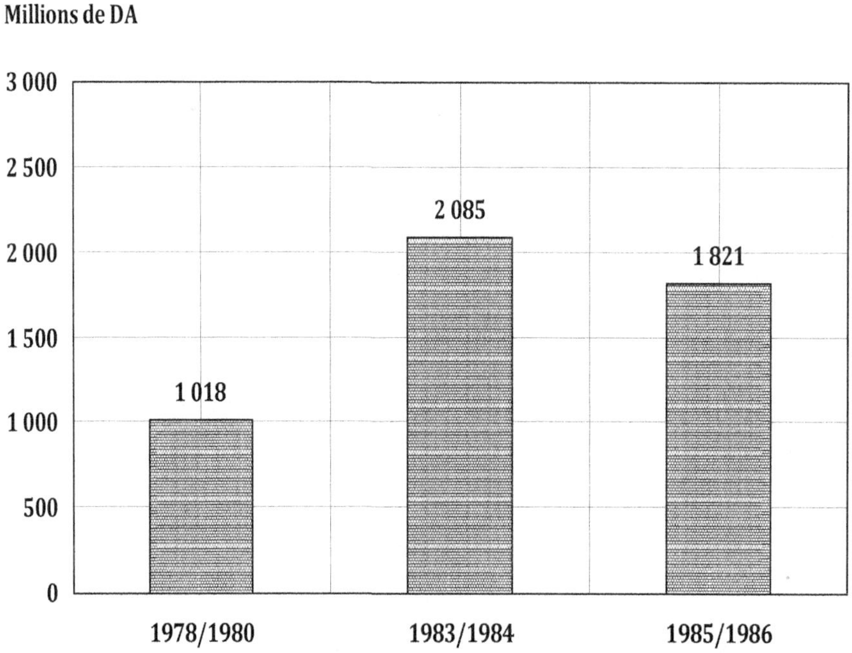

Source : Statistiques des cahiers de la réforme (1987), pp. 25-28.

En effet, la rémunération des travailleurs, suivait un schéma entièrement déconnecté des réalisations financières réelles et de la production effective fournie dans les exploitations.

Les domaines agricoles qui percevaient une avance calculée en amont sur une base prévisionnelle déterminée par l'assemblée générale comme le stipule la loi, pour assurer le roulement et le fonctionnement des domaines[189] ont vu cette avance au fur et à mesure devenir un salaire garanti pour les employés. Cette provision correspondait plus au nombre de journées travaillées et non pas à l'effort fourni par les travailleurs.

De plus, la majorité de cette avance était absorbée par les emplois indirects dont le nombre des jours du travail dans l'exploitation était le plus élevé par rapport aux travailleurs productifs. « *En peu de temps le travailleur agricole est devenu fonctionnaire lourd et inadapté pour un travail agricole, il s'est installé dans une organisation administrative du travail, ce qui a approfondi la rupture entre le fellah, la terre et la production, et par conséquent, une déresponsabilisation des exploitants*[190]».

Aux affres de la bureaucratie administrative (retards de livraison des semences et d'octrois des crédits) sont venus damasquiner ceux du faible soutien à l'activité agricole et la gigantesque taille des exploitations qui ont conjointement dévitalisé les domaines en anéantissant toute mobilisation des travailleurs et les facteurs en annihilant toute croissance possible de la productivité. Cette situation a même accéléré l'évidence que ces réformes entreprises dans le début des années 1980 (bien que ces premiers changements commençaient à donner des signes d'évolutions positives que nous avons évoqué plus haut) étaient confuses, inadaptées, inappropriées, mal menées et surtout mal organisées. Le décideur algérien, loin de toute préoccupation de comprendre l'inefficacité de ses décisions antérieurs et déconnecté d'une nécessaire logique économique, fait appel à l'exigence de recourir à d'autres restructurations.

---

189 Dans l'attente que ces domaines couvrent leurs charges par la commercialisation des productions agricoles, hypothèse qui était purement théorique vu le déficit constant des domaines socialistes.
190 Bacha, M. (1987). « Les causes d'une réforme ». Révolution africaine, n° 1228, (Sep. 87), pp. 20-21.

En effet, avec un maigre bilan détaillé dressant la fiabilité et la faillibilité de ces restructurations, alors que cette expérience n'était qu'à ses débuts (elle n'avait duré que 5 compagnes), alors que l'opération était en phase d'installation et de démarrage, alors que la situation financière des DAS commençait à se redresser[191], un nouveau projet de loi intervenait en août 1987. Celui-ci portait essentiellement sur la modification du mode d'exploitation, ainsi que d'autres mesures qui attribuaient les domaines en jouissance perpétuelle aux exploitants agricoles, introduisant ainsi des changements fondamentaux dans le statut juridique des terres étatiques.

Il nous semble particulièrement clair que l'accumulation des problèmes cités plus haut et la juxtaposition des erreurs de gestion, l'approfondissement des déficits financiers et productifs des domaines agricoles, l'absence de l'efficacité et de l'efficience de ces exploitations, dévoilent à l'évidence, le caractère fondamentalement et structurel de dysfonctionnement du secteur agricole socialiste algérien. Ce dysfonctionnement, loin d'être conjoncturel, s'est combiné avec d'autres facteurs macro-économiques et des nouveaux éléments internationaux qui ont conduit le secteur agricole à de nouvelles calamités.

---

191 Presque 1114 domaines socialistes sont bénéficiaires en 1985-1986 sur un total de 3 410, soit 32% des DAS contre 16% trois ans avant.

2. 1. La chute des prix du pétrole et la crise de l'endettement

Parallèlement, alors que les agrégats économiques affichaient des résultats encourageantes, alors que le PIB enregistrait un taux de croissance moyen de près de 17%[192] par an, entre 1979 et 1985, alors que la balance commerciale enregistrait un excédent qui est passé de 4,38 milliards de DA en 1979 à plus de 15 milliards de DA en 1985, un événement imprévu vient bouleverser et chambouler la situation de l'économie nationale, dévoilant ses grands dysfonctionnements et révélant sa profonde crise structurelle.

Cet événement venait affirmer les faiblesses d'une économie mono-exportatrice, accélérant son enfoncement dans la crise et perpétuant par conséquence, l'étranglement du secteur agricole. Il s'agit bien évidemment de ce qui est appelé communément le "contre choc pétrolier" de 1986, qui a dévoilé au grand jour, les carences d'une économie administrée, dissimulées jusqu'alors par la rente pétrolière.

Dans une atmosphère internationale marquée par l'accélération de la mondialisation, par la réaction des pays industrialisés aux chocs pétroliers des années 1970, par la création des intenses programmes d'économie d'énergie, par l'exploitation de nouveaux gisements du pétrole et dans un climat de vives tensions géopolitiques et idéologiques entre quelques pays membres de l'*OPEP*[193], le prix réel du baril de pétrole a connu une diminution drastique[194].

Les chocs pétroliers de 1973 et 1979 avaient portés le prix du pétrole à près de 44 $ le baril. Toutefois, à partir de 1986, l'effondrement des prix du baril a causé un véritable choc des recettes pétrolières dans les pays producteurs. Les pertes des pays exportateurs de pétrole étaient estimées à près de 100 milliards de $[195]. La situation en Algérie n'était guère mieux qu'ailleurs.

---

192 Taux de croissance moyen en termes nominal sur toute la période.
193 Entre l'Arabie Saoudite et l'Iran en apparence mais surtout entre les deux blocs opposés : États-Unis et l'union soviétique, cette dernière pour laquelle le pétrole représente une source de devises importante.
194 Divisé pratiquement par 3 en moins de cinq ans par rapport à son prix en 1982.
195 Radanne, P. (2003). « Chocs et contrechocs pétroliers (1960-2060)», Annales des mines, p. 31.

Les différents scénarios de développement planifiés par le $2^{\text{ème}}$ plan quadriennal en Algérie vont finir par déchanter et tout effort de redressement va s'avérer en vain.

Ces pertes ont modifié toutes les donnes et bouleversé les prévisions économiques sur lesquelles la stratégie du développement nationale était bâtie, elles ont surtout, changé les attitudes politiques et économiques de l'État au niveau local et même au niveau international[196].

L'Algérie avait subi de plein fouet les effets de l'instabilité des prix des hydrocarbures. C'est une catastrophe annoncée mais non attendue. Le début d'un désastre économique et l'exorde de la ruine de l'État algérien. Dans un climat social déjà pesant, marqué par un taux de chômage considérablement élevé, les différents prix des matières de large consommation ont très vite augmenté, ce qui a provoqué une perte considérable du pouvoir d'achat du citoyen et anéanti tous les efforts de développement entrepris depuis quelques années.

Le même constat est fait pour les différents secteurs économiques. Une tergiversationdes investissements déjà engagés dans l'industrie, l'hydraulique et l'agriculture. Conséquence, une stagnation de la croissance économique déjà en pleine morosité et une tension sociale à son comble.

Face à l'écroulement des prix du pétrole (chute de près de 40% des prix entre 1985 et 1986) dont la production a constitué 28% du PIB en 1984, 98% des exportations totales, 43% des ressources budgétaires de l'État, et face à la dépréciation du dollar américain, principale monnaie des transactions pétrolières[197], l'État voit son désastre amplifié par la combinaison de ces crises.

Des conséquences dramatiques sur les recettes à l'exportation. Une diminution de 20% du volume global des échanges commerciaux (import-export) passant de 100,518 milliards de DA en 1985 à 80,222

---

196 Particulièrement ce qui concerne la dette extérieure qui atteignait les 16 milliards de $ en 1980, 17,9 milliards à la fin de 1986.

197 Notamment pour un pays très dépendant des exportations comme l'Algérie dont les effets sont immédiatement et particulièrement sensibles à la baisse du dollar américain.

milliards de DA en 1986[198]. La balance commerciale a enregistré un déficit de l'ordre de 6,565 milliards de DA en 1986.

L'analyse de l'évolution des prix des hydrocarbures depuis le premier choc pétrolier, montre que les prix des matières premières ont suivi une tendance à la hausse, puis, ils ont connu une chute remarquable due aux effets du contre choc pétrolier mené par les États occidentaux, pour atteindre les prix les plus bas en 1986.

Le graphique (42) retrace l'évolution des prix des produits pétroliers entre 1982 et 1989 et la chute drastique des prix de ces produits à partir de 1986.

En effet, dans ce contexte antagoniste à tout effort de développement, l'Algérie a vu ses recettes de fiscalité pétrolière baisser de plus de 55% en un an (de 47 milliards de $ en 1985 à 21 milliards de $ en 1986). Sa balance de paiements courante accusait un déficit considérable de l'ordre de 2,2 milliards $, après avoir dégagé un excédent de plus d'un milliard de $ un an avant, ce qui a entraîné un profond déséquilibre des ressources de l'État et un solde négatif des comptes du Trésor public de près de 35,2 milliards DA, soit -12,5% du PIB en 1986.

Par conséquence, l'Algérie n'a pas pu suivre une cadence régulière en matière de déploiement économique et social, ce qui a empêché le pays de prévoir une future accumulation des richesses et annihilé tout espoir d'un développement proche. Toutefois, cette crise ne pouvait pas avoir une grande ampleur si ce n'est sa conjugaison avec le fardeau de la dette extérieure.

Depuis l'annonce du Mexique et d'autre pays Sud-américains en 1982, leurs incapacités de paiement des dettes extérieures envers les États créanciers, le monde a connu l'émergence de cette crise de *"dettes"* nouvelle dans son genre, qui préoccupait les pays du tiers monde au même niveau que les institutions financières internationales.

198 Le taux de 1 $ = 4,7 Da.

Graphique (42) : Prix des produits pétroliers entre 1982 et 1989.

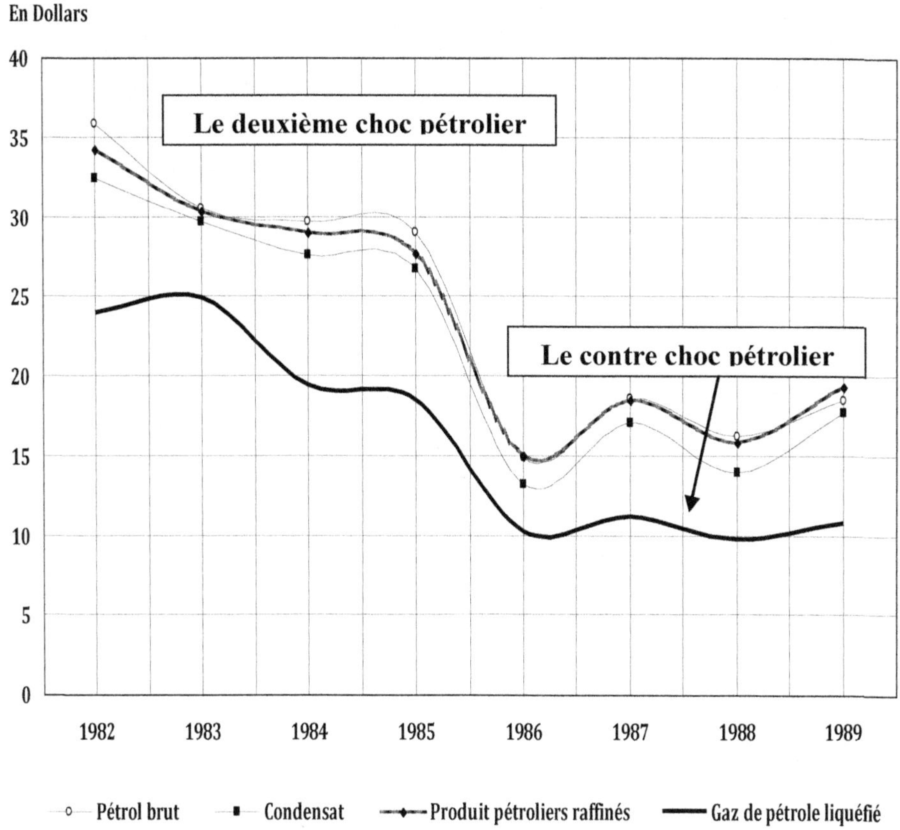

Source : ONS (1991). *Résultats de l'enquête sur la main d'œuvre de 1989.* Séries statistiques n°26, pp. 162-163.

L'histoire de l'endettement en Algérie, remonte au début de la dernière décennie. L'Algérie, dépourvue de réserves financières avec une balance de paiements déficitaire, recourait à des dettes[199] commerciales provenant des pays fournisseurs d'équipements industriels, essentiellement pour l'édification et le développement de ces installations d'hydrocarbures et des équipements de liquéfaction gazière.

199 Ces crédits sont essentiellement de provenance de l'OFCI (l'Organisme français de coopération industrielle), où des pays de l'ex bloc soviétique, ou des pays amis comme le Koweït.

Mais depuis l'augmentation des prix du pétrole en 1974, le recours de l'Algérie à l'endettement a connu une sensible élévation, dans le but d'accentuer les efforts d'investissement dans les hydrocarbures, qui devraient apporter un surplus important qui servirait aux remboursements de ces dettes, mais aussi à fournir des moyens financiers à d'autres secteurs dans le cadre de la politique générale de développement. Après, la situation de l'endettement en Algérie, se compliquait davantage, et le recours aux prêts s'accentuait de plus en plus, notamment, après la mise en œuvre du plan de valorisation des hydrocarbures (VALHYD).

Le plan VALHYD prévoyait l'intensification des exportations des hydrocarbures et enfermait petit à petit le pays dans une équation dangereuse : « *exporter du pétrole pour accroître les ressources, pour valoriser et exporter davantage du pétrole* [200]». Cette période représentait la phase où l'Algérie a contracté plusieurs crédits. C'est le début de la phase d'amoncellement et d'accumulation de la dette du pays qui a provoqué et perpétué l'étouffement de la balance des paiements après la chute des prix du pétrole.

Le graphique (43) schématise l'évolution des dettes extérieures dont les montants sont donné en milliards de $ (dette à long et à court terme) depuis 1974 et jusqu'à 1986, année de la chute des recettes, l'écroulement des prix des hydrocarbures, mais aussi de l'augmentation de poids de l'endettement qui représentait 30% du PNB à la fin de 1986 et son service représentait 56,5% des exportations, où le montant des intérêts s'élevait à 1,25 milliard de $.

À titre de rappel, la croissance du rapport de service de la dette a été de 304%[201] entre 1977 et la fin des années 1980. Le service de la dette est passé de 33% en 1982 à 68% en 1986 et à 86% en 1988 est resté proche de ces niveaux dans les années 1990. Concrètement, le service de la dette est passé de 5,041 milliards de $ en 1985 à 9,5 milliards de $ en 1990. Le graphique (44) illustre l'évolution effrayante du service de la dette estimé à près de 0,5 milliard de $ en 1971, qui a dépassé le seuil des 5 milliards de $ à la fin de 1986.

---

200 Henni, A. (1991). Economie de l'Algérie indépendante. Alger, édition ENAG, p. 46.
201 Selon The World alternatives de l'université de Sherbrooke, 2005.

Graphique (43) : Dettes extérieures algérienne de 1974 à 1986.

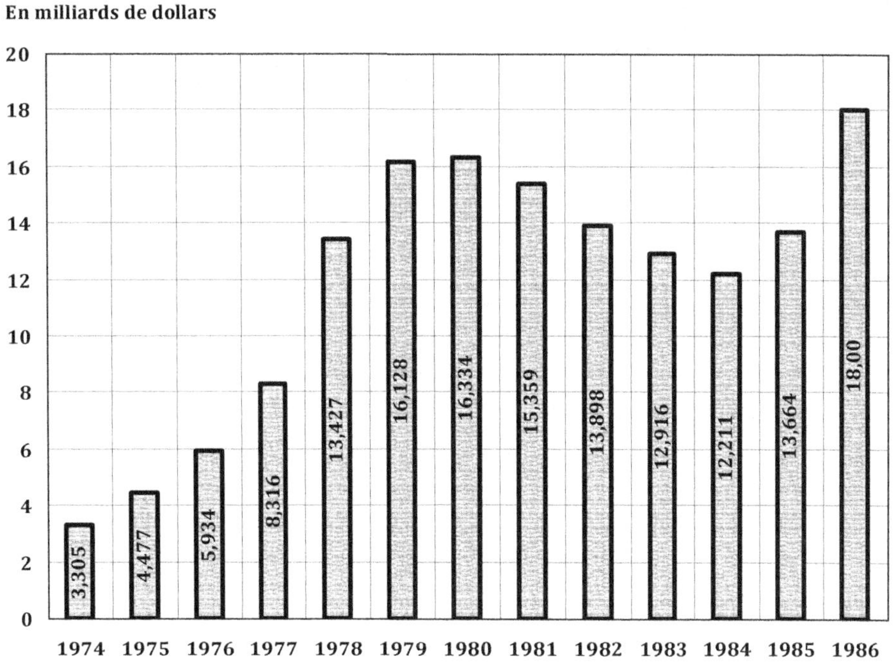

Graphique (44) : Évolution du service de la dette entre 1971 et 1986.

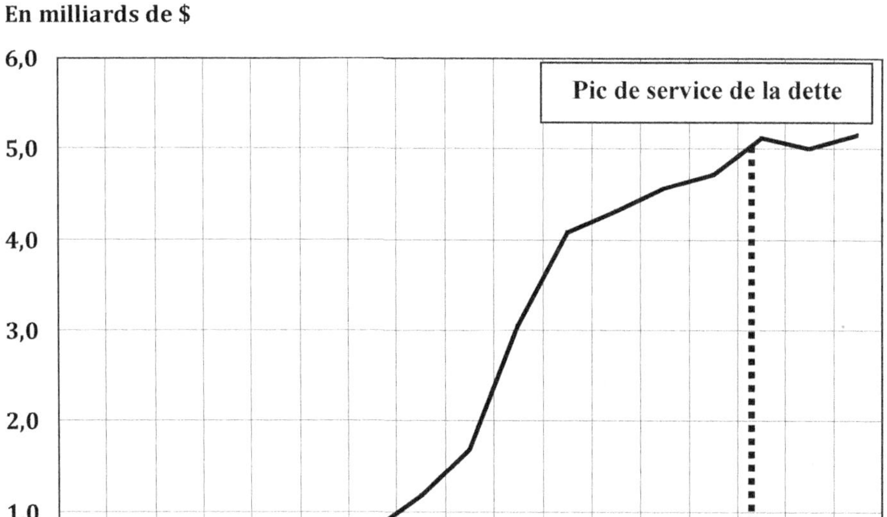

Source : Banque d'Algérie (2005).

En plus du recours à l'endettement extérieur, l'économie algérienne s'essoufflait en plus de l'endettement interne. À ce propos, nous empruntons à S. Goumeziane son analyse de cette dette. *«Dès le début des années 1970, l'autofinancement est interdit au nom du principe de la centralisation des ressources, [...] l'endettement nourrit un appareil de production en situation de déficit chronique [...][202]»*.

Le Trésor public, qui a lui-même financé une partie des investissements était, de son côté, endetté auprès de la Banque centrale. La balance de paiements était lourdement déficitaire. Le pays s'installait ainsi dans une dure crise d'endettement qui traduisait la fragilité du système financier et la faiblesse des agents économiques et dévoilait l'insensibilité des taux d'intérêt et d'épargne et divulguait le surendettement en termes d'investissements, l'aspect structurel du découvert bancaire et les niveaux de créances insupportables[203].

Graphique (45) : Dettes extérieures en % des exportations.

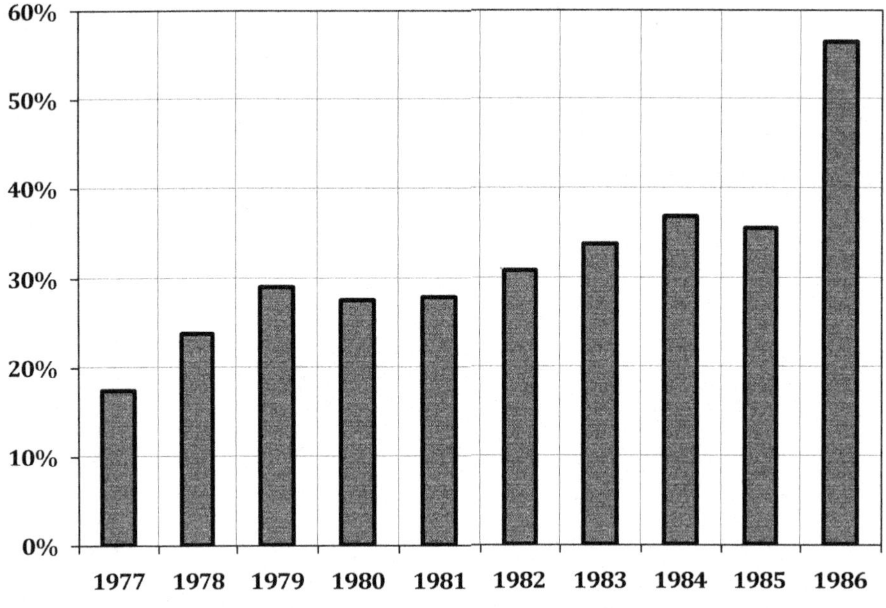

Source : Banque d'Algérie (2005).

202 Ministre délégué à l'organisation du commerce par le décret présidentiel n° 89-171 du 09 septembre 1989 et le Décret n° 29-178 du 16 septembre 1989 au sein du gouvernement de Mouloud Hamrouche.

203 Goumeziane, I. (1994). Le mal algérien : économie politique d'une transition inachevée 1962-1994… op. cit., pp. 84-85.

3. Les réformes de 1987 et la réorganisation du secteur agricole

Ces nouvelles réformes s'inscrivaient dans un contexte extrêmement difficile. Une conjoncture chaotique, marquée par l'aggravation du bilan économique et social mais aussi, par la logique de persistance du problème agraire auquel les réformes précédentes n'ont pas apporté de solutions. *« Le problème du fond de ces réformes étant qu'il fallait supprimer impérativement un système qui avait amplement prouvé son incapacité à permettre l'obtention d'une productivité et d'une production correctes*[204]*».*Elle intervenait après la décision du conseil des ministres le 14 juillet 1987, la réorganisation des domaines du secteur agricole public et la dissolution des domaines agricoles socialistes (DAS)[205] créés dans le début des années 1980 et dont les terres ont été redistribuées à près de 22 000 exploitants agricoles. Elle a été lancée sur la base d'une circulaire interministérielle (ministère de l'agriculture, ministère des finances et ministère de l'intérieur) le 30 août 1987. Elle a pris la forme d'un projet de loi voté en décembre de la même année[206], dont l'objectif majeur était la détermination d'une certaine forme d'appropriation qui permet d'augmenter et de stimuler les performances de l'appareil de production agricole nationale, par conséquent, atteindre le but premier qui est de disposer d'une large indépendance alimentaire.

Nombreux sont ceux qui voyaient dans l'anticipation de l'application de cette réforme, une forme de désengagement de l'État d'un secteur devenu peu rentable et de plus en plus pesant sur le budget étatique. *« À la prudence préconisée succéda la précipitation, une sorte de "fièvre agraire" qui toucha aussi bien les agriculteurs que les responsables administratifs et politiques [...] l'on eut à cœur de régler le problème de cette réforme au plus vite*[207]*».*

---

204 Bedrani, S. (1995). « L'intervention de l'État dans l'agriculture en Algérie : constat et propositions pour un débat ». Cahiers Options Méditerranéennes, Série. B, p. 89.

205 Comme nous l'avons déjà signalé, les DAS étaient majoritairement déficitaires. Ils affichaient dans l'ensemble un déficit de 2 milliards de DA chaque année.

206 Loi n° 87-19 du 8 décembre 1987 déterminant le mode d'exploitation des terres agricoles du domaine nationale et fixant les droits et obligations des producteurs (JORA N° 50 du 09-12-1987), qui réaffirme la propriété irréversible de l' État sur les terres agricoles du domaine national (voir annexe).

207 Lecoz, J. (1991). décennie 1980 : les étapes de la désocialisation… op. cit., pp. 54-55.

Par cette loi, l'État a réaffirmé la propriété irréversible des terres agricoles du domaine national. Elle a visé également, la définition et le renforcement des droits et des obligations des producteurs. Elle a attribué aux bénéfices des producteurs, constitués en collectivités, un droit d'usage perpétuel sur l'ensemble des terres, ainsi qu'un droit de propriété sur tous les biens constituant le patrimoine de l'exploitation autre que la terre (moyens de production), sur la base d'une évaluation domaniale.

Cette loi se voulait également, garante de plus d'autonomie et de liberté dans la gestion accordées aux agriculteurs[208]. Les *fellahs* devraient lier leurs revenus à la productivité de leur travail effectif et aux rendements de leurs terres, et s'engager pleinement dans le développement des exploitations agricoles, pour bannir ainsi, le travail salarial dans l'agriculture et assurer par conséquent, une base productive solide construite sur les fondements du libre marché et les principes de l'offre et de la demande.

En plus du maintien de principe de « *la terre à celui qui la travaille* », cette nouvelle loi a introduit du nouveau dans la mesure où « *le droit de propriété sur la terre et les moyens de production est fractionné dans ses composantes à savoir l'Usus (droit d'user de la terre) le Fructus (droit de jouir des fruits de la terre) et l'Abusus (droit de disposer de la Terre, de l'aliéner)*[209]». Par conséquent, l'État, après avoir été un producteur intervenant dans toutes les opérations se contentait du rôle d'un régulateur : orientation générale des activités, détermination des grands axes de planification, incitation au développement et à la décentralisation des structures d'appui et de soutien à la production agricole, sans toutefois, concéder aux bénéficiaires, le droit effectif de la propriété foncière. L'attributaire, comme nous l'avons déjà évoqué, bénéficiait des droits biens déterminés dans les articles 6 à 9 de la loi en question. Ces droits consentis dans l'indivision et à parts égales entre les attributaires, sont transmissibles, cessibles et saisissables[210].

---

208 Ouvriers des domaines nationaux.

209 Séries statistiques de l'office national des statistiques, n° 10. « Caractéristiques socio-économiques des pays du grand Maghreb »... op. cit., pp. 57-58.

210 Il est clair de voir la persistance des contradictions dans le discours officiel de l'État algérien en la matière. Les réformes entreprises et le partage des DAS entre les travailleurs s'inscrivent dans le fil du renouveau du système des exploitations

Il ressort du bilan dressé par le ministre de l'agriculture de l'époque, Mohamed Rouighi[211], que plus de 3 139 DAS ont été touchés par la réorganisation, soit, une superficie totale de 2 469 196 ha. De ce fait, près de 163 000 travailleurs ont changé de statut, dont plus de 135 000 travailleurs permanents. Parmi eux, on dénombrait 1 440 ingénieurs agricoles, plus de 4 000 techniciens et près de 2 000 agents administratifs des anciens DAS. Le reste des travailleurs, soit 27 395, sont des travailleurs saisonniers intégrés dans le cadre de la réorganisation des terres agricoles qui a permis la création des 22 356 EAC (Exploitations Agricoles Collectives) couvrant une superficie totale de 2 224 813 ha et 5 677 EAI (Exploitations Agricoles Individuelles) qui couvraient 55 187 ha, issus toutes des 3 139 anciens DAS. Parmi les bénéficiaires de cette nouvelle réorganisation des terres du domaine national, on compte 5 783 *moudjahiddines* et 7 604 jeunes. En outre, la réorganisation des terres excédentaires[212] a, quant elle, a permis la constitution de 1 069 EAC, couvrant une superficie de 25 405 ha, et 1 123 EAI d'une superficie globale de 7 850 hectares qui occupaient près de 6 452 travailleurs. Le bilan de ministère de l'agriculture établissait en 1992 concernant la restructuration du secteur, dressait la situation suivante :

Tableau (13) : Bilan de la restructuration du secteur agricole en 1992.

	Nombre	Superficie	Attributaires
Exploitations Agricoles Collectives	22 356	2 232 588	156 348
Exploitations Agricoles individuelles	5 677	55 969	28 033
Ensemble	28 033	2 288 557	184 381

Source : Baci, L. *Options Méditerranéennes,* vol. 36, p. 285.

agraires en Algérie, la libéralisation de l'exploitation, ainsi que le désengagement de l'État du secteur agricole, or, ce dernier n'a jamais accepté l'attribution individuelle des terres aux exploitants.

211 Ces statistiques sont présentées dans un bilan des premiers résultats de la réorganisation des terres agricoles, dans le journal El-Moudjahid du 16-17 septembre 1988, par Mohamed Koursi concernant les travailleurs agricoles. Le reste des chiffres sont une combinaison entre les statistiques de Baci, L. « Les réformes agraires en Algérie »... op. cit., et Benissad, M, E. (1991). La réforme économique en Algérie : l'indicible ajustement structurel... op. cit.,.

212 Cette nouvelle répartition des terres des anciens DAS a permis de dégager un excédent de terres réservés aux saisonnais sans terres et aux jeunes actifs pour encourager le travail agricole. Il s'élevait en août 1988 à 68 744 hectares, soit 36% des totales des terres.

1. Les résultats des réformes de 1987 sur le plan organisationnel

Il ressort des transformations et mutations entreprises, en l'application de la loi n° 87.19 du 8 décembre 1987, particulièrement dans les domaines agricoles autogérés, trois principaux résultats :

1. 1. La réduction de la taille des exploitations

L'aggravation de déficit chronique des domaines socialistes incombait souvent à leurs tailles excessives. L'un des objectifs visé par cette loi était de rendre ces gigantesques domaines, dont la taille était considérée comme un obstacle majeur en termes de gestion et du contrôle, économiquement plus rentables et humainement mieux maîtrisables. L'immensité des domaines agricoles, rendait quasiment impossible la supervision de toutes les terres, l'application des nouvelles techniques agronomiques, la réalisation des nouveaux investissements, ainsi que l'intensification des productivités. L'absence d'application de normes crédibles et de critères fiables dans la détermination des tailles des domaines agricoles socialistes, rendaient plus que nécessaire, l'intervention afin de diminuer leurs tailles. C'est ainsi que la moyenne des tailles de ces domaines a été divisée par dix. De 830 ha la taille moyenne des domaines agricoles socialistes, elle passe à 82 ha environ en moyenne (tailles des exploitations agricoles, collectives et individuelles confondues).

1. 2. La réduction du collectif des travailleurs

Forcément, la gestion, la conduite des activités, ainsi que le fonctionnement des exploitations d'une telle taille aberrante, nécessitaient l'emploi d'un nombre important des travailleurs. Selon les statistiques officielles, le nombre des travailleurs par collectif atteignait une moyenne de 40 producteurs. Cette loi visait la réduction du collectif des travailleurs. « *Cette réduction a permis l'élimination de toutesles formes de développement interne de hiérarchie bureaucratique*[213]*qui sont caractérisée par une pléthore d'emplois improductifs*[214]».

---

213 Les assemblées générales, les comités de gestion et le président du domaine étant supprimés.
214 Cahiers de la réforme (1987). p. 14.

C'est ainsi que la gestion des domaines autogérés sous forme de fermes de tailles réduites est devenue une tâche qui incombait directement à un nombre restreint de producteurs composés d'un minimum de 3 et d'une moyenne de 5 à 7 producteurs par exploitation dont le collectif se constituait librement des anciens travailleurs permanents des domaines autogérés en fonction des systèmes de production et des prévisions de développement de cette ferme.

1. 3. Droit des producteurs collectif et la gestion de l'exploitation

Il est évident que le but de la nouvelle réforme portée par la loi de 1987, par l'attribution aux producteurs de droits et de pouvoirs qui leur permettront la jouissance illimitée des terres attribuées était de pouvoir bénéficier des moyens de production et des aides nécessaires pour le bon fonctionnement des exploitations (notamment en matière d'infrastructures et d'équipements).

Cette réforme visait également, la restructuration des domaines agricoles par des différentes mesures aux bénéfices des agriculteurs : l'appropriation des investissements, la liberté d'orienter les productions selon les mécanismes du marché, la liberté dans la programmation des approvisionnements et de la commercialisation des produits. Au terme de cette nouvelle réorganisation, il est clair que cette réforme, constituait un pas de plus vers le désengagement de l'État du secteur agricole, mais aussi, un saut qualitatif au profit des producteurs en matière de liberté de gestion des exploitations.

Cette nouvelle démarche devait sensibiliser et responsabiliser pleinement les producteurs, chose qui n'existait pas auparavant dans le comportement des responsables du secteur agricole. Toutefois, et comme dans le passé, beaucoup de lacunes ont été à l'origine de la mauvaise application de cette loi. *« Certains attributaires sous-louent les terres qu'ils sont censés travailler [...], beaucoup d'exploitations collectives (EAC) ont éclaté de facto en exploitations individuelles (alors que l'exploitation des terres, selon la loi, doit être collective), le prix de location de la terre n'a jamais été versé au Trésor, la banque de l'agriculture n'a jamais pu saisir le droit de jouissance des attributaires défaillants dans le règlement des emprunts [...][215] ».*

---

215 Bedrani, S. (1995). L'intervention de l'État dans l'agriculture : constat et propositions pour un débat,... op. cit., pp. 89-90.

2. Les résultats des réformes de 1987 en termes physique

2. 1. Stagnation des superficies agricoles utiles

En dépit des efforts déployés depuis l'indépendance qui ont commencé par les décrets régissant l'autogestion des terres agricoles, passant par la révolution agraire, et les réformes des années 1980, il ressort des statistiques disponibles et des constats observés une stagnation des superficies agricoles cultivées.

Contrairement aux objectifs des différentes lois, des plans et des décrets pour acquérir de nouvelles terres agricoles et augmenter la superficie agricole utile (SAU) disponible, la superficie n'a pas pu être augmentée substantiellement et la stagnation était devenue la norme.

Le graphique (46) confirme cette stagnation. Il retrace l'évolution des superficies utilisées dans l'agriculture sans faire une distinction entre le secteur public et le secteur privé.

L'analyse de ce graphique, montre une baisse réelle de la superficie des terres utilisées entre la compagne de 1971/1972 et celle de 1986/1987, passant de 42 766 980 ha à 39 701 240 ha, soit une diminution de plus de 7% (3,065 millions d'hectares). On enregistre également une stagnation des superficies utilisées depuis 1975.

Cette situation est la conséquence directe du phénomène de l'exode qu'a connu le pays après l'indépendance. Elle découlait essentiellement de deux facteurs majeurs. D'abord, l'extension des villes qui ont connu un essor remarquable depuis les dernières années qui ont suivi l'indépendance. Ensuite, la perte de milliers d'hectares, due à la dégradation de l'environnement qui a suivi la vague de l'exode rural qu'a connu la campagne algérienne.

Graphique 46 : Superficies utilisées dans l'agriculture de 1971 à 1987.

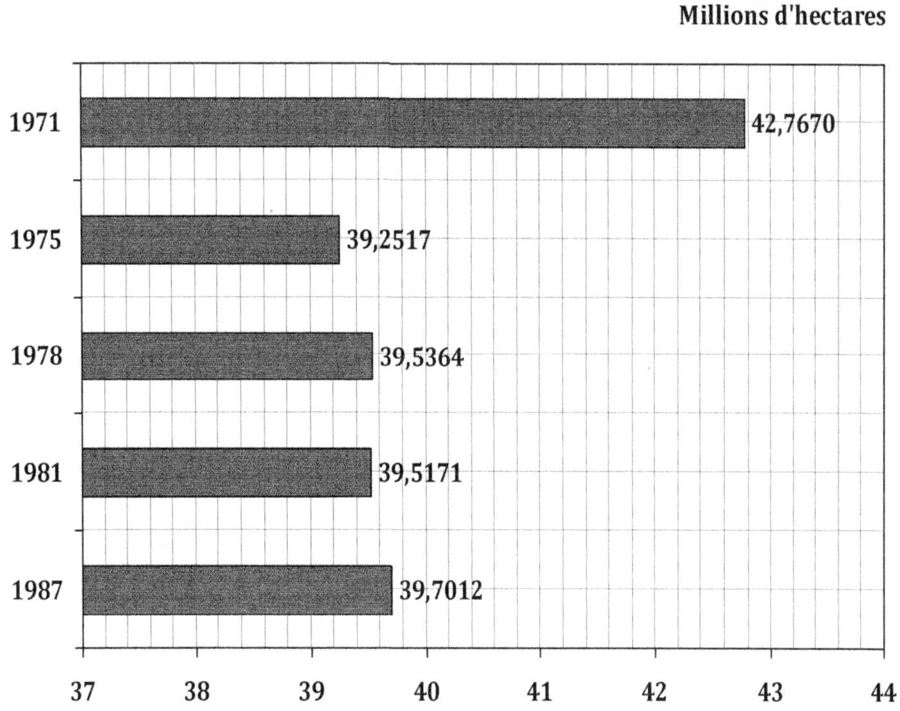

Source : ONS (1988). Séries statistiques agricoles n°28, p. 49.

2. Stagnation des investissements publics

D'une manière générale, les dépenses publiques en matière d'investissement ont chuté significativement durant la période allant de 1985 à 1990 par rapport aux périodes précédentes. Cette régression était due essentiellement à la diminution des prix des hydrocarbures liée au contre choc pétrolier. Par conséquent, une perte aussi considérable qu'importante en devises est enregistrée dans les gains de l'État à cause notamment de la baisse des recettes de fiscalité pétrolière.

À l'image des autres secteurs, le budget du secteur agricole a subi également une chute dans les montants alloués. L'examen du graphique (47) qui démontre une forte évolution des dépenses d'investissements dans le secteur agricole (y compris celui de l'hydraulique), révèle une stagnation des dépenses d'investissements durant cette période.

Cette stagnation reflète en réalité la baisse des parts d'investissements dans l'agriculture par rapport au niveau d'investissement global[216] qui est passé de 13,46% en 1988 à 10,48% en 1989, pour atteindre 9,26% en 1990[217]. Durant cette période, on enregistre plus d'investissements sociaux que d'investissements productifs dans le but calmer la grogne populaires et les réclamations sociales de la population.

Graphique (47) : Évolution des investissements en agriculture et hydraulique entre 1985 et 1990 en millions de Da.

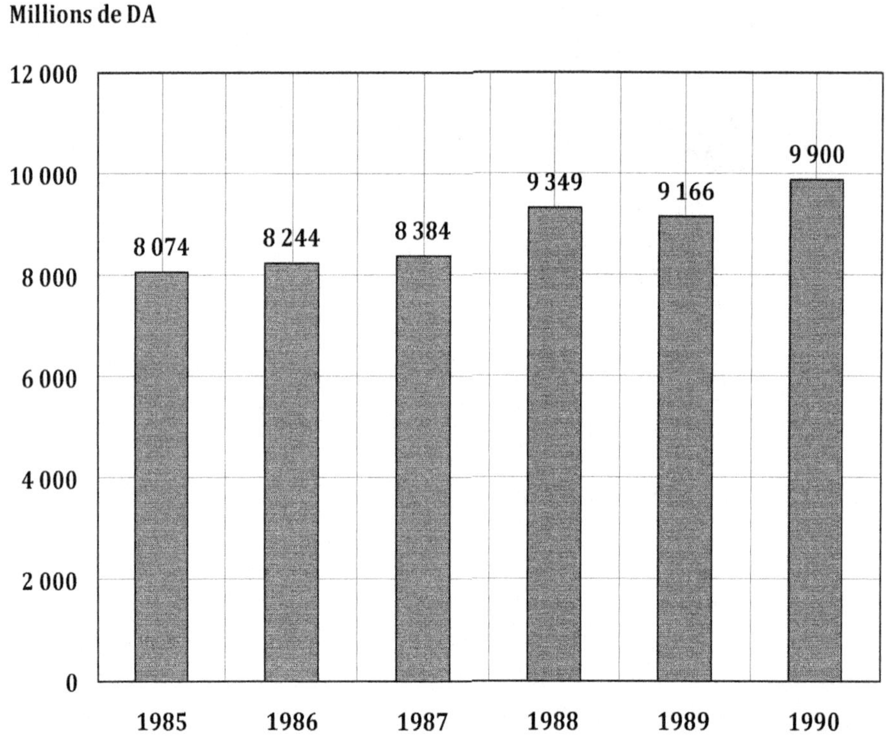

Source : ONS (1991). *Résultats de l'enquête sur la main d'œuvre de 1989.* Séries statistiques n°26, sauf pour 1990, chiffres de Brahimi, A. (1991). *Stratégies de développement pour l'Algérie : défis et enjeux... op. cit..* p. 330.

216 Pourtant, le montant global de l'investissement a augmenté de 13,3% en 1989 par rapport à 1988 et de 35,8% en 1990 par rapport à 1989, toujours selon la même source d'information.

217 Brahimi, A. (1991). Stratégies de développement pour l'Algérie : défis et enjeux… op. cit., p. 331.

2. 3. Libéralisation des prix des intrants et ses conséquences

L'impact des restructurations menées par l'État dans les années 1980 se faisait très vite sentir. Une politique de "vérité" des prix est appliquée. Les prix de tous les intrants agricoles ont connu une nette augmentation depuis déjà les années 1980, toutefois, ce n'est qu'à partir du milieu de la décennie que les résultats se faisaient sentir.

Après la crise financière de 1986 et la chute brutale des prix des hydrocarbures[218], toutes les subventions accordées ainsi que les soutiens des prix ont été supprimés, dévoilant ainsi, les lacunes d'un système d'approvisionnement extrêmement fragile.

La libéralisation des prix des différents intrants agricoles notamment d'origine industrielle : engrais et matériel agricole comme nous constatons à travers le graphique (48) autres, a eu comme effet, une diminution brutale de leurs consommations et une augmentation inéluctable de leurs prix. Nous assistons alors à un accroissement spectaculaire des coûts de production.

Les prix de matériels agricoles ont été multipliés par 3,5 durant cette période. Les prix des engrais et des produits phytosanitaires quant à eux ont été multipliés par 3.

Sous l'effet de l'augmentation des prix de ces matières, nous enregistrons une baisse substantielle de leur consommation. Celle des engrais a été divisée par 5 en moins de 10 ans, celle des produits phytosanitaires par 6,25 pour la même période[219]. Par ailleurs, les termes d'échanges ont connu une réelle dégringolade. S'il fallait 33 kg de blé pour payer 1 kg d'engrais phosphaté en 1981, il fallait avancer 106 kg pour acheter la même quantité en 1991. Pour se procurer un tracteur pneumatique en 1981, il fallait payer la valeur de 22,3 tonnes de blé, il fallait la valeur de plus de double, dix ans après, soit 48,3 tonnes[220]. Les termes d'échanges ne cessaient de se dégrader en défaveur de l'agriculture.

---

218 Après le contre choc pétrolier de 1986, l'Algérie sera confrontée à une grave crise politique économique et sociale que nous détaillerons ultérieurement.
219 Bessaoud, O. (2003). L'agriculture algérienne, des révolutions agraires aux réformes libérales (1963-2002)… op. cit., p. 93.
220 Ibid., pp. 93-94.

Après avoir importé près de 5 686 tracteurs, 7 409 engins aratoires, 1003 unités de divers matériels de moisson en 1984, l'Algérie a limité drastiquement ses achats. Cette restriction a réduit considérablement l'utilisation du matériel agricole. Par conséquence, on enregistre d'importantes chutes d'importations à partir de 1987 (tableau 14).

Graphique (48) : Subventions aux intrants en dinars constant=1989.

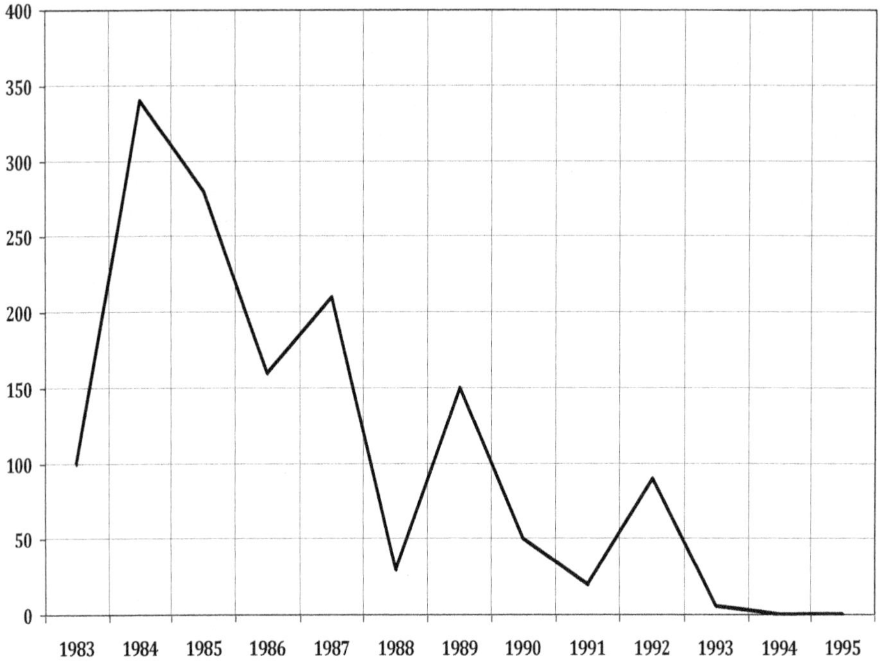

Source : Bedrani, *& al.,* (1997). Série. B, n° 11.

Tableau (14) : Importations du matériel entre 1985-1989 (en unités).

	1985	**1986**	**1987**	**1988**	**1989**
Tracteurs	1 469	1 220	952	554	633
Engins aratoires	9 393	8 617	7 176	699	550
Autres appareils	1 470	297	76	20	259
Moissonneuses-batteuses	40	507	12	1	2

Source : Bedrani, S. (1993). Rapport sur le secteur agricole et ses perspectives à l'horizon 2000, p. 19.

3. Avènement de la loi d'orientation foncière de 1990

Les différents remodelages successifs et les multiples restructurations consécutives par les divers dispositifs juridiques de la fin des années 1980, ont été suivis par d'autres décrets au début des années 1990. Ces nouvelles législations ont approfondi la volonté politique et économique de l'État de libéraliser le secteur agricole et accélérer sa privatisation.

La loi d'orientation foncière du 18 novembre 1990[221], coïncidait avec la vague des réformes économiques qui ont suivi les bouleversements socio-économiques et politiques de 1988[222], ainsi que la nouvelle constitution de 1989[223]. Cette loi a eu pour objet de fixer la consistance

---

221 Loi n° 90-25 du 18 novembre 1990, portant orientation foncière, JORA n° 49 du 18 novembre 1990.

222 Certains observateurs de la scène politique algérienne ne soutiennent pas la thèse de la spontanéité des événements d'octobre 1988. Ils croient que c'est le discours de président Bendjedid prononcé au palais des Nations le 19 septembre 1988 qui a mis le feu au poudre. Un récent article apparu au quotidien El Watan du 05 octobre 2008 fait la même analyse. « Ce discours aurait pu être un discours ordinaire, comme le président Chadli avait l'habitude d'en prononcer en différentes occasions s'il n'y avait pas en point de mire un enjeu politique stratégique illustré par la préparation du 6ème Congrès du FLN. Celui-ci devait trancher et entériner les chantiers des réformes économiques et on le saura par la suite, politiques, sous la forme d'une ouverture du système à un pluralisme politique spécifique qui consistait à admettre au sein du parti FLN l'existence des sensibilités politiques. Des réformes qui, le moins que l'on puisse dire, ne faisaient pas l'unanimité au sein de l'appareil du parti. Le discours de Chadli doit être donc resitué dans ce contexte de lutte au sommet du parti-État autour d'enjeux stratégiques, politiques, économiques, idéologiques avec tout ce que cela implique comme conséquences sur le repositionnement des clans qui s'affrontaient à fleurets mouchetés au sein du parti et des institutions de l'État. En filigrane, les craintes de perdre des privilèges acquis commençaient déjà à apparaître au niveau de la clientèle du pouvoir. Discours d'un Président qui en avait trop sur le cœur et qui se sentait trahi par sa cour qui n'arrivait pas, pensait-il, à s'adapter aux nouvelles réalités du pays par incompétence ou manque de conviction dans le train de réformes ? ». Le 12 janvier 1992, les élections sont annulées et le Président Chadli contraint à la démission. Un Haut Comité d'État 17 (HCE) de cinq membres18, présidé par Mohamed Boudiaf, assure l'intérim du chef de l'État. Le 29 juin 1992, Mohamed Boudiaf est assassiné.

223 La Constitution du 23 février 1989 a suscité l'espoir d'un changement qui permettra d'ouvrir la voie au pluralisme et au respect des libertés, à la liberté d'expression et d'organisation et surtout la fin de l'injustice et du mépris contre lesquelles le peuple a combattu pendant la période coloniale. La Constitution de

technique et le régime juridique du patrimoine foncier ainsi que les instruments d'intervention de l'État, des collectivités et des organismes publics.

Trois grandes catégories de terres sont recensées par cette loi : 1) les biens domaniaux, 2) les biens de la propriété privée et 3) les biens "*Waqf*[224]".

Cette loi avait considéré comme patrimoine foncier, l'ensemble des terres ou fonds fonciers non bâtis, dont la consistance technique du patrimoine foncier comporte les terres agricoles et à vocation agricole, ainsi que les terres pastorales et à vocations pastorales[225].

La loi 90-25, introduit et confirme trois moyens de consolidation et d'élargissement de la propriété privée dans les zones agricoles, agro-pastorales, pastorales et alfatières. Elle confirmait par ailleurs les droits de jouissance traditionnelle, la transformation de ces droits en droits de propriété sur les terres mises en valeur, la consolidation des droits de possession[226].

1989, reconnaît les principales libertés démocratiques et les droits fondamentaux de l'homme, en outre, elle procède à la réorganisation des pouvoirs gouvernemental et législatif. Ces transformations devaient conduire à la formation d'une scène politique libre et démocratique, hélas, toujours pas le cas.

224 Les biens "Waqf" ou les "auqâf " sont selon Milliot, L. (1953) « des biens religieux de mainmorte, immobilisés et frappés de séquestre au profit des fondations créées dans un but pieux ou d'utilité publique ». Milliot, L. (1953). Introduction à l'étude du droit musulman. Paris, recueil Sirey, p. 537.

225 Selon Bedrani, ces terres couvrent environ 20 millions d'hectares formant tampon entre les contrées désertiques du pays et l'Algérie du Nord. Elles constituent ce qu'on appelle communément les zones steppiques de l'Algérie et ont, en tant que domaine privé de l'État, une histoire différente des ex-terres coloniales du Nord. Dans leur très grande majorité, le Senatus Consulte de 1863 les a répartis en terres ârch. (appartenant en jouissance collective aux tribus), communales et domaniales. Il estime entre 2,5 et 3 millions d'hectares la part de ces terres qui a été défrichée depuis le XIXème siècle par des particuliers et appropriée de fait. Le reste a toujours été utilisé en parcours communs et, de ce fait, a subi une dégradation souvent importante du couvert végétal (Bedrani, S. (1995). L'intervention de l'État dans l'agriculture : constat et propositions pour un débat, pp. 90-91).

226 Belhimer, A. (1997). L'analyse politique et juridique des stratégies de gestion de la dette extérieure de l'Algérie. Université René Descartes, pp. 154-157.

Cette loi a autorisé également le principe de la restitution des terres nationalisées à leurs propriétaires initiaux et le rétablissement de leurs droits des propriétés[227]. Elle abrogeait les dispositions des lois précédentes, fondamentalement celle de l'ordonnance n°71-73 du novembre 1971 portant révolution agraire (article 76).

Les terres privatisées ont été subtilisées sur le Fonds National de la Révolution Agraire (FNRA). Ce n'était pas une manière d'abandonner l'ensemble de domaine national, puisque l'État « *se réserve le droit (art. 58 à art. 63) d'engager lui-même par le biais des collectivités locales, des opérations de mise en valeur nouvelle, laisse prévoir une nouvelle législation (art. 26.) sur les terres non susceptibles d'appropriation privée, et surtout, laisse entendre (art. 83) que les opérations de régularisation des domaines respectifs du privé et du public sont en cours, par un inventaire général de tous les biens fonciers (art. 38), par l'établissement d'un cadastre sont prévus à titre possessoire, si la possession est ininterrompue, paisible publique et non équivoque (art. 39). Le président de l'Assemblée populaire communale, après avis ultérieur de la commission paritaire de la Wilaya (art. 82), étant habilité à délivrer un certificat de possession (art. 40) qui enclenche un processus de privatisation, lequel peut dont être le plus large possible*[228]».

À partir de là, cette loi qui s'est donnée comme fil conducteur « *la promotion des investissements productifs et l'amélioration de la structure foncière de l'exploitation*[229]», fixait les règles d'utilisation du patrimoine foncier dans le but déclaré de sa pleine utilisation. Cette loi revoyait également le régime juridique des terres nationalisées et organisait le mode de réappropriation de ces terres par leurs anciens

227 Sur une certaine catégorie des terres (et non pas la totalité) dont les propriétaires devraient répondre théoriquement à des critères et à des conditions fixés par l'article 76 de la loi (qu'ils n'aient pas eu des activités contre le mouvement de nationale pendant la guerre de libération, qu'ils n'aient pas obtenu des terres en compensation et qu'ils s'engagent à exploiter ces terres dans un délai d'un an sous peine de s'exposer à ce qu'elles soient revendues.

228 Daoud, A. (1991), Marchés tropicaux et méditerranéens, 47ème année, 5 avril 1991, n° 2369, p. 867.

229 Notamment dans l'article 53.

propriétaires. Elle conservait par ailleurs, la propriété privée sur les terres en jouissance[230].

Notons que cette loi a créé un grand nombre de litiges et de nombreux contentieux liés en particulier aux conditions de restitution des terres sous tutelle de l'État et les terres *"Arch[231]"*.
C'est la promulgation de l'ordonnance n°95-26 du 25 septembre 1995 qui vient la compléter, par la définition des conditions de la restitution des terres.

La loi n° 90-25 du 18 novembre 1990[232], a été suivie en mois de décembre de la même année, par la loi n° 90-30 du 1er décembre 1990, portant loi domaniale, qui a défini la composition du domaine national ainsi que les règles de sa constitution, de sa gestion et de contrôle de son utilisation[233].

Cette loi a été un véritable tournant dans le domaine foncier en Algérie. Elle a abrogé les dispositions de l'Ordonnance n° 74-26 du 20 février 1974 relative aux réserves foncières et vient en application de la Constitution de 1989 qui « *garantie le droit à la propriété privée et*

---

230 Belhimer, A. (1997). L'analyse politique et juridique des stratégies de gestion de la dette extérieure de l'Algérie… op, cit. p. 155.
231 À ce sujet, Daoud, Z. (1991), rappelles que « plusieurs centaines de paysans ont marché à Alger le 8 novembre 1990, contre la restitution des terres nationalisées à leurs anciens propriétaires et l'abrogation des ordonnances de 1971, d'autant que depuis 1986, des attributaires ont été expulsées par endroits par les prioritaires initiaux. Des débats ont concerné au parlement la publication de listes de 14 000 bénéficiaires de la privatisation, dont certains, a-t-il été relevé, sont d'anciens ministres, des responsables politiques, des cadres, des officiers à la retraite, des élus, des chefs de partis et qui, pour quelque uns, auraient même revendu des terres qui leurs auraient été attribuées ». Elle rajoute que « le Ministre de l'agriculture est interpellé le 09 octobre sur la cession de 100 000 hectares de terres privatisées à 5 000 « privilégiés du régime » les listes publiées avec l'assentiment du gouvernement Hamrouche dans la presse, soulèvent des cas d'attribution illégale dans toutes les régions. Il semble là qu'il y ait en arrière-plan d'énormes problèmes de pouvoir interne. Des partis, dont celui de l'ancien premier ministre Kasdi Merbah, le MADJ, protestent. Le ministre de l'intérieur clôt la polémique en annonçant que les responsables des attributions illégales seront traduits en justice mais que l'opération continue… ». Daoud, Z. (1991), Marchés tropicaux et méditerranéens… op, cit p. 868.
232 Notamment dans les articles, 75, 76, 77, 80 … 85.
233 Voir le texte intégral de cette loi en annexe.

l'indemnisation juste, équitable et préalable en matière d'expropriation pour cause d'utilité publique[234]».

L'avènement de ces lois coïncide également avec l'application du plan d'ajustement structurel en l'Algérie, qui sombre pendant ces années dans une crise politique-économique[235] sans précédent. Une crise qui a déclenché une *"décennie noire"* suite à l'interruption du processus électoral après avoir annulé les résultats des élections de décembre 1991[236].

---

234 Selon Benaissa, A. (2003). L'évolution de la propriété foncière à travers les textes et les différents modes d'accès à la propriété foncière en Algérie.
235 La faillite financière de l'État algérien qui suivi l'effondrement des prix du pétrole a poussé le chef de gouvernement de l'époque : Belaîd Abdeslam à déclencher ce qu'il appelé l'économie de guerre sans pour autant pouvoir faire face à l'accumulation des problèmes économique de la nation.
236 L'évolution du système politique algérien vers la démocratie a fait son premier pas par l'organisation des élections municipales en juin 1990. L'ex-parti unique, le Front de Libération National (FLN) a été écrasé par le succès du Front Islamique du Salut (FIS) qui a largement emporté l'épreuve. Mais l'enjeu crucial se portait sur les législatives. Le premier tour de celle-ci a eu lieu le 26 décembre 1991. Le FIS a obtenu 188 sièges sur 231, soit près de 82%, anéantissant ainsi, le FLN qui n'avait obtenu que 15 sièges. L'armée va intervenir avec force pour secourir le régime menacé. Sous la pression du commandement militaire, le président Bendjedid annonça sa démission le 11 janvier 1992. À la par conséquent, le processus électoral est immédiatement interrompu. Le pays se retrouve sous le commandement direct de l'armée. Le 14 janvier 1992, le Haut Comité d'Etat (HCE), une sorte de présidence collégiale constituée de cinq membres, se chargea de la gestion provisoire des affaires du pays. En quête d'une légitimité qui lui permettra de camoufler son forfait, par ce comité, l'armée va faire appel à Mohamed Boudiaf qui sera lâchement assassiné six mois après, lors d'une conférence des cadres du FLN qu'il tenait à l'Est de l'Algérie plongeant ainsi le pays dans une crise sans précédent.

4. L'équilibre de la balance commerciale agricole et l'offre alimentaire

En dépit de l'évolution positive des niveaux des productions, l'offre nationale n'arrivait pas à répondre à la demande locale. Avec une population de plus de 25 millions d'habitants, les résultats de l'agriculture algérienne restaient loin de répondre aux besoins. L'importante insuffisance en termes des niveaux de productions concernaient particulièrement les céréales, les légumes secs, le sucre, les huiles alimentaires ainsi que les produits laitiers.

Le recours aux importations s'imposait toujours pour faire face à une importante demande. Ainsi, l'Algérie mobilisait d'énormes ressources en devises afin d'assurer l'approvisionnement en produits alimentaires[237]. Les importations alimentaires qui ne représentaient que 17,5% des importations totales de marchandises en 1984, ont évolué avec un taux d'accroissement de 40,8% près de 5 ans plus tard. Les niveaux des importations des produits alimentaires ont évolué de la manière suivante :

Tableau (15) : Évolution des importations de produits alimentaires entre 1984 et 1989.

Année	**1984**	**1985**	**1988**	**1989**
Importations des marchandises (en tonnes)	51 257	49 491	43 427	69 201
Taux d'importation des produits alimentaires	17,5%	22,1%	24,6%	32,0%

Source : ONS (1991). Analyse de la population active en Algérie, Séries statistiques n°30.

Il est fort probable qu'un tel niveau de dépendance aux importations alimentaires, n'est qu'une conséquence de l'échec des politiques agricoles menées depuis l'indépendance. En analysant la balance alimentaire algérienne, on se rend compte de cette réalité. Il s'agit de se rendre fatalement à l'évidence que l'Algérie, était très loin d'assurer les besoins alimentaires de sa population.

237 Elles représentaient 21,4% des recettes à l'exportation en 1988, 14,8% en 1990.

Il est nécessaire de rappeler d'ailleurs, que la couverture des importations par les exportations alimentaires était fortement insignifiante (à hauteur de 3% en 1990). Le graphique (49) symbolise les parts (en %) des produits importés ainsi que la production locale dans la couverture des approvisionnements alimentaires d'après la Banque mondiale en 1991.

Graphique (49) : Parts en % des produits importés et de la production locale dans la couverture des approvisionnements alimentaire en 1991.

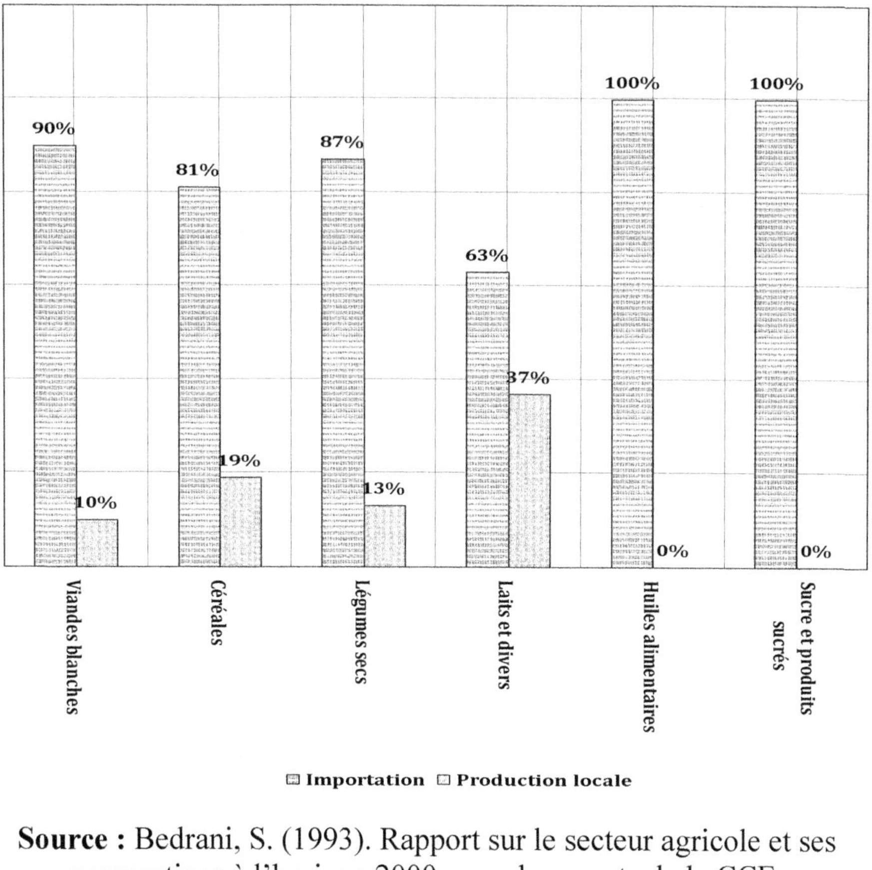

Source : Bedrani, S. (1993). Rapport sur le secteur agricole et ses perspectives à l'horizon 2000, pour le compte de la CCE.

En effet, en dépit des efforts consentis durant la décennie 1980, le fossé entre l'offre et la demande alimentaire ne cessait de se creuser et la balance commerciale agricole était plus que déstabilisée à cause du poids important des importations et les quantités insignifiants des exportations.

Ces exportations qui demeuraient considérablement insuffisantes en les comparants aux performances du passé, avant et après l'indépendance. À titre d'exemple, en 1990[238], la valeur des exportations agricoles algériennes n'excédait pas les 454 millions de Da, soit, 36,32 millions de $[239]. Le graphique (50) expose la composition des exportations agricoles en 1990 dont les principales sont le vin et les dattes, qui représentaient respectivement 46,4% et 34,5%.

Graphique (50) : Composition des exportations agricoles en 1990.

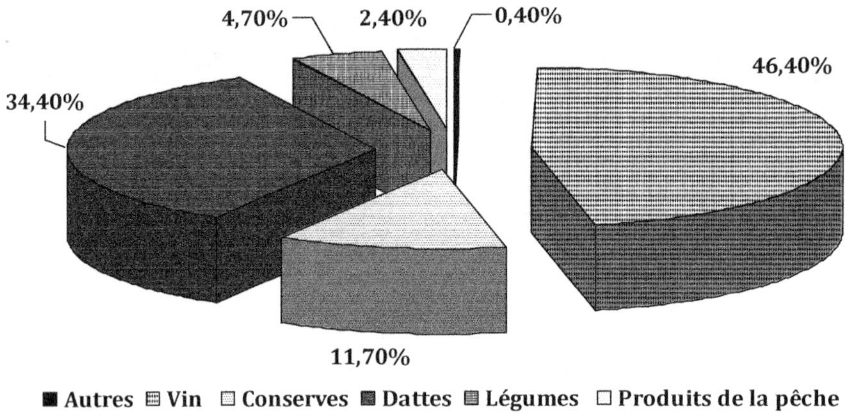

Source : ONS (1991). *Analyse de la population active en Algérie.* Séries statistiques n°30.

Ainsi, la contribution du secteur agricole dans la croissance du PIB total, demeurait malgré tout négative pour la période de 1986 à 1990. Elle fluctuait d'une manière constante selon des facteurs souvent exogènes.

Cette croissance peut être présentée comme le montre le graphique ci-dessous, où nous constatons son évolution avec un taux positif en 1987 et en 1989 et négatif pour le reste des années.

238 Durant la décennie 1990, en moyenne, 60% des ressources en devises de l'État algérien étaient consacrées au remboursement de la dette et 20% à l'importation alimentaire.
239 Montant calculé sur la base de 1$ = 12,5 Da.

5. L'application du Plan d'Ajustement Structurel (PAS), ses conséquences et la problématique de la dette

Il est clair que les instruments proposés par le FMI (Fonds Mondial International), notamment l'application du PAS (Plan d'Ajustement Structurel), résultait de la situation monétaire internationale et surtout de la crise financière mondiale survenue à la suite des chocs de l'économie mondiale dans les années 1970 qui avait accru le recours des économies des pays en développement à l'endettement massif auprès des institutions financières internationales et des pays développés[240].

Un plan d'ajustement est conçu comme un processus visant fondamentalement à instaurer une relation plus étroite et plus stable entre l'économie intérieure d'un pays et l'économie mondiale.

Ce processus prend un sens particulier dans la décennie 1980. Avec la croissance de l'endettement et l'approfondissement des déséquilibres économiques et financiers, le FMI considère ce processus comme une solution aux distorsions des politiques économiques nationales, conséquences de l'adoption de politiques inadéquates au niveau interne (prix administrés, subventions) ou au niveau externe (taux de change surévalué, protectionnisme)[241].

Avant même l'écroulement des prix des hydrocarbures, l'Algérie vivait déjà, sous la menace d'une asphyxie financière conséquence de l'enracinement de la logique d'endettement pour garantir le financement des investissements et surtout la continuité des approvisionnements dans les années 1970[242].

---

240 L'Algérie ne fait pas exception à ce sujet. Nombre important des pays en développement ont eu recours à l'endettement extérieur pour leurs financements.

241 Azoulay, G. & Dillon, J.C. (2003). La sécurité alimentaire en Afrique : manuel d'analyse et d'élaboration des stratégies…op. cit,. pp. 57-59.

242 Il est frappant de constater que l'Algérie qui était un modèle en matière l'effort de développement dans les années 1970, avec un PNB par tête nettement supérieur à celui d'un sud-coréen (430 $ pour un algérien contre 330 $ pour un sud-coréen en 1972 et 1950 $ contre 1620 $ en 1980) vivait à partir de ces années une profonde dépendance économique et alimentaire. Une dépendance amplifiée par l'accroissement de la dette extérieure, seul remède pour continuer à importer, après la chute des cours du pétrole.

Par conséquent, et suite à l'effondrement des cours des hydrocarbures (révélateur de la distorsion structurelle de l'économie rentière), l'État manquait cruellement de financements, ce qui a aggravé la crise financière, le déficit budgétaire et la crise des paiements, masqués jusqu'à là par les recettes des hydrocarbures. Le tableau (16), retrace l'évolution de la balance courante et des besoins de financements entre 1985 et 1990 (en millions de $), où nous constatons une balance courante nettement négative trois années sur quatre, de l'ordre de 2,2 milliards de $ en 1986 et un service de la dette qui a été multiplié presque par dix en cinq ans qui est passé de 1,038 milliard de $ en 1985 à 9,5 milliards de $ en 1990.

Tableau (16) : Évolution de la balance courante et des besoins de financement entre 1985 et 1990 (en milliards de dollars).

Année	**1985**	**1986**	**1987**	**1988**	**1989**
Balance courante	--------	- 2,230	141	- 2,044	- 1,081
Service de la dette	+ 1,038	5,185	5,481	6,564	7,530
Dettes dont :					
Principale	3,504	6,090	9,625	10,401	8,800
Engagements	3,179	4,609	4,684	6,492	6,825

Source : Conseil national économique et social (1998). *Les effets de l'ajustement structurel en Algérie.* p. 12.

La chute des niveaux d'investissements publics dans le pays[243] accompagnée d'un déséquilibre avéré entre une demande globale croissante et une offre tout à fait en déclin, avait enraciné l'économie algérienne dans une phase de stagnation et de récession totale et encourager l'émergence d'une économie en recours systématique à l'endettement extérieur.

243 Dès les années 1970, l'investissement public devient l'investissement principal en Algérie dont le taux a atteint les 40% (plus de 50% en 1978), en absence des investissements étrangers et de l'épargne privée pour le financement de ces investissements.

Le pays trouvait de plus en plus de difficultés à bénéficier des crédits financiers et se voyait contraint à se tourner vers les crédits commerciaux dont les frais et les commissions sont considérables et les délais de remboursements sont très courts. C'est ce qui va propulser le service de la dette d'une manière effrayante et étouffer davantage une économie déjà étiolée financièrement et déstructurée au niveau macro-économique. D'ailleurs, les résultats de cette politique ont été tout à fait manifestes et les conséquences aussitôt apparentes. Une augmentation rapide des crédits à courts termes et une aggravation du poids de l'endettement ont été observées. Le stock de la dette durant cette période évolué rapidement, passant de 18,4 milliards de $ en 1986 à 23 milliards de $ en 1987 puis 26,775 milliards de $ en 1988 et à 29,794 milliards en 1990. Le ratio du service de la dette passe de 34% en 1985 à 56,7% en 1986, 76,6% en 1988 et à 68,5% en 1990. Le graphique (51) illustre clairement l'évolution du stock de la dette, ainsi que le ratio de service de la dette de 1986 à 1990 selon les données du CNES.

Graphique (51) : Stock de dette et son ratio de service de 1986 à 1990.

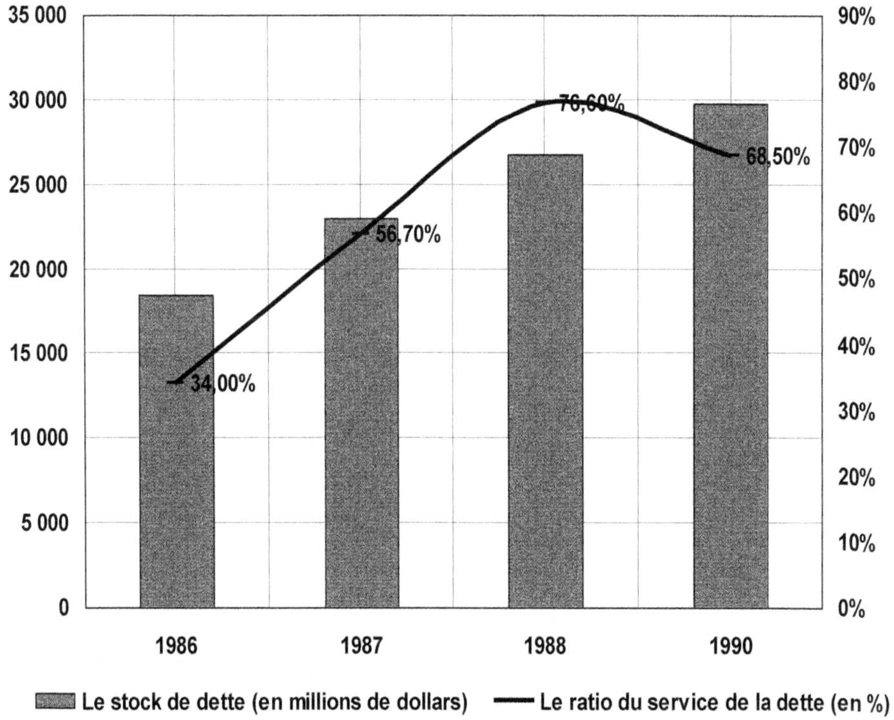

Source : Conseil national économique et social (1998). p. 29.

La dévaluation de la monnaie visant à décourager les importations et à encourager les exportations s'accélérait rapidement. De 5 Da pour 1 $ en 1985 à 23,5 DA en 1993 à plus de 36 DA un an après. La valeur de dinar (longtemps au taux de change fixe durant les trois premières décennies d'indépendance), devenu flottant, a été divisée par 7 en moins de dix ans, comme nous le constatons à travers le graphique (52) qui retrace l'évolution de taux de change DA/$ de 1985 à 1994.

L'analyse de l'économie algérienne depuis l'indépendance, montre une forte dépendance de ses mécanismes à la rente pétrolière. Une équation facile à appréhender lorsqu'on constate que cette économie est extrêmement rentière, dont les finances sont essentiellement liées aux revenus pétroliers. Ces revenus n'agissaient pas comme facteur déterminant de la politique interne du pays uniquement. Ils concernaient autant les comportements des acteurs économiques qui intervenaient directement ou indirectement dans la vie économique (voire politique) du pays.

Graphique (52) : Évolution de taux de change DA/$ de 1985 à 1994.

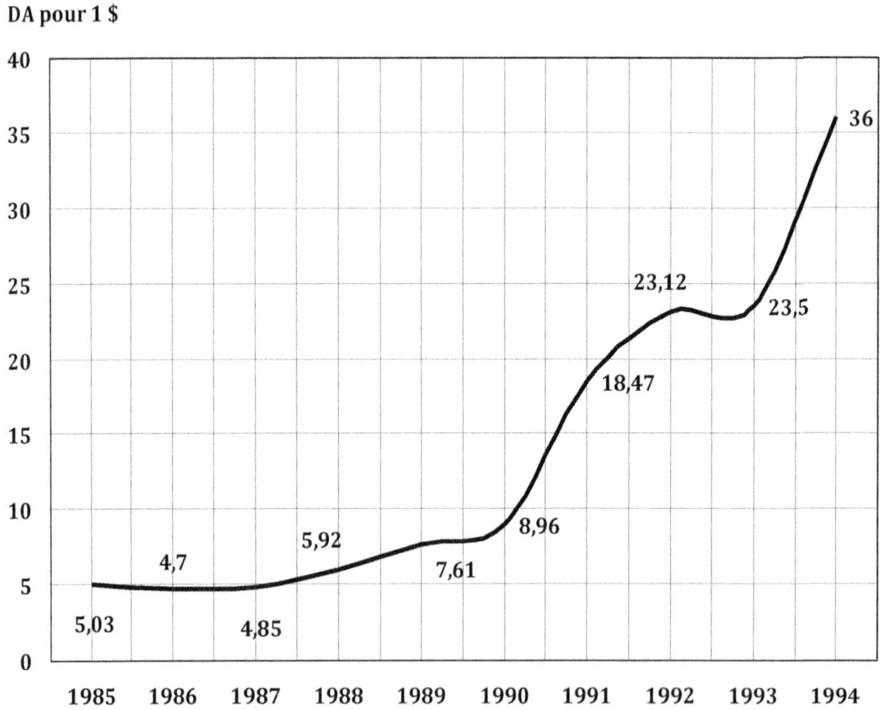

Source : Khader, B. (1995).Alternatives Sud, p. 62.

En effet, même pour l'endettement, l'Algérie était tributaire de sa rente pétrolière. La preuve est qu'à la chute des prix des hydrocarbures, le comportement des États créanciers et des milieux financiers a tout à fait changé à l'égard du pays. Poussés par une méfiance et une crainte grandissante pour leurs capitaux, ils ont limité les offres financières au profit de l'Algérie, abondantes auparavant.

Poussée par la disette financière, plongée dans une crise de paiements qui serrait sérieusement ses capacités de financement et d'importation, l'Algérie optait pour un programme draconien adapté aux exigences de la situation. Le pays acquiesçait une rigoureuse politique dont le but était d'éviter le recours au rééchelonnement de ses dettes, perçu comme une ingérence dans sa politique. « *[...] c'est une perte de souveraineté, au profit d'une institution internationale, considérée jusque-là comme un "gendarme" au service des puissants*[244]».

Après plusieurs années de réticence et de tentation d'échapper au programme de rééchelonnement de ses dettes, l'Algérie acceptait le principe et s'engage dans le processus d'ajustement structurel dès avril 1994[245]. Ce processus comportait deux volets : stabilisation et ajustement.

La phase de stabilisation en réalité était juste une phase préalable[246] qui visait à corriger les dysfonctionnements macro-économiques à juguler le déséquilibre de la balance des paiements et le déficit des finances publiques. Elle a été mise en œuvre avec l'application de 1er accord "stand-by" entre mai 1989 et mai 1990.

Le processus d'ajustement structurel appliqué en Algérie, comme tout ailleurs, a eu comme objectif la réalisation de grands équilibres macroéconomiques, la réduction du rôle de l'État dans l'activité

244 Conseil national économique et social (1998). Les effets de l'ajustement structurel en Algérie. Commission des perspectives de développement économique. p.12.
245 En fait, le premier accord de stabilisation (stand-by) de l'Algérie avec le FMI remonte à 1989, il sera suivait d'un autre accord de confirmation en 1991 mais qui ne sera pas respecté par le gouvernement algérien de point de vue économique et du renforcement de l'économie du marché.
246 En effet, c'est une étape de préparation de terrain qui s'appuie sur les instruments des politiques monétaires et budgétaires.

économique, la transformation des structures économiques, l'intégration de l'économie nationale dans l'économie du marché, ainsi que l'autonomie des entreprises publiques.

Le but de cette manœuvre était d'affaiblir la demande intérieure, de diminuer les importations, d'accroître les exportations pour pouvoir dégager un solde commercial positif, qui devraient alimenter la trésorerie de l'État, et qui servirait en suite au remboursement de la dette et son service.

Graphique (53) : Contribution du secteur agricole à la croissance de PIB total.

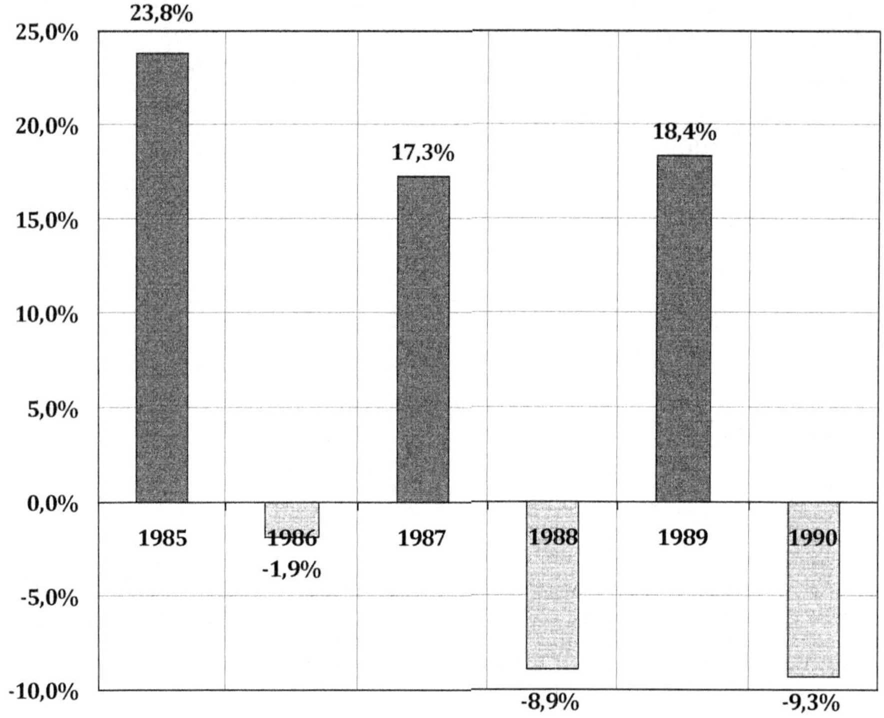

Source : Conseil national économique et social (1999). *Problématique de développement agricole en Algérie : éléments pour un débat national.* Commission des perspectives de développement économique et social, 14ème session.

Schéma (2) : Processus d'ajustement structurel et ses effets escomptés.

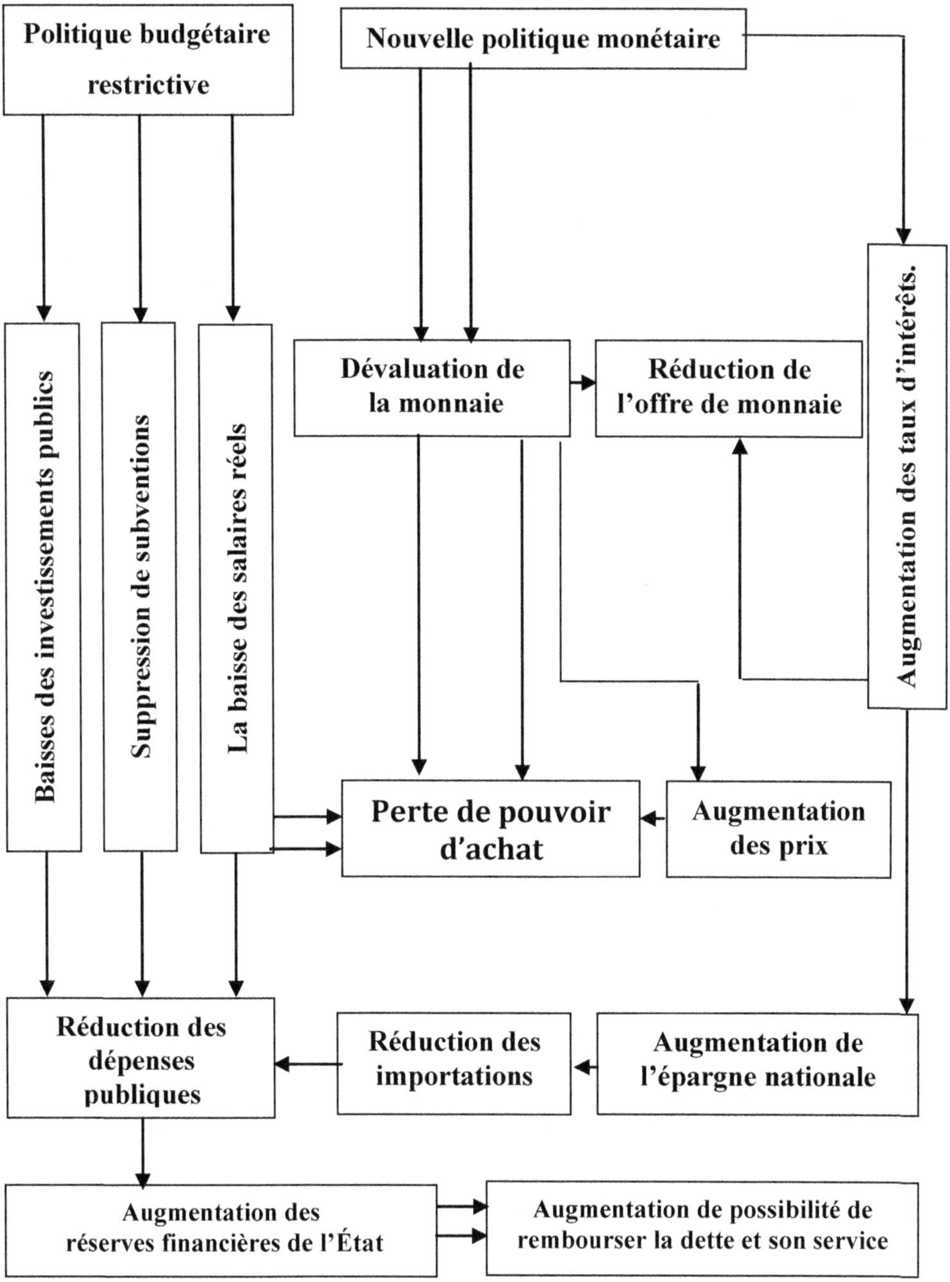

En 1994, dans une conjoncture marquée par la rareté des devises, forcée par la situation précaire de ses finances, dans un souci de reconquérir une solvabilité financière en toute urgence[247], l'Algérie rentrait dans la phase formelle d'un ajustement structurel avec tout ce que cela impliquait de conséquences économiques et sociales[248].

En dépit des efforts réalisés en termes de restriction des dépenses (selon les statistiques du CNES, les dépenses d'investissements directs (budgets d'équipements) et indirects (avances et prêts du Trésor) passaient de 28,2% du PIB en 1985 à 19% en 1988 pour terminer à 8% en 1991) et malgré l'augmentation des recettes des hydrocarbures due à la hausse des prix du pétrole (notamment après la 1ère Guerre du Golfe) les besoins de financements n'ont pas été endigués. Le tableau (17) et les graphiques (54) et (55) permettent de saisir, l'ampleur de la suffocation financière dont l'Algérie se retrouvait à la veille de la signature du premier accord de rééchelonnement de la dette.

Tableau (17) : Contraintes extérieures en Algérie (milliards de $).

	1991	**1992**	**1993**	**1994**
Balance des paiements courants	2,39	1,3	1,01	-2,08
Remboursements de Dettes MLT	-7,22	-7,01	-7,36	-6,71
Besoins de financement global	-4,83	-5,71	-6,35	-8,79
Tirages / crédits liés	6,3	6,91	6,06	2,9
Variations de CT et ajustement	-0,55	-1,31	-0,09	-0,28
Investissements directs nets	-0,08	-	-	0,1
Besoins de financement résiduel	0,84	-0,11	-0,38	-6,07
Utilisation/ reconstitution des réserves	-0,84	0,11	0,38	-0,45
Besoins totaux	0	0	0	-6,52

Source : Conseil national économique et social (1998). *Les effets de l'ajustement structurel en Algérie.* p. 43.

247 Cela malgré l'évolution positive des recettes budgétaires qui ont augmenté de 43% entre 1988 et 1991, due essentiellement à l'augmentation des recettes de fiscalité pétrolière.

248 D'après le chef du gouvernement Belaïd Abdesselam, l'enjeu n'a jamais été vraiment de rétablir la solvabilité de l'Algérie mais de profiter de la crise des paiements pour modifier son type d'insertion dans le marché mondial.

Graphique (54) : La balance des paiements courants de 1991 à 1994.

En Milliards de $

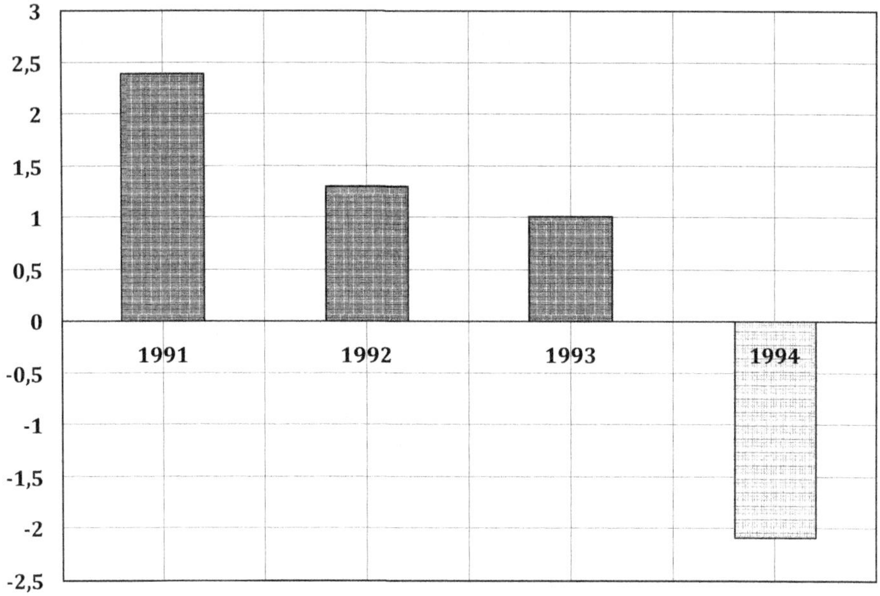

Graphique (55) : Évolution des besoins de financements globaux.

En Milliards de $

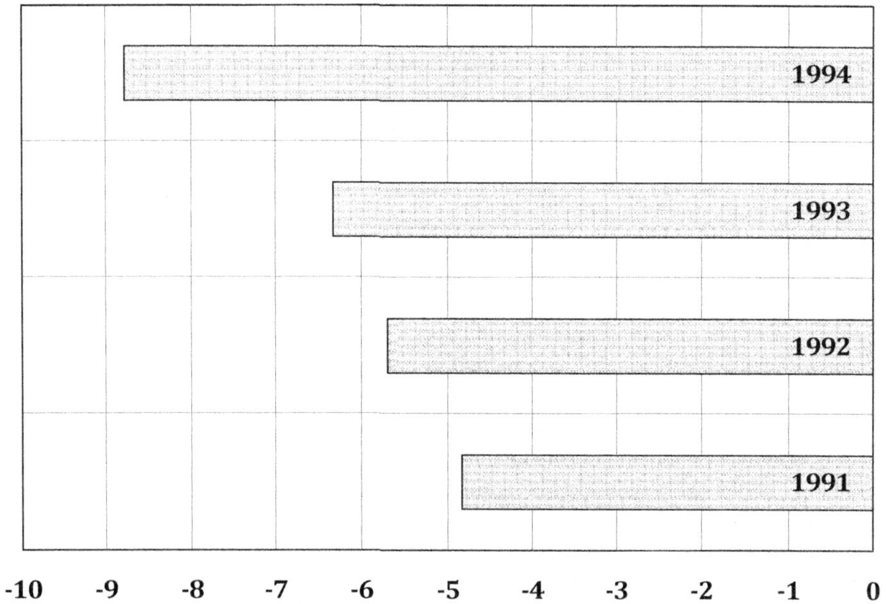

Source : Conseil national économique et social (1998), pp. 47-48.

À partir de 1994, suite au rééchelonnement entrepris avec le Club de Paris et le Club de Londres[249], l'Algérie subissait sans trop tarder les contraintes funestes d'une pareille procédure[250].

Alors qu'on enregistrait une nette amélioration des principaux indicateurs de l'endettement extérieur de l'Algérie, le niveau de la dette ne cessait d'augmenter dans les premières années qui suivaient le rééchelonnement, notamment celle de la dette à long terme qui représentait la part la plus importante du total.

L'encours de la dette extérieure augmentait comme conséquence du sa non liquidation à temps, tel qu'il est illustré dans le tableau (18) et le graphique (56).D'après les données de la Banque d'Algérie, le stock de la dette augmentait à partir de 1994, avant d'accuser une relative régression à partir de 1998 pour atteindre les 28,315 milliards de $ en 1999. En revanche, le ratio dette/PIB a enregistré une baisse de 11 points en 1999 par rapport à 1994 (69,9% en 1994 à 59,9% en 1999).

Une baisse significative du ratio du service de la dette est observée suite à l'augmentation substantielle des recettes à l'exportation des hydrocarbures. Le ratio de la dette atteignait les 39,05% en 1999 après qu'il avoisinait les 86,2% en 1993 avant l'échelonnement. Le service de la dette quant à lui a connu une certaine stabilisation à la fin de période, après une diminution qui l'a amené de 9,05 milliards de $ à près de 5 milliards de $ en 1999.

249 Le Club de Paris rassemble les principaux créanciers publics de l'Algérie : France, les États-Unis d'Amérique, le Canada, le Japon, l'Italie et l'Allemagne. Le Club de Londres est un groupe informel de créanciers bancaires privés.

250 Pourtant, le chef du gouvernement algérien à cette époque, Monsieur Belaîd Abdesselam indique dans son dernier livre, que l'Algérie avait encore le choix durant cette année de recourir ou pas rééchelonnement de ses dettes. selon lui des problèmes d'ordre ''politique'' et la mauvaise conjecture, l'ont empêché d'appliquer son programme économique appelé « économie de guerre » basé essentiellement sur la rigueur des dépenses publiques, la compression des importations, la reprise de commerce administré, ainsi que le rejet de la dévaluation monétaire considérée comme un danger certain pour un pays dont les importations des biens de consommation représentaient plus de 25%.

Tableau 18 : Service de la dette entre 1993 et 1999 (en milliards de $).

	1993	1994	1995	1996	1997	1998	1999
Principal	7,15	3,13	2,474	2,025	2,354	3,202	3,397
Intérêts	1,9	1,39	1,77	2,256	2,111	1,978	1,719
Total	9,05	4,52	4,244	4,281	4,465	5,18	5,116

Source : Conseil national économique et social (1998), p. 48.

Graphique (56) : Encours de la dette totale algérienne entre 1993 et 1999.

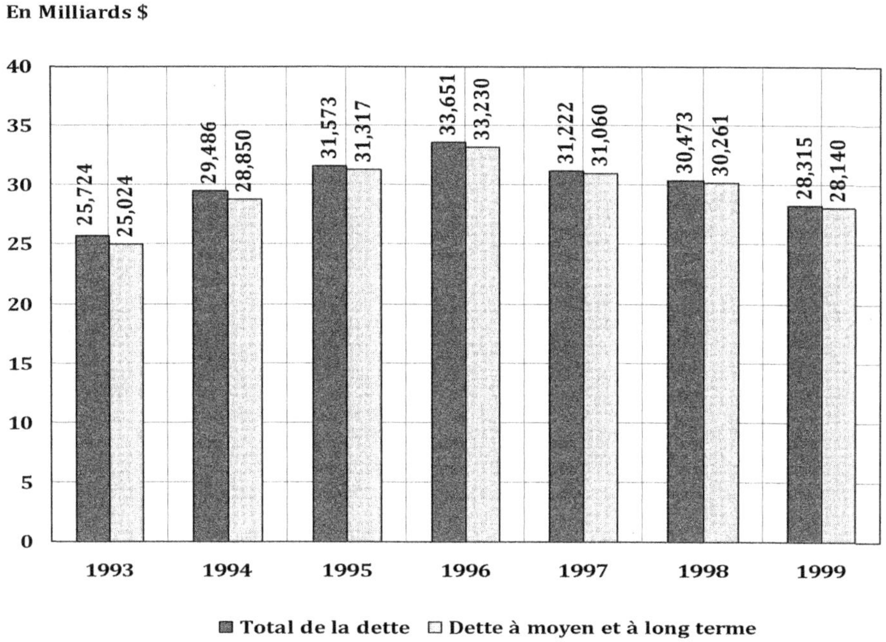

Tableau (19) : Évolution des principaux indicateurs de l'endettement extérieur de l'Algérie entre 1993 et 1999 (en %).

	1993	1994	1995	1996	1997	1998	1999
Encours de la dette En % du PIB	52,10	69,90	76,10	73,50	66,40	64,80	58,90
Encours de la dette/ recettes d'exportations	2,34	3,07	2,85	2,43	2,12	2,80	2,15
Service de la dette en % des exportations	82,20	47,10	38,80	30,90	30,30	47,50	39,05

Source : Conseil national économique et social (1998). *Les effets de l'ajustement structurel en Algérie, op. cit., p. 46.*

5. 1. L'évolution de l'économie algérienne depuis l'application du plan d'ajustement structurel

En dépit des bouleversements qui ont marqué l'économie algérienne depuis le recours des autorités au plan d'ajustement structurel et même avant[251], le redressement de la situation ne s'est malheureusement pas déroulé comme était prévu. Les prouesses de l'économie n'étaient guère performantes, perpétuant ainsi l'économie du pays dans une vulnérabilité appuyée. *« En termes économiques et sociaux, la thérapie d'ajustement du choc est loin d'être performante, le processus d'ajustement imposant un coût transitionnel à l'indispensable réallocation des ressources[252]».*

C'est à partir de 1998, après le redressement inattendu des cours des hydrocarbures[253] que la situation économique commençait à se stabiliser, démontrant une fois de plus, la faiblesse structurelle et l'extrême fragilité d'une économie mono-exportatrice, mais aussi, les risques liés à des facteurs souvent exogènes et absolument incontrôlables, concernant notamment la parité de la monnaie locale par rapport au $, l'effet de sa dépréciation, ainsi que l'instabilité des marchés internationaux de l'énergie.

Après ces réformes, nous enregistrons une décrépitude notable des investissements publics directs dans l'économie algérienne, qui voyait tous ses secteurs productifs en phase de décroissance incessante. En effet, hormis le secteur des hydrocarbures dans lequel l'État injectait de colossaux capitaux, les autres secteurs enduraient des déséquilibres

---

251 Notamment, la loi d'avril 1990 sur la monnaie et le crédit qui visait à lever la tutelle de l'État sur le système bancaire et la loi de 1991 sur les hydrocarbures qui autorise l'exploration pétrolière par les entreprises étrangère.
252 Benissad, M, E. (2004). Algérie : de la planification socialiste à l'économie de marché. Alger, ENAG, p. 201.
253 À cette époque, le prix du pétrole est passé de 25 $ le baril au début de janvier 1997 à 9,5 $ le baril en décembre 1998 soit une division par 2,6. En moyenne annuelle, ce prix était de 19,1 $ le baril en 1997 est tombé à 12,8 $ le baril en 1998, soit une réduction de 33%. Il est passé ensuite de 9,5 $ le baril en décembre 1998 à 37,4 $ le baril en septembre 2000, soit une multiplication par 3,9. En moyenne annuelle, il a été porté de 12,8 $ le baril en 1998 à 17,9 $ le baril en 1999, puis à 28,4 $ le baril en 2000 ; soit deux augmentations successives de 40 et 59%. D'après les statistiques de Maurice, J. (2001). Prix du pétrole. Paris, la documentation française, p. 13.

financiers profonds et souffraient de lacunes d'une gestion budgétaire archaïque, en particulier dans l'industrie qui bénéficiait d'énormes investissements et de gros budgets dans le passé.

L'analyse de l'évolution de la croissance de l'économie algérienne, pendant la période post PAS, nous conduit à établir le graphique suivant :

Cette crise économique accompagnée par l'absence de création de nouveaux emplois, s'est traduite par un niveau inquiétant du chômage. Les différentes restructurations des sociétés nationales et le grand nombre de dissolution d'entreprises publiques contribuaient considérablement à l'aggravation du phénomène du chômage. Des licenciements massifs de salariés d'entreprises étatiques ont été enregistrés à cette période, induisant la perte de plus de 360 000 postes d'emplois entre 1994 et 1998.

Graphique (57) : Taux de croissance de l'économie de 1994 à 1999 (en %).

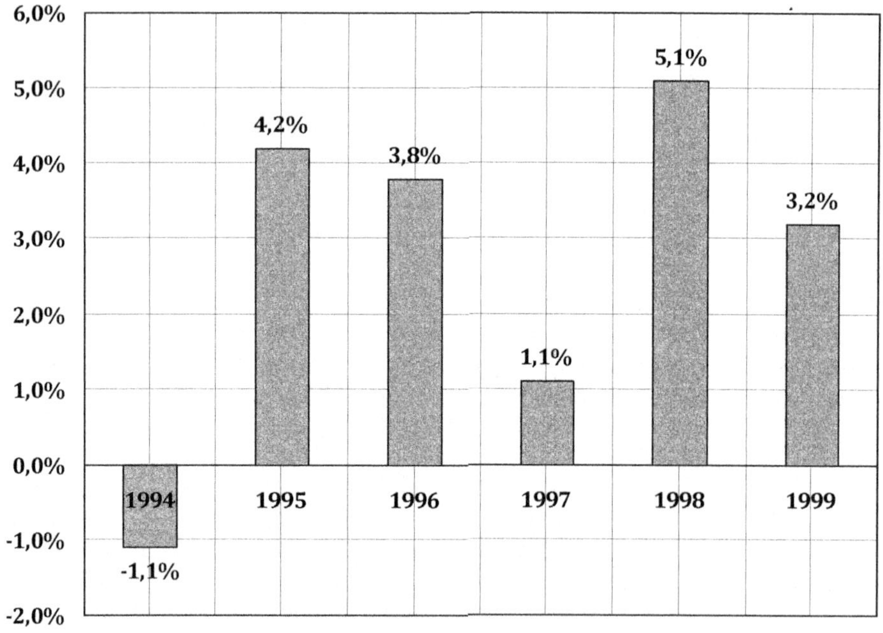

Source : Conseil national économique et social (1998). *Les effets de l'ajustement structurel en Algérie.* p. 56.

Avec plus d'un quart de million de demandeurs d'emplois supplémentaires par an, le niveau du chômage, à la base à un taux très élevé, ne cessait d'augmenter. Selon les données du FMI, le chômage qui touchait 32% de la population active en 1994 a atteint le taux de 39% un an après et s'est maintenu à ce niveau jusqu'à la fin du rééchelonnement des dettes[254].

Ce manque d'emplois s'accompagnait d'une paupérisation des classes moyennes et d'appauvrissement des masses populaires. Nous enregistrons un déclin significatif et une précarité du niveau de vie, ainsi qu'une énorme érosion de pouvoir d'achat du citoyen algérien au long de cette période.

Cela est dû essentiellement à la cherté de la vie, à la hausse vertigineuse des prix des produits alimentaires de base, résultat de l'accélération importante du taux d'inflation (16,9% en 1990, 21,8% en 1991, 24,2% en 1992 et 26,5% en 1993[255]), mais surtout dû à la suppression des subventions importantes dont bénéficiaient les denrées alimentaires auparavant à partir de 1988.

Dénuées des subventions dont elles jouissaient dans le passé, qui maintenaient leurs prix à un niveau stable et accessible, les denrées alimentaires ont vu leur prix augmenter d'une manière excessive et parfois même brutale. Celle-ci a affecté les prix de tous les produits alimentaires, avec une certaine relativité, notamment pour les produits essentiels : pain, farine, lait.

---

254 D'après les données officielles, ce taux de chômage serait de 24% en 1993, 24,4% en 1994, 28,1% en 1995 et près de 29,2% en 1997.

255 Extrait des chiffres de Taîbouni, A. (1995). Réformes économiques et ajustement structurel en Algérie,... op. cit., p.92.

Le graphique (58) retrace l'augmentation permanente des prix des denrées alimentaires (près de 600% d'augmentation en 8 ans), à l'image des autres produits de base non alimentaires (médicaments, services sociaux, ...etc.).

Graphique (58) : Taux de hausse des prix de produits alimentaires de 1990 à 1998[256].

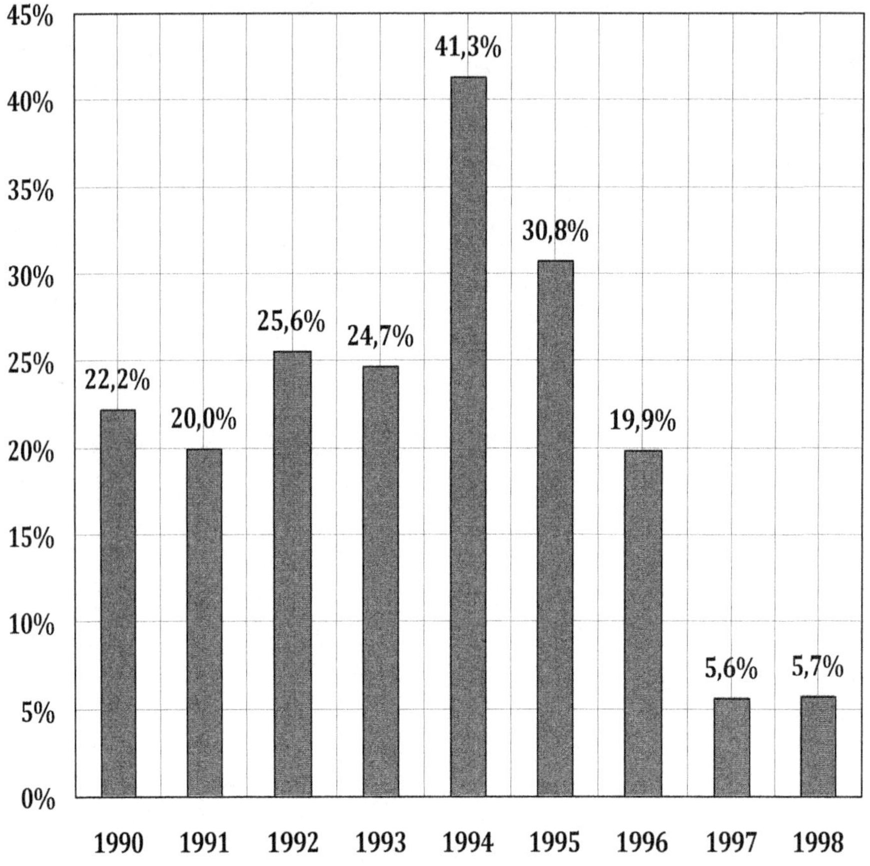

Source : Benissad, H. (2004). *L'Algérie, de la planification socialiste à l'économie du marché... op. cit.*, p. 204.

256 Calculés sur la base d'évolution moyenne des prix de quelques denrées essentielles.

Le graphique (59) retrace la hausse gigantesque des prix de quelques produits essentiels dans l'alimentation algérienne. Le prix de l'huile par exemple a été multiplié par 16, celui du café par 9, le beurre par 15, le sucre par 12 en moins de 10 ans. Les prix sont donnés en dinars par kg, sauf pour l'huile en dinars par litre.

Graphique (59) : Hausse des prix de quelques produits alimentaires (1985-1994).

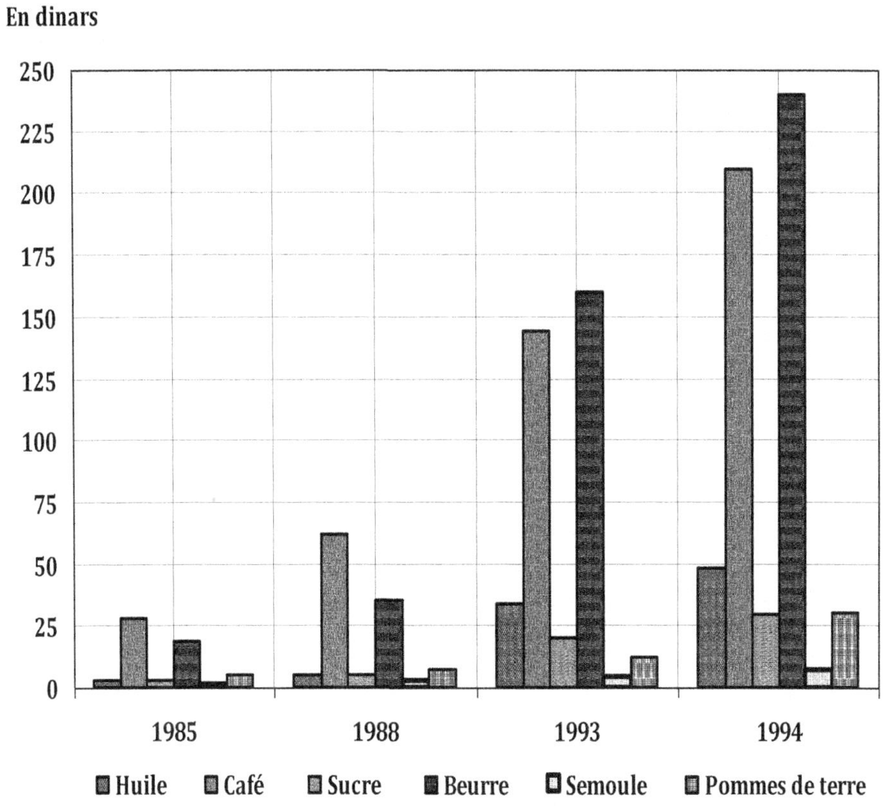

Source : Khader, B. (1995). *L'ajustement structurel au Maghreb.* Alternatives Sud, p. 102.

Cette flambée des prix accompagnée d'une insuffisance d'offre de alimentaire sur le marché national, s'est conjuguait par une augmentation du nombre des personnes qui souffraient d'une pauvreté alimentaire (autrement dit, une insécurité alimentaire) dont le nombre, dépassait les 2,6 millions dont plus des deux tiers dans les zones rurales.

L'analyse des données d'une enquête conjointe de la Banque mondiale et de l'office national des statistiques sur les seuils de pauvreté en 1995, révélait une concentration de cette pauvreté dans les milieux ruraux. Ce taux élevé de pauvreté dans ces régions s'explique essentiellement par la faible diversification des sources de revenus et par les contraintes qui pèsent sur l'agriculture et l'élevage, qui sont les deux principales sources d'emploi rural. Cette pauvreté de masse qui affectait une grande partie des 1,8 millions des ménages ruraux[257] regroupait plus de 70% de l'ensemble des pauvres algériens. En 1995, 19,3% de cette population rurale vivait au-dessous du seuil de pauvreté absolue, soit plus de 2,7 millions de personnes, pour un taux national de 12,2% la même année[258]. Le graphique (60) illustre l'indice de la pauvreté alimentaire[259] et la pauvreté globale[260] entre les zones rurales et les zones urbaines en 1995.

Graphique 60 : Indice de pauvreté alimentaire et de pauvreté globale.

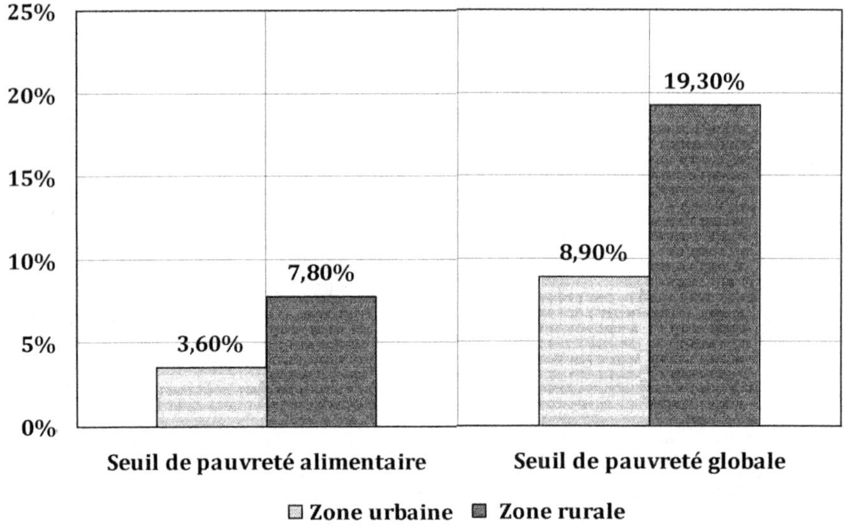

Source : Enquête de l'ONS : LSMS, 1995.

---

257 Benachenhou, A. (2004). L'Algérie, la modernisation maîtrisée. Paris, p. 121.
258 Soit un total de 4 millions d'habitants qui vivaient au-dessus du seuil de pauvreté.
259 Le seuil de pauvreté alimentaire est exprimé en termes monétaires, sur la base des prix d'un panier de biens alimentaires qui procure un minimum de 2100 calories par personne/jour.
260 Le seuil de pauvreté globale intègre des besoins non-alimentaires en plus des besoins signalés.

5. 2. Les effets de l'application du plan d'ajustement structurel sur la politique agricole

En Algérie, à l'application du premier accord de stabilisation, conclu et signé avec le FMI en début d'avril 1994 et qui couvrait la période du premier avril 1994 au 31 mars 1995[261], le pays avait pratiquement déjà achevé son plan d'ajustement structurel dans sa politique agricole par les différents processus engagés pour la libéralisation du secteur. En effet, comme nous l'avons souligné, la demande du secteur agricole a été freinée avant même l'application du plan d'ajustement structurel, par l'augmentation brutale des prix des intrants et par la cherté des équipements agricoles.

Depuis la chute des cours des hydrocarbures au milieu de l'année 1986, le gouvernement algérien avait mobilisé ses ressources en devises afin d'importer des biens de consommation de large demande locale pour pouvoir répondre et stopper la flamber des prix[262] de ces produits. En revanche, et pour les mêmes raisons, on assiste à un délaissement de l'importation des biens d'équipements et des fournitures nécessaires au fonctionnement des entreprises industrielles, jugées moins importantes. Le même sort été réservé aux achats des équipements et du matériel agricole au détriment du secteur. C'est donc la poursuite d'une forte marginalisation d'un secteur économique vital qui continue à subir l'inaptitude et l'inefficience d'une stratégie économique erronée, hasardeuse et souvent désordonnée. L'absence de ces équipements, la suppression des subventions et des garanties des débouchés comme dans le passé, ont privé les entreprises à caractère industriel notamment, d'assurer un fonctionnement correcte et maintenir une production normale. Une

261 L'un des premiers effets directs de l'application de cet accord, était la dévaluation de la monnaie de plus de 50%.

262 Ces importations "d'urgence" ont concerné particulièrement les produits alimentaires de grande nécessité (céréales, huiles, sucres, ... etc.) et les médicaments afin de calmer et maîtriser la situation sociale explosive après les événements d'octobre 1988 où le malaise social s'exprimait par une révolte généralisée. Des jeunes manifestants sont sortis dans les rues des villes algériennes pillant et incendiant tous les biens publics, en criant haut et fort "Chadli assassin". Les confrontations avec les forces de l'ordre ont fait des milliers de victimes. Pour tenter de redorer son blason, le pouvoir algérien a consenti une ouverture politique mettant fin à l'ère du parti unique. Cette décision n'était pas le fruit d'une vraie volonté de planter la démocratie, juste une réaction face à ces troubles.

situation qui a influencé négativement la productivité de ces dernières, qui se retrouvaient enfoncées dans des crises aigues. Par conséquence, les agriculteurs voyaient leurs coûts d'exploitation de plus en plus difficiles à couvrir et leurs situations s'altéraient de pire en pire.

De manière générale, l'application du programme du PAS s'est accompagnée d'un enfoncement incessant du secteur agricole dans la crise. Comme tout autre secteur d'une économie soumise à des contraintes du financement, l'agriculture n'a pas échappé à la règle. Nous enregistrons des modifications dans les stratégies agricoles et un déclin notable des investissements, notamment les investissements publics par rapport à la période précédente, suite aux vigoureuses restrictions budgétaires imposées par le FMI.

La première analyse des statistiques disponibles concernant les montants d'investissements pendant cette période, montre une baisse significative après l'application du PAS où l'investissement agricole atteignait son plus bas niveau depuis l'indépendance (4 milliards de DA en 1993)[263]. À la lumière du tableau (20), nous constatons que la moyenne de l'investissement, de l'ordre de 9 milliards de Da pour la période entre 1986 et 1990[264] a remarquablement baissé, et nous pouvons clairement distinguer cette baisse du niveau d'investissement qui s'est redressé à la fin du rééchelonnement.

Tableau (20) : Structures des investissements agricoles entre 1986 et 1998 (en milliards de dinar nominal).

Moyennes	**1986-1990**	**1991-1994**	**1995-1998**
Agriculture et hydraulique	9,09	7,6	10

Source :*Bessaoud, O. (2003). L'agriculture algérienne des révolutions agraires aux réformes libérales (1963-2002)*, p. 98.

263 La prise en compte de la dévaluation de dinar, laisse apparaître le décalage énorme et la détérioration symptomatique des niveaux d'investissement dans le secteur agricole en Algérie.
264 La moyenne de 1986-1990 est calculée à partir de statistiques de l'ONS cités dans la revue N° 26.

Toutefois, ce manque d'investissement a été comblé par le recours de l'État à des politiques de soutiens et d'aides (souvent implicites et indirectes) aux bénéfices des agriculteurs à travers les différents fonds de garanties, la bonification des taux d'intérêt, ainsi que l'allégement de l'imposition directe.

À travers des dotations de son budget, l'État avait songé à aider les agriculteurs par le biais de la création de plusieurs fonds[265] de subventions, dont le but essentiel était de substituer les aides directs par des soutiens indirectes au profit des producteurs.

Par la création du fonds de garantie des prix à la production agricole et le fonds des calamités agricoles[266], l'État algérien voulait accroître davantage son appui au secteur, particulièrement après la suppression totale de subventions destinées à l'acquisition des facteurs de production.

Une autre mesure qui visait l'aide à la production, concernait la forte réduction des taux d'intérêt des prêts destinés aux agriculteurs. Ces taux d'intérêt ont passé d'un taux situant entre 20% et 22%, au taux de 8% pour les crédits à court terme, 6% pour les crédits à moyen terme et 5% pour le long terme[267].

Outre ces aides, les agriculteurs bénéficiaient d'un adoucissement fiscal. Après avoir été exonérés de 1973 à 1985 du paiement des impôts, les agriculteurs ne payaient que la Contribution Unique Agricole (CUA) qui représentait 4% de la différence entre les gains et les charges des agriculteurs, sauf dans le cas où la différence serait inférieure ou égale à 60 000 dinars[268].

---

265 l'État avait déjà crée le Fonds de Développement Agricole en 1988. Un organisme qui faisait appel à la contribution financière de ses bénéficiaires et qui attribue des subventions aux agriculteurs sur budget de l'État.
266 Le fonds des calamités agricoles bénéficiait depuis sa création en 1989 par exemple d'un montant de 498,67 millions de Da par an au profit des agriculteurs pour faire face aux aléas de climat.
267 Bedrani, S., Boukhari, N., Djennane, A. (1997). « Éléments d'analyse des politiques de prix, de subvention et de fiscalité sur l'agriculture en Algérie ». Cahiers Options Méditerranéennes. Série. B, n° 11.
268 Padilla, M., Delpech, F., Le Bihan, G., Maire, B., (1995). Les politiques alimentaires en Afrique du nord. Paris, éditions Karthala, p. 116.

Il y a lieu de noter qu'avec la suppression des subventions allouées à l'achat des intrants et du matériel agricole et la libéralisation de leur marché, le secteur agricole a enregistré un accroissement important des prix des intrants et la demande de ces derniers a connu une baisse substantielle. En effet, les subventions aux intrants qui avoisinaient les 900 millions de Da en 1985 ont été supprimées à partir de 1993. En revanche, les aides à l'achat du matériel agricole ont été retirées dès la fin des années 1980.

L'Algérie qui fournissait à ses agriculteurs un effort important pour accentuer l'utilisation des engrais dans l'activité de production dans les années 1970, se retrouvait au même niveau d'utilisation que celui des premières années de l'indépendance, bien loin, derrière ses voisins du bassin méditerranéen.

D'après les données de la FAO et selon la moyenne mondiale, la consommation d'éléments fertilisants devrait se situer à hauteur de 850 000 tonnes par an. Celle-ci n'a pas dépassé le seuil de 100 000 tonnes[269] au total (d'après les statistiques du CNES, la consommation des engrais en Algérie était de 25 kg par hectare au début des années 1980, 12 kg/ha au début des années 1990, 6 kg/ha en 1996). À la lumière du graphique (61), nous constatons cette versatilité et cette dégradation dans l'utilisation des fertilisants essentiels dans l'agriculture algérienne entre 1987 et 1998.

---

269 FAO (2005). Rapport sur l'utilisation des engrais par culture en Algérie,... op. cit,. p. 27.

Graphique (61) : Utilisation de fertilisants entre 1987 et 1998.

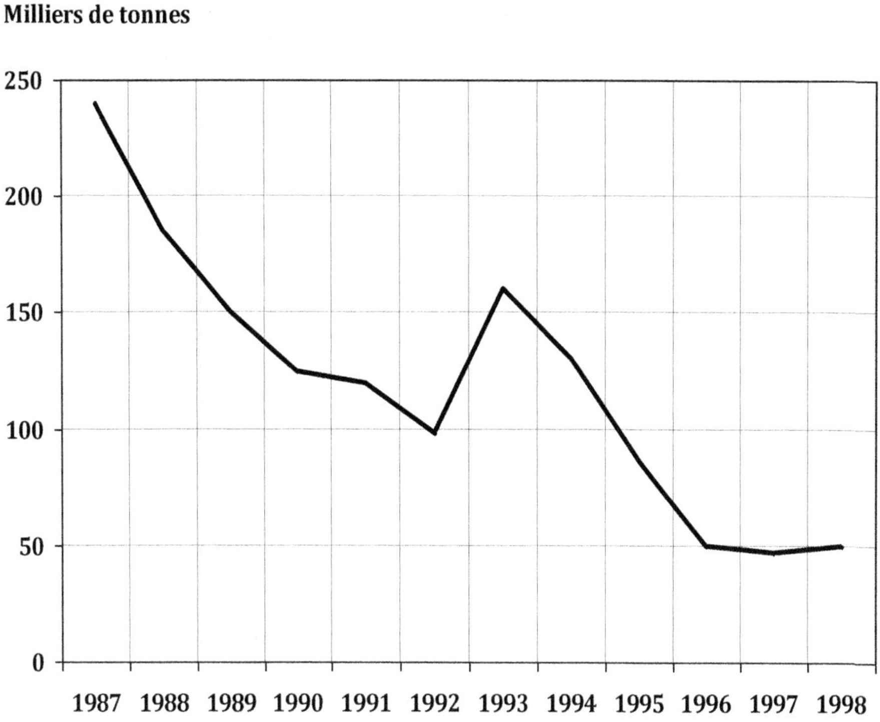

Source : FAO (2005). Rapport sur l'utilisation des engrais, p. 27.

Il est clair que la baisse incessante de l'utilisation des engrais, était due essentiellement à l'augmentation des prix qui ont été multipliés par 10 en peu de temps. Une augmentation pharamineuse des prix en 1993 par rapport à ceux de début des années 1980, comme nous le constatons nettement à partir de l'analyse du graphique (62), qui expose les variations des prix de quelques engrais essentiels (nitrate d'ammonium, TSP, NPK et PK) entre 1981 et 1993.

Parallèlement, l'amplification des prix d'engrais, le matériel agricole qui bénéficiait dans le temps d'importantes subventions a vu ses prix remarquablement alourdis.

L'examen des données statistiques disponibles[270], concernant l'évolution des prix du matériel agricole, laisse apparaître un accroissement important de ces derniers, notamment, pour les tracteurs, dont l'indice des prix a triplé en moins de 6 ans (Cf. graph. 62) qui expose l'évolution de l'indice (base 100 = 1980) des prix (en dinars constants de 1989) du matériel agricole.

Graphique (62) : Évolution des prix des engrais entre 1981 et 1993.

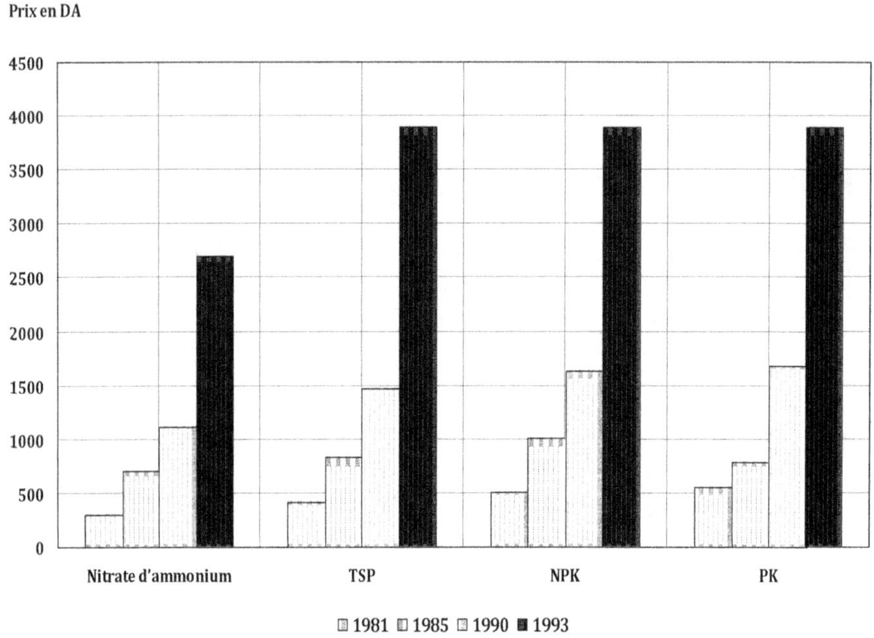

Source :FAO (2005). Rapport sur l'utilisation des engrais,p. 41.

La hausse des prix accompagnée de la pénurie du matériel agricole ont augmenté sensiblement les difficultés des cultivateurs et surchargé davantage les coûts d'exploitations déjà pesantes. Une situation qui a affaibli le recours à la mécanisation et a réduit les possibilités de renouvellement du matériel agricole. La preuve en est la stagnation du parc de matériel agricole qui comptait selon la FAO, près de 91400 tracteurs en 1990, 91200 en 1995, 92900 en 1998, 9000 moissonneuses-batteuses en 1992, 9200 en 1999 comme nous le constatons à travers le graphique (63).

270 Bedrani, S., Boukhari, N., Djennane, A. (1997). « Éléments d'analyse des politiques de prix, de subvention et de fiscalité sur l'agriculture en Algérie »., op, cit. p. 149.

Graphique (63) : Évolution de l'indice des prix du matériel agricole entre 1989 et 1990.

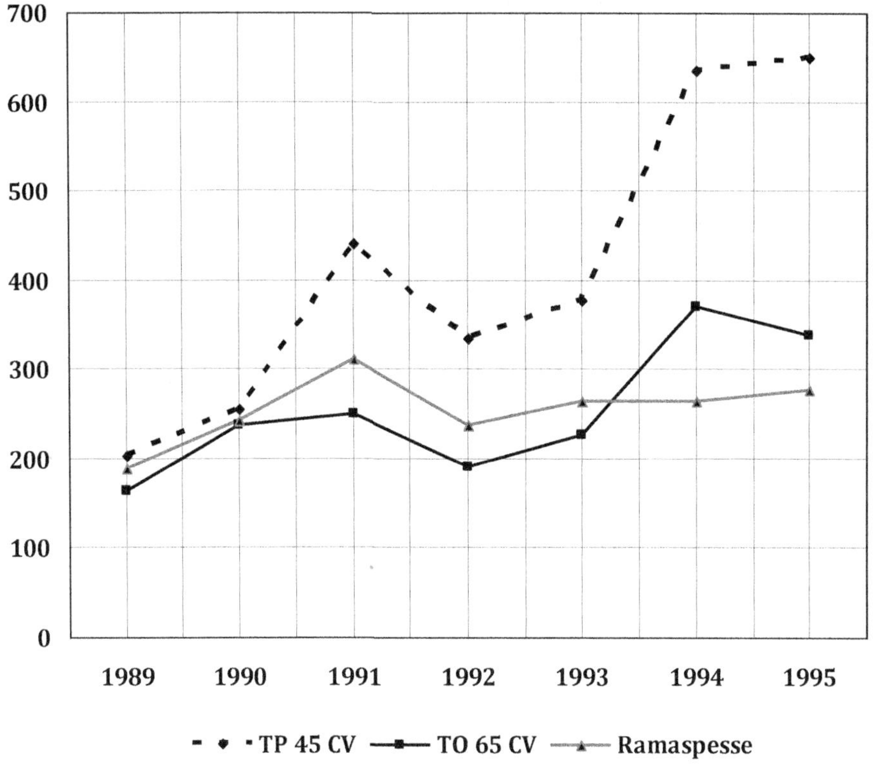

Source : FAOSTAT | © OAA Division de la Statistique.

Graphique (64) : Évolution de nombre de tracteurs entre 1990 et 1998 (en unité).

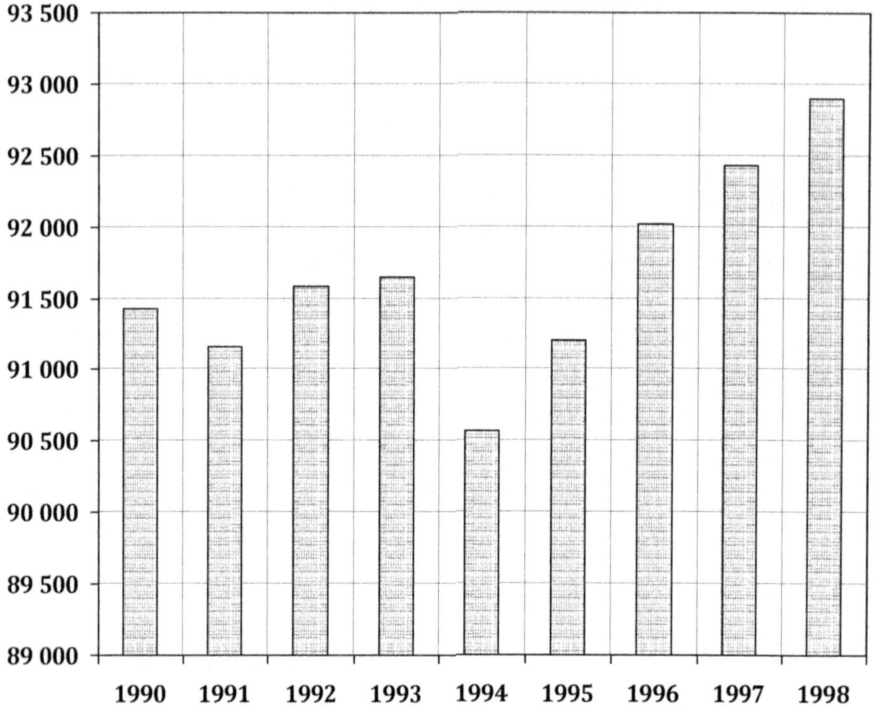

Source : FAOSTAT | © OAA Division de la Statistique.

5. 2. 1. Évolution de l'emploi agricole

Il est nécessaire de rappeler que les revenus des agriculteurs ont été nettement améliorés[271] par rapport aux années précédentes. Cette amélioration était due essentiellement à la libéralisation du marché intérieur avant même l'application des réformes structurelles, mais également, à l'important taux d'inflation qui avait augmenté sensiblement les prix des produits agricoles. Toutefois, la conjugaison de l'augmentation des coûts d'exploitation[272], la cherté des intrants,

271 Il est important de relativiser cette amélioration, en vue de l'accélération de taux d'inflation au cours de ces années.

272 A. Taîbouni, note à ce propos que le prix des tracteurs est passé de 35 000 Da en 1984 à 320 000, celui des moissonneuses-batteuses est passé de 75 000 à 640 000, soit une multiplication par 9. Les prix des engrais a connu une multiplication de 14

l'insuffisance du matériel agricole, et surtout le défaut des subventions étatiques ont annihilé l'effet de cette amélioration sur les revenus des agriculteurs. Cette amélioration se voit nettement à l'analyse des données du graphique (65) qui schématise l'évolution des rémunérations agricoles entre 1990 et 1998 (en millions de dinars).

Graphique (65) : Évolution de la rémunération des salaires agricoles (1990-1998).

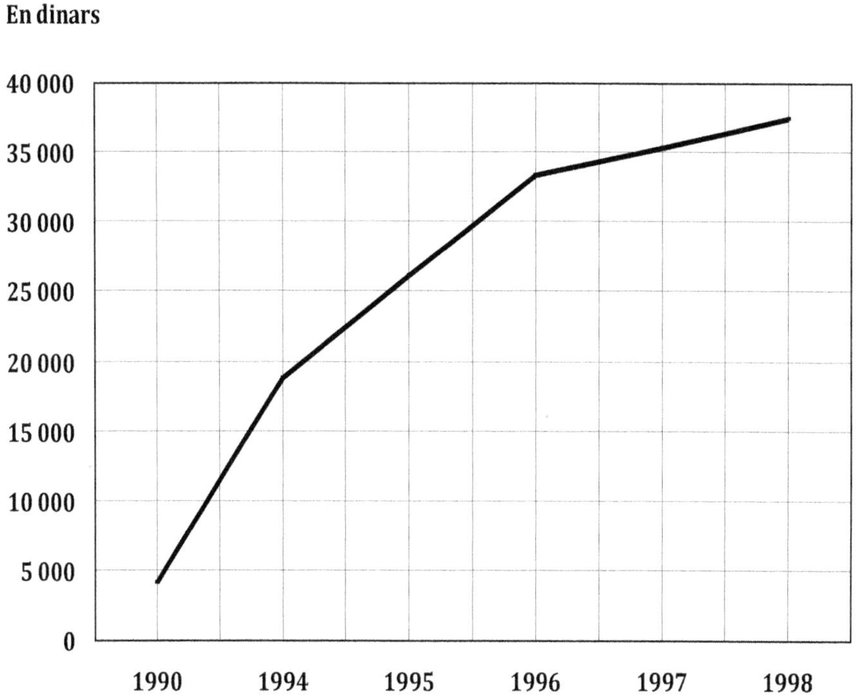

Source : Conseil national économique et social (1998). *Les effets de l'ajustement structurel en Algérie, op. cit., p. 48.*

---

fois pour la même période. Taîbouni, A. (1995). Réformes économiques et ajustement structurel en Algérie,... op. cit., p. 111.

Cette variation positive des revenus, en particulier chez les agriculteurs propriétaires des terres, était bénéfique et a eu un impact positif sur l'évolution de l'emploi agricole. En effet, durant la période qui a suivi les réformes structurelles, l'activité agricole avec un taux d'accroissement annuel moyen de près de 4% était le secteur économique qui a fourni le plus de postes d'emplois[273]. À la lumière de cette évolution, avec une moyenne de 35 000 emplois par an, l'agriculture occupait près de 21% de la population active. Elle a fourni plus de 177 000 emplois par an depuis 1994 pour atteindre les 1,2 million emplois au total en 1998, comme c'est illustré dans le graphique (66). Les emplois sont indiqués en milliers.

Graphique (66) : Évolution des niveaux d'emplois agricoles entre 1990 et 1998.

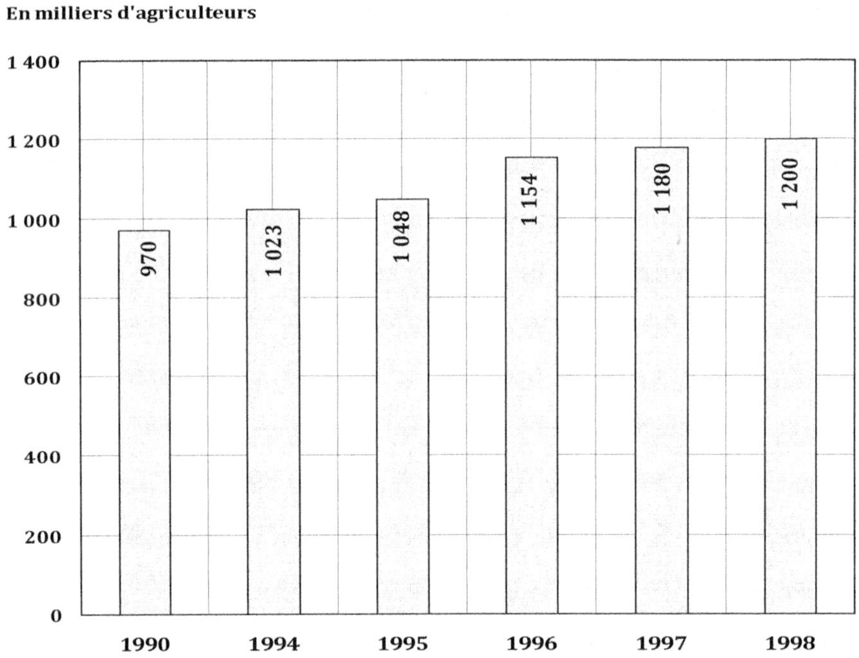

Source : Conseil national économique et social (1998). *Les effets de l'ajustement structurel en Algérie, op. cit., p. 48.*

273 En revanche et au vu de l'importance de l'activité agricole dans l'emploi total et sa capacité à faire face à la croissance de la population et à la demande alimentaire locale, il est intéressant de noter que le nombre d'habitants par actif agricole a connu une nette régression par rapport aux premières années de l'indépendance. D'après les données du CNES, le nombre d'habitants par actif agricole a plus que doublé depuis l'indépendance. Il est passé de 12 à 29 personnes de 1966 à 1998.

5. 3. L'évolution de l'économie nationale dans la décennie 1990

Bien que la création d'emploi agricole soit à un niveau relativement constant pendant cette période, néanmoins, il demeurait à un niveau insuffisant pour l'absorbation d'un chômage de plus en plus croissant[274] et à niveau inapproprié pour contribuer significativement à son rôle social, dans une société en grande partie encore rurale.

Malgré les différentes restructurations[275] qu'a connues le secteur agricole, ses difficultés demeuraient persistantes, et son incapacité à accomplir le rôle d'un secteur productif capable de répondre à une demande excessive et juguler la défaillance de la production était toujours présente. Si le taux de couverture des besoins alimentaires par l'agriculture après l'indépendance dépassait les 90%, il peinait trente ans après, à satisfaire le tiers de la demande.

Le secteur agricole était toujours loin de présenter un poids conséquent dans l'économie nationale comme c'était le cas dans le passé. La persistance des faiblesses de ses performances n'était plus à démontrer. Il suffit juste d'analyser les données fournies par les rapports du CNES, pour se rendre compte de la gravité de la situation et de sa profonde dégradation. Pendant cette période, la contribution de l'agriculture au PIB national[276] a connu un remarquable recul, lié notamment à la faible productivité du secteur et à sa faible croissance. La part de la valeur ajoutée agricole qui représentait qu'un peu plus de 13% en 1967, ne représentait que 9%, trente ans après. Le graphique (67) ci-après résume l'évolution de la situation.

---

274 Notamment dans cette période où l'Algérie a connu une crise économique et sociale, due au manque d'emploi, à la dégradation de niveau de vie sociale ainsi qu'au mécontentement de la population envers la classe politique.
275 Qui devraient être théoriquement bénéfiques à une évolution positive du secteur.
276 Il est très normal que la contribution de l'agriculture au PIB d'un pays diminue avec le temps. Cela montre que cette économie est focalisée sur un autre secteur que le secteur agricole et que cette économie est avancée sur le plan industriel. Or, en Algérie ce n'est pas le cas. Non seulement que l'importance de secteur agricole diminue (dans un contexte de crise économique et sociale), mais en plus, ce secteur était incapable de satisfaire au moins une bonne partie de la demande nationale.

Bien que l'analyse de l'évolution de la production agricole brute montre une tendance à la hausse et un taux de croissance relativement élevé, néanmoins, la contribution de l'agriculture au PIB national (moins de 12% en moyenne) restait relativement faible.

Graphique (67) : Évolution de la valeur ajoutée agricole dans le PIB (1990-1999)

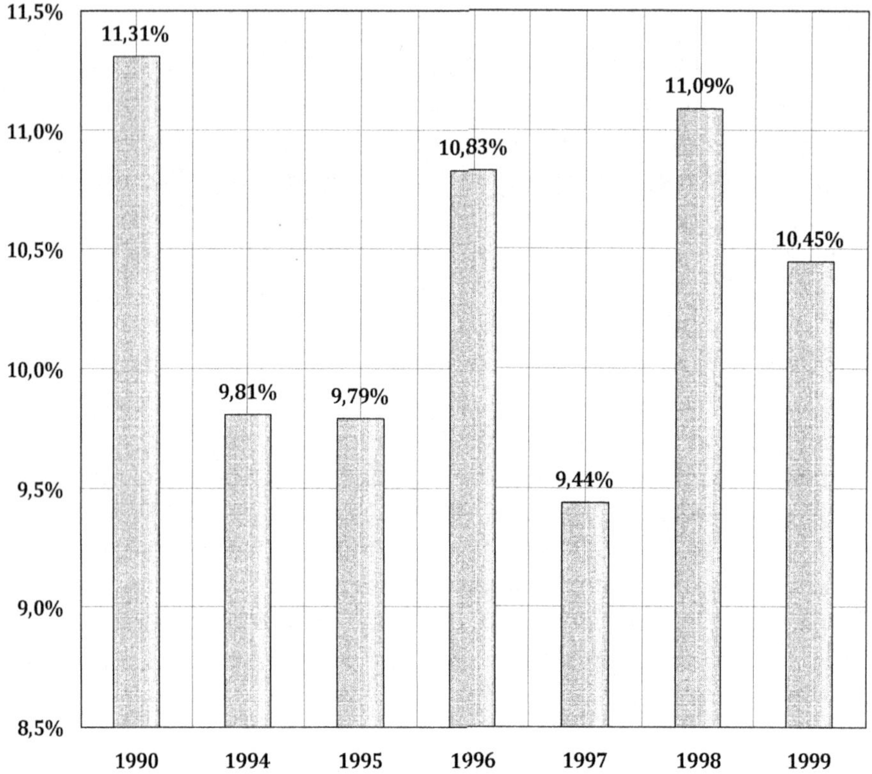

Source : Conseil national économique et social (1999). *Problématique de développement agricole en Algérie.*

En effet, cet apport demeurait insuffisant en égard à la population active qui y travaille (21%) d'une part, mais également en prenant en considération que l'économie algérienne est une économie à revenu intermédiaire, mono-exportatrice, peu diversifiée et d'un faible niveau d'industrialisation[277].

277 Hors hydrocarbures.

Le besoin d'inverser la tendance pour augmenter les faibles performances du secteur agricole s'exprimait clairement. En millions de dinars courants, le graphique (68) illustre l'évolution du PIB et du PIBA, qui confirme cette défaillance de contribution de la valeur ajoutée agricole au PIB national.

Graphique (68) : Évolution du PIB et du PIBA (1990-1998).

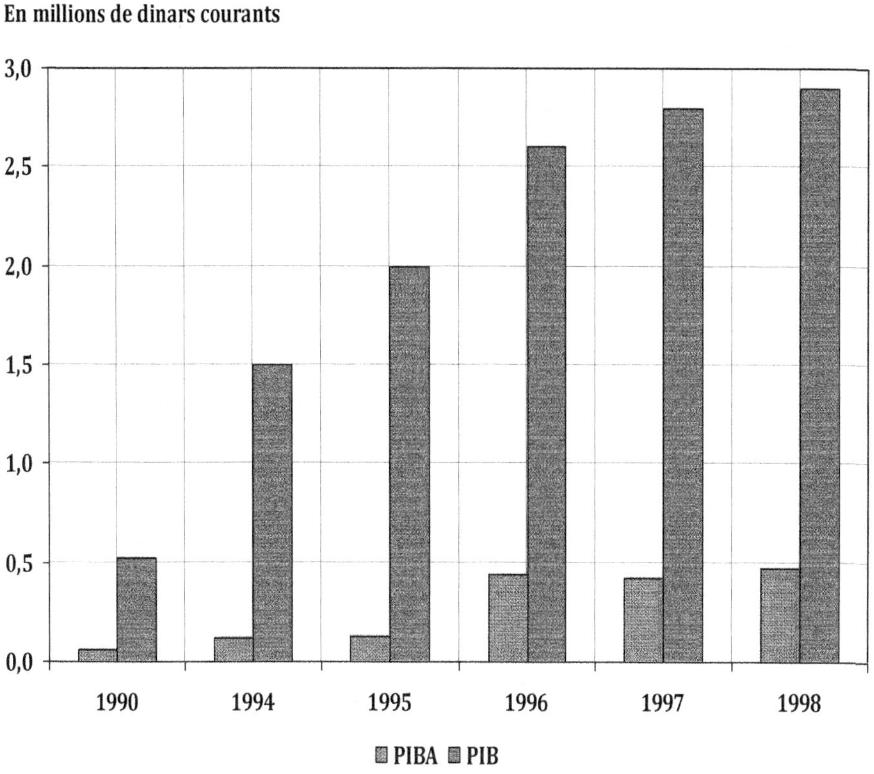

Source : Conseil national économique et social (1999). *Problématique de développement agricole en Algérie : éléments pour un débat national.*

L'analyse de la situation de secteur agricole indique qu'il est toujours sujet à d'interminables restructurations et d'infinis réaménagements, perpétuant ainsi l'altération d'un secteur déjà sinistré, loin d'assurer son rôle économique et sa tâche productive. L'examen des niveaux des productions ainsi que celui de la balance commerciale agricole ne peuvent que confirmer cette tendance.

Après avoir été un champ d'expérience des différentes orientations politiques et un terrain d'essai pour les multiples parodies idéologiques, l'État algérien cherchait une vraie issue pour stopper cette gestion administrée et bureaucratique du secteur agricole. Il cherchait particulièrement à trouver une solution acceptable pour ce qui concerne le régime foncier, toujours en suspens.

Depuis 1997, et d'après le rapport du CNES sur le foncier agricole en Algérie[278], trois décrets exécutifs ont été mis en œuvre par l'État algérien afin d'alléger cet épineux problème :

✓ **Le décret exécutif n° 97-483 du 15 décembre 1997** : Il fixe les modalités, les charges et les conditions de la concession des parcelles de terre relevant du domaine privé de l'État dans les périmètres de mise en valeur et de la conversion éventuelle de ces concessions.

✓ **Le décret exécutif n° 97-484 du 15 décembre 1997** : Il fixe la composition de l'organe habilité, ainsi que la procédure et les modalités de mise en œuvre de la constatation du non exploitation des terres agricoles réalisée sur la base d'enquêtes.

✓ **Le décret exécutif n° 97-490 du 20 décembre 1997 :** Il fixe les conditions de réalisation des opérations de morcellement des terres agricoles et ce dans les limites de la superficie des exploitations de référence selon les zones de potentialités.

Cette nouvelle initiative de mise en valeur des terres agricoles visait essentiellement, la mise en valeur de terres nouvelles, ainsi que la valorisation des zones naturelles, devrait permettre, à travers l'octroi de concessions de gestion des terres et d'exploitation des infrastructures, l'amélioration de bien-être des populations rurales par le développement des projets intégrés et la création d'emploi durable dans ces zones[279].

278CNES (1999). La configuration du foncier en Algérie, une contrainte au développement économique, op. cit., p. 44.

279 Benterki, N., Farrokhi, A. (2000). « Le développement rural durable : expériences et perspectives dans les économies en transition : Le cas de l'Algérie », Séminaire International Méditerranéen du CIHEAM sur les Nouvelles Stratégies

Il est évident que l'application de PAS à dévitaliser davantage l'activité agricole de ses subventions du passé. Avec moins d'investissements agricoles et plus de coûts d'exploitation, l'amplification des charges réels (latents jusqu'alors et minimisés grâce aux niveaux des subventions), le secteur agricole a perdu plus qu'il en a gagné, notamment, en termes d'équilibre de la balance commerciale et d'amélioration des niveaux des exportations, prônés par le FMI et la Banque mondiale.

Outre les différents secteurs de l'économie algérienne, Il faut se rendre à l'évidence que même les niveaux des productions agricoles dépendaient indirectement des recettes des hydrocarbures et que les richesses souterraines de l'Algérie, ont appauvri les convections des décideurs et ont réduit leurs initiatives pour appuyer un vrai développement de ce secteur.

Les distorsions de la gestion, par un important retard accusé en termes d'application du progrès technique dans le secteur, le manque de capital injecté dans le circuit économique, les faibles performances productives, la forte soumission aux aléas climatiques et la persistance des conditions défavorables à tout perfectionnement de productivité sont des facteurs qui pouvaient amplement justifier les modestes résultats en matière de production agricole. Toutefois, la stagnation des superficies agricoles ainsi que la baisse des rendements ont aussi eu des incidences négatives sur l'évolution de la production comme nous le constaterons à la lumière de l'analyse de ses paramètres.

Il est néanmoins, essentiel de rappeler que la situation difficile vécue par l'Algérie durant ces années, a contribué d'une manière même indirecte, à l'affaiblissement des niveaux de production agricole. En effet, durant la décennie noire des années 1990, l'Algérie plongeait dans un conflit interne, qui s'est soldé par des milliers de pertes humaines et des milliards de dégâts économiques et industriels ; infrastructures, usines, voies de transport… etc.

Dans le secteur agricole, les conséquences de cette crise interne étaient d'une grande envergure : délaissement des terres agricoles les

---

pour un Développement Rural Durable dans les Pays Méditerranéens, 10/04/2000. Cahiers Options Méditerranéennes, Série A.

plus reculées, négligence des circuits commerciaux, difficulté des déplacements des agriculteurs, …etc.

Depuis le début de cette crise politique et l'émergence des premiers signes d'instabilité, des centaines de milliers d'Algériens, poussés par la précarité et la fragilité de leur situation sécuritaire, ont été forcés de fuir leurs régions rurales désenclavées, en quête de la relative sûreté des villes.

Selon le centre de surveillance des déplacements internes[280], ils étaient entre un million et un million et demi[281] de ruraux (en moins de dix ans) contraints à quitter leurs régions natales et fuir les zones rurales pour trouver refuge dans les centres urbains et les périphéries des villes proches, laissant derrière eux, leurs terres, leurs agricultures et leurs productions, proies à la détérioration, à la négligence et au pillage.

La même source, indique que le PNUD a reconnu l'existence d'un lien clairement établi entre la situation de l'insécurité et l'exode rural aggravé des années 1990. « *C'est les destructions et le pillage des cultures et des biens agricoles par les groupes armés qui ont été la cause directe de ces déplacements*».

La réalité montre que des territoires entiers, des villages abandonnés dans les différentes régions algériennes ; dans l'*oranie, Chleff, Tissemsilt, Aïn Defla, Tiaret, Saïda, Mostaganem, Relizan, Tlemcen, Mascara*, dans l'Est ; *Boumerdes, Sétif et Skikda, Jijel, Khenchela,* La *Mitidja : Blida, Boufarik, Médéa, Tipaza*, les hauts plateaux, toutes les régions qui possédaient les terres les plus fertiles étaient affectées par ce phénomène.

---

280 L'Internal Displacement Monitoring Centre, a été créé en 1998 par le Norwegian Refugee Council (NRC), est le principal organe international de contrôle des conflits induits par les déplacements internes dans le monde.
281 D'autres sources évoquent le chiffre de 1,5 million de déplacés ; Fayçal OUKACI, quotidien l'expression ; Les exilés de la République , 18 novembre 2002, p. 2.

Ajouté à un taux d'exode rural déjà très élevé dès les premières années de l'indépendance[282], ces déplacements massifs depuis les zones rurales ont diminué le taux de l'occupation de ces zones de près de 6% en moins de 10 ans (cf. tableau21), prolongeant ainsi les problèmes des villes et augmentant les taux du chômage dans ces dernières.

Tableau (21) : Évolution de la ruralité en % de la population totale.

Part de la population rurale dans la population totale en Algérie (en %)	**1990**	**1995**	**2000**
	48,6%	45,7%	42,9%

Source : Rapport annuel 2006 du CIHEAM, Agrimed.

282 Le taux d'urbanisation était de 31,4% en 1966, ce qui fait un total de 68,4% de la population vivant dans les zones rurales.

5. 3. 1. L'évolution des productions agricoles après l'application du PAS

Les premières lectures des statistiques disponibles sur les niveaux de productions agricoles dans la décennie des années 1990 indiquaient une évolution aléatoire et des variations irrégulières plus au moins importante dans les productions. Le graphique (69) exposant les variations de l'indice de la production agricole entre 1990 et 1999 en (%), donne une image très claire des écarts enregistrés d'une compagne à une autre. Une variation qui a atteint près d'un quart (23%) entre 1990 et 1991, une baisse de près d'un tiers (-27,72%) entre 1996 et 1997.

Graphique (69) : Évolution de l'indice de la production agricole entre 1990 et 1999 en (%).

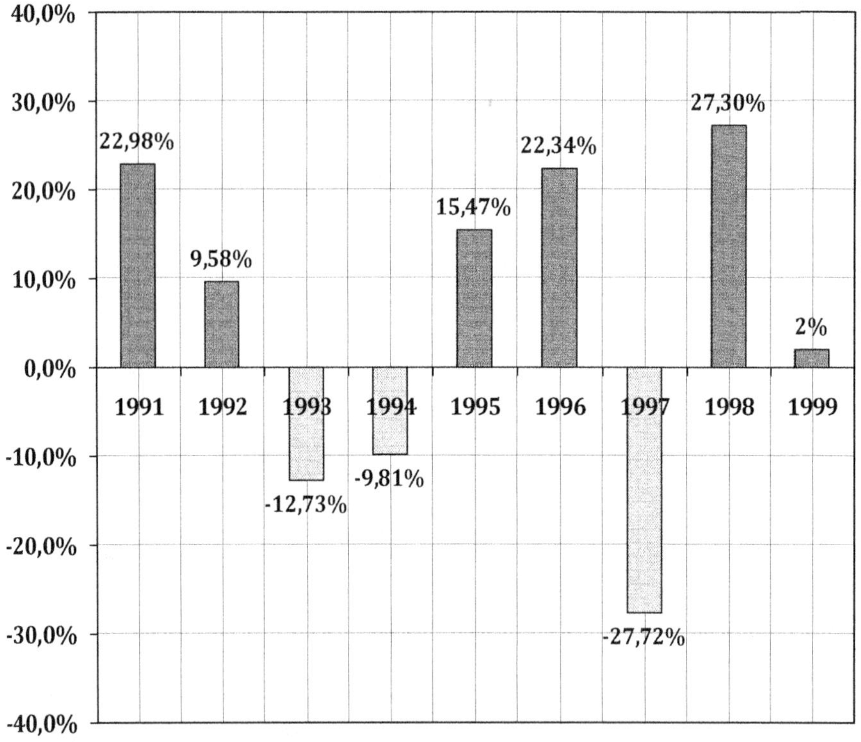

Source : Conseil national économique et social (1999). *Problématique de développement agricole en Algérie : éléments pour un débat national.*

6. La politique agricole algérienne depuis l'an 2000

Après la décennie noire que le pays avait vécu, une nouvelle perspective économique s'est mise en marche, propulsée par le nouveau programme du Président *A. Bouteflika*[283]. L'Algérie a profité depuis son élection d'une conjoncture financière particulièrement favorable, suite au vif redressement du marché pétrolier et à l'affermissement des prix du baril du pétrole qui a atteint plus de 34 $ le baril, soit, un triplement de prix par rapport à celui 1998[284].

Le début de la période de présidence de A. *Bouteflika* était caractérisé par le lancement du PSRE (Programme de Soutien et de Relance Economique) d'un montant de 7 milliards de $ sur la période de 2000 à 2004[285], suivi du Programme Complémentaire de Soutient à la Croissance (PCSC) et la mise en œuvre des grands projets d'investissements productifs et d'infrastructures publiques[286], pour une

283 Président de la république élu depuis 1999 au premier tour de scrutin des élections présidentielles avec 84,99%, suite à la démission du Président Liamine Zeroual en septembre 1998. À notre avis, ce score majoritaire reflète la réalité des résultats. Après près de 10 ans de guerre civile en Algérie, le peuple algérien avait vraiment besoin d'acquérir une stabilité politique, économique et sociale afin de restaurer la paix civile. Le peuple algérien voyait en la personne d'A. Bouteflika, une dernière chance pour sortir le pays de la crise et relancer le processus démocratique interrompu depuis 1991. Abdelaziz Bouteflika est « l'un des membres les plus influents à l'indépendance qui porte Ahmed Ben Bella à la tête de l'État. Ministre de la Jeunesse et des Sports, de 1962 à 1965, il est l'un des principaux acteurs du coup d'Etat, le 19 juin 1965, de Boumédiène, dont il deviendra le bras droit et le ministre des Affaires étrangères pendant 13 ans. En décembre 1978, après la mort de Boumediene, Abdelaziz Bouteflika est candidat à la succession. Mais la hiérarchie militaire algérienne intronise le colonel Chadli Bendjedid. Il quitte alors la scène publique, et se mure dans un silence qui durera 20 ans » . D'après le rapport ICG Algérie n°4 du 13 avril 1999 : « Élections présidentielles en Algérie : les enjeux et les perspectives ». p. 20.

284 10 $/baril en moyenne durant l'année 1998.

285 D'où la réalisation d'un taux de croissance de 4.1% en 2002 et 6.8% en 2003, 5% en 2004.

286 En plus de son projet politique concernant notamment la loi de concorde civile n° 99-08 du 13 juillet 1999 qui s'inscrit, selon son article premier, « dans le cadre du grand dessein de rétablissement de la concorde civile et a pour objet d'instituer des mesures particulières en vue de dégager des issues appropriées aux personnes impliquées et ayant été impliquées dans des actions de terrorisme ou de subversion qui expriment leur volonté de cesser, en toute conscience, leurs activités criminelles

enveloppe globale de 55 milliards de $ sur la période de 2005 à 2009[287], soit, en moyenne, 11 milliards $ par an[288].

Les plus importants de ces projets concernaient particulièrement les infrastructures : achèvement des travaux de l'aéroport d'Alger, lancement de la construction de l'autoroute Est-Ouest, édifice de nouveaux logements sociaux dans le cadre du projet d'un million de logement social...etc. Nous assistons en plus à un regain du rôle de l'agriculture comme une activité motrice au service de la croissance économique.

Dans son discours[289] annonçant des mesures au profit du secteur agricole, le Président de la république avait affirmé une fois de plus l'importance de l'agriculture comme une activité économique. Il avait insisté sur l'engagement de l'État auprès des agriculteurs par la consécration de ressources financières considérables au profit de l'activité.

L'agriculture insiste-t-il, doit relever deux défis majeurs. D'abord, jouer le rôle d'un véritable moteur de la croissance, et ensuite, contribuer à l'amélioration significative de la sécurité alimentaire du pays. L'enjeu en est aussi la réalisation d'un développement durable du pays et une amélioration des conditions de vie des populations.

La vulnérabilité de l'agriculture et la dépendance alimentaire, les pressions exercées sur les décideurs pour un rapide règlement de la question du développement agricole ont induit l'urgence d'entreprendre des actions rapides et des révisions urgentes des grands

---

en leur donnant l'opportunité de concrétiser cette aspiration sur la voie d'une réinsertion civile au sein de la société ».

287 D'où la réalisation d'un taux de croissance de 4.1% en 2002 et 6.8% en 2003, 5% en 2004.

288 L'amélioration remarquable des ressources financières de l'Algérie grâce notamment à l'accroissement de la fiscalité pétrolière qui représente plus de 60% des recettes, a permis à l'État de réaliser un excédent budgétaire d'où la conception de cet ambitieux programme de soutien au PSRE. Depuis 2000, le budget de l'État a dégagé des excédents : 9,87% en 2000, 4,05% en 2001, 0,24% en 2002 et 5,10% en 2003 du PIB, grâce à la hausse soutenue des cours des hydrocarbures après deux années consécutives de déficit -3,89% en 1998 et -0,51% en 1999.

289 Voir le site du ministère de l'agriculture : www.minagri.dz, document titré « les 30 Mesures annoncées par son excellence Monsieur le Président de la République ».

traits de la politique agricole du pays, afin d'accroître la production et soulager la balance des paiements[290].

C'est ainsi que la décennie 2000 a connu le lancement de plusieurs actions et stratégies agricoles dans le cadre du plan national de relance économique, pour un coût total de 340 milliards de DA dans l'activité allant sur la période de 2000 à 2007[291], ce qui a suscité du nouveau, l'enthousiasme chez les différents acteurs impliqués dans l'activité agricole dans le pays.

En effet, depuis le début de la décennie, des mesures motivantes ont été entreprises par l'État dans le but de maîtriser les mécanismes de stabilisation macroéconomique, d'une part, et pour garantir un environnement propice au développement des secteurs productifs, d'autre part. Cela, passe par le renforcement de la compétitivité de ces secteurs et par un effort d'investissement public massif, consenti dans le cadre des deux vastes programmes d'équipements et de relance économique illustrés par le PSRE et complété par le PCSC. L'État a consacré également un niveau important de ressources aux investissements agricoles directs.

---

290 À cause de l'accroissement très important des importations alimentaires.
291 Selon Saïd Barkat, ministre de l'Agriculture et du développement rural, journal El Watan du 11 février 2008.

6. 1. L'investissement public

À partir des années 2000, un véritable regain d'intérêt de la part de l'État envers le secteur agricole se manifeste avec des niveaux élevés d'investissements. En effet, suite au raffermissement des cours des hydrocarbures et l'avènement d'une manne pétrolière prolongée et suite au lancement du Programme de Soutien et de Relance Economique (PSER), le taux d'investissement public a substantiellement augmenté comme nous le constatons à travers le graphique (cf. graphique 70).

Les dépenses d'investissement ont été multipliées par 8,5 entre les lois des finances des années 2000 et 2007 et devraient continuer à croître dans les années qui viennent[292].

Graphique (70) : Taux de croissance et taux d'investissement public.

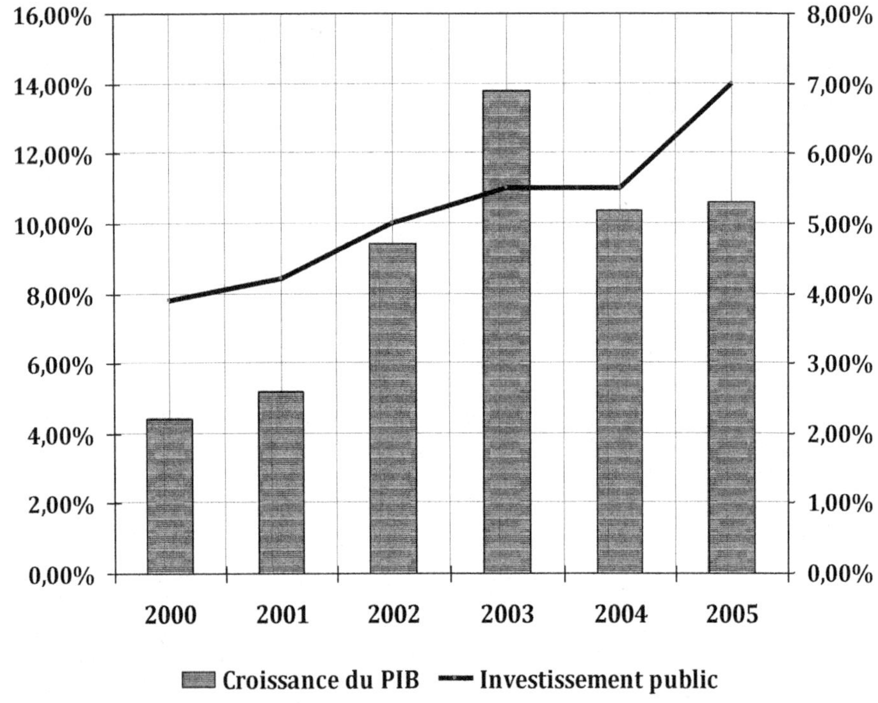

Source : Revue de dépenses publiques (BM), rapport n° 36270, p. 50.

292 Djoufelkit-Cottenet, H., (2008). « Rente, développement du secteur productif et croissance en Algérie », Document de travail n° 64, p. 14.

Graphique (71) : Évolution des dépenses d'investissement rapportées au PIB (en %) entre 1990 et 2005.

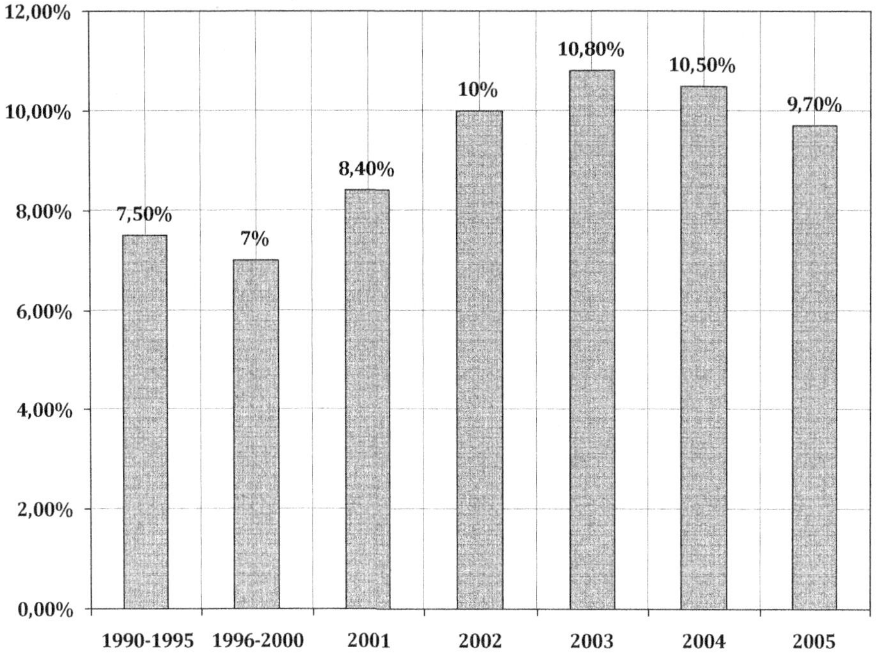

Source : Revue de dépenses publiques (BM), rapport n° 36270, p. 55.

S'ensuit alors le lancement du programme complémentaire du soutien à la croissance économique (PCSC) dont le montant initial équivalait à lui seul les 57% du PIB algérien de 2005[293], soit un peu plus de 54,581 milliards de $[294] et qui a atteint à la fin 2008 près de 91 milliards de $.

Le financement du PCSC qui vise l'amélioration des conditions de vie des citoyens (45,4%), développement des infrastructures de base (40,5%), l'appui au développement économique (8,0%), la modernisation des services publics (4,9%) et le développement des nouvelles technologies de communication (1,2%) est évalué à près de 155 milliards de $ sur la période allant de 2005 à 2009. Ainsi, le coefficient d'investissement public supérieur à 10% du PIB, prévu dans le cadre du PCSC, classait l'Algérie parmi les pays où le niveau d'investissement est le plus élevé au monde.

293 Près de 79% du PIB en 2006.

294 Soit 4202,8 milliards de DA sur la base d'un taux de change de 1$ = 77 DA.

Selon la Banque mondiale, ce taux est particulièrement haut le comparant à la moyenne dans les pays de l'OCDE de moins de 4% du PIB, moins de 5% en Amérique latine, et moins de 8% dans les pays asiatiques[295].

Graphique (72) : Évolution des volumes budgétaires alloués au PCSC entre 2005 et 2009.

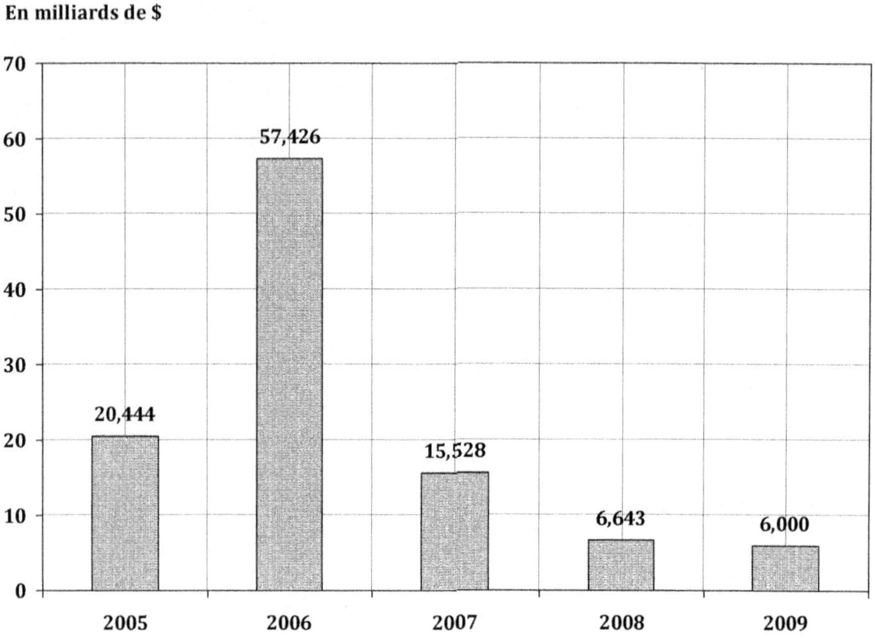

Source : Statistiques de la Banque mondiale (2007) combinés aux statistiques de la Banque d'Algérie[296].

Il faut signaler que l'embelli financière dont jouissait l'Algérie en cette période a été rendue possible grâce notamment aux remboursements anticipés de la dette qui a intervenu depuis les années 2000[297] et dont le service (de la dette) devenait la pompe aspirante des recettes budgétaires algériennes.

295 Banque mondiale (2007) : « République Algérienne Démocratique et Populaire à la recherche d'un investissement public de qualité ». Revue des dépenses publiques de la Banque mondiale, rapport n° 36270, Volume n° I, p. 36.

296 Selon la Banque d'Algérie, le taux de change moyen DA/$ était de : 73,37 en 2005, 72,65 en 2006, 69,36 en 2007, 70 en 2008 et 70 en 2009.

297 L'Algérie a remboursé jusqu'à la fin de l'année 2006, l'équivalant de 12 milliards de $ envers les dix-sept pays du club de Paris pour les dettes publiques et

En effet, le paiement de la dette par anticipation a permis à l'Algérie de faire de grandes économies en matière de paiement d'intérêts et des charges financières. Cette situation a fortement contribué à minimiser significativement le poids du service de la dette[298], estimé à 11,7% des exportations en 2005, et a aidé l'État à mieux maîtriser ses finances et à se protéger d'un risque du déficit du Trésor public comme dans le passé[299].

À titre de rappel, la croissance du rapport de service de la dette était de 304% entre 1977 et 1991, passé de 33% en 1982 à 68% en 1986 et à 86% en 1988, est resté proche de ces niveaux dans les années 1990. Il a ensuite tourné aux alentours de 30 à 50% pour atteindre presque 21% en 2000. Cette situation a empêché le pays de profiter de sa rente pétrolière, d'accumuler des richesses et d'espérer à un développement proche, notamment si nous rajoutons les pertes économiques estimées à 20 milliards de $, dues aux dévastations et aux destructions provoquées durant les années du terrorisme. C'est donc grâce aux paiements anticipés de la dette que l'Algérie est devenue même un pays créancier envers les autres pays et envers même les institutions financières[300].

---

envers le club de Londres pour les dettes privées (estimées à 1milliard de $ pour ce dernier).

298 Le rapport du service de la dette, c'est le rapport entre le remboursement de la dette et les recettes à l'exportation qui génère le financement des échanges extérieurs afin de rembourser la dette.

299 Selon le ministère des finances algérien, l'encours de la dette extérieure est passé de 25,3 milliards de $ en 2000, 22,7 25,3 milliards de $ en 2001, 22,6 25,3 milliards de $ en 2002, 23,4 25,3 milliards de $ en 2003, 21,9 25,3 milliards de $ en 2004, 17,2 25,3 milliards de $ en 2005, 5,6 25,3 milliards de $ en 2006 et en 2007 avec un ratio de la dette successivement : 21,23%, 22,8%, 20,74%, 16,74%, 16,61%, 11,97%, 23,23%, 2,25%.

300 En réponse à la récession suscitée par le cataclysme financier et l'effondrement de l'activité commerciale et industrielle dans le monde, le FMI a pris quelques mesures pour accroître ses ressources financières. Il a émet pour la première fois de son histoire, des obligations pour permettre aux pays membres d'investir en titres de l'institution. L'émission de ces obligations est destinée à l'endroit de 51 pays membres du Fonds ayant une position financière extérieure suffisamment solide et dont l'objectif est d'augmenter la capacité d'intervention de l'institution par la diversification de ses sources de financement afin de venir en aide aux pays membres en difficulté. L'Algérie fait partie de ces États sollicités par ladite institution (l'Algérie considérée comme un pays à capacités de financement grâce à ses réserves de change estimées à 143,102 milliards de $ en 2008). Membre du FMI (l'Algérie est membre au FMI avec 1254,7 millions de droit de tirage spécial (DTS)

Cette situation financière propice a favorisé l'investissement public dans plusieurs secteurs économiques, en particulier, le secteur des BTP et les transports. Le secteur agricole, a eu également sa part de cette nouvelle vague d'investissements. À partir de 2000, le niveau d'investissement dans le secteur agricole est tout aussi important et plusieurs projets ont été mis en œuvre.

6. 1. 1. L'investissement agricole

En termes d'investissement, l'État, depuis les années 2000 n'a pas aménagé ses efforts pour soutenir l'activité agricole et des efforts considérables ont été accomplis. Les plus importants de ces projets d'investissements concernent les programmes hydrauliques (agriculture et hydraulique) pour faire face aux besoins grandissants en eau potable, à usage industriel et agricole.

En conséquence, la plus grande partie des dépenses a été consacrée aux infrastructures de mobilisation et d'alimentation en eau, suivies par l'assainissement et l'irrigation[301]. Le graphique (73) expose l'évolution de la répartition sectorielle des dépenses budgétaires

---

représentant 0,58% du total, soit 1,8683 milliards de $). Ces obligations libellées en DTS (Droits de Tirage Spéciaux) qui seraient négociables uniquement au sein du secteur public et qui donneraient lieu au versement d'intérêts. D'après les prévisions du FMI, ces titres seraient assorties d'une échéance initiale de trois mois pouvant être prolongée jusqu'à un maximum de cinq ans. Les pays membres ayant souscrit ces obligations pourraient en obtenir le paiement immédiat, dans la limite de 15 milliards de DTS, si la situation de leur balance des paiements l'exigeait. Il ressort donc que ces obligations sont un bon placement, particulièrement pour des pays dont les financiers ont un haut degré d'aversion au risque comme en Algérie. (Selon les déclarations du ministre des Finances, Mr. K. Djoudi en marge d'une séance plénière du conseil de la nation le 12 novembre 2009 : « la logique du gouvernement en matière de gestion des réserves de changes repose sur leur placement dans des actifs sécurisés et qu'on retire à tout moment »). Cela intervient principalement après la grande polémique suscitée par le degré de rentabilité (les rendements des bons du Trésor américain sur l'échéance de 3 mois sont de près de près de 0,07%) et la sécurité (à cause de l'instabilité et la fluctuation du $ et la résurgence de l'inflation mondiale, ayant des répercussions sur la valeur des réserves de change libellées en $. Des placements de 45 milliards en bons de Trésor américain (générant 4 milliards de $ par an).

301 Des projets d'infrastructures ont été prévus dans le cadre du PCSC dont : 8 barrages, 8 réseaux de transferts, 9 nouvelles usines d'épuration des eaux usées, remise en état de 11 usines d'épuration des eaux usées, 6 périmètres d'irrigation, 350 retenues collinaires, travaux d'entretien sur des barrages en service.

d'investissement entre 1996 et 2004 en % du PIB en agriculture et hydraulique.

Même si ces proportions ne représentent qu'un peu moins de 2% du PIB, les parts d'investissement en agriculture et hydraulique sont importantes dans la totalité des dépenses consacrées à l'investissement, notamment en 2002, où près du quart des investissements totaux étaient dédiés au secteur agricole. Nous pouvons constater cette importance à travers le graphique (74).

Graphique (73) : Dépenses d'investissement en agriculture et hydraulique (% du PIB)

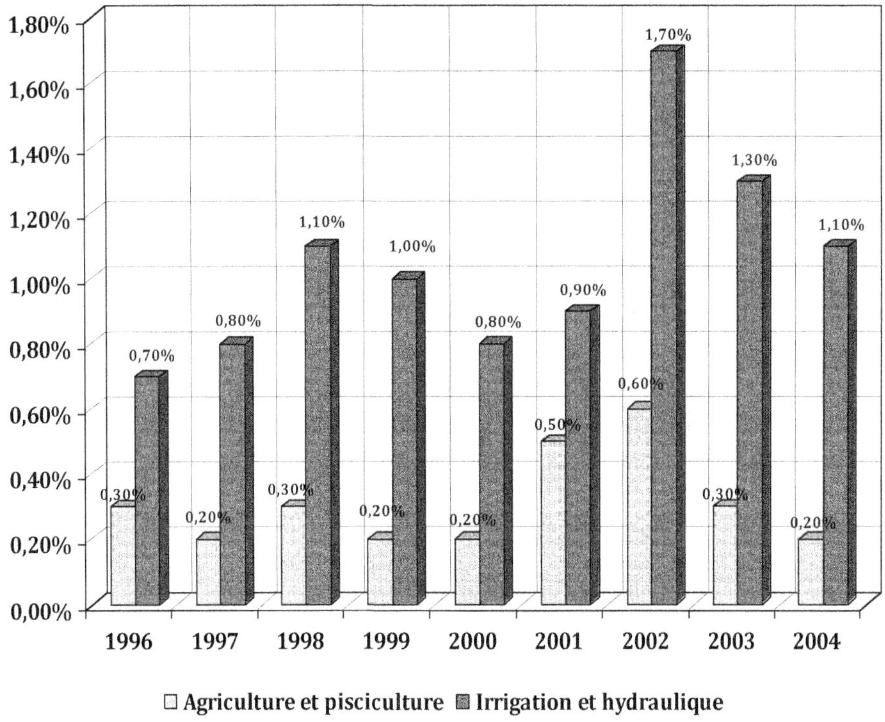

Source : Revue de dépenses publiques de la Banque mondiale, p. 112.

Graphique (74) : Parts d'investissement en agriculture et hydraulique dans le total des investissements (en %).

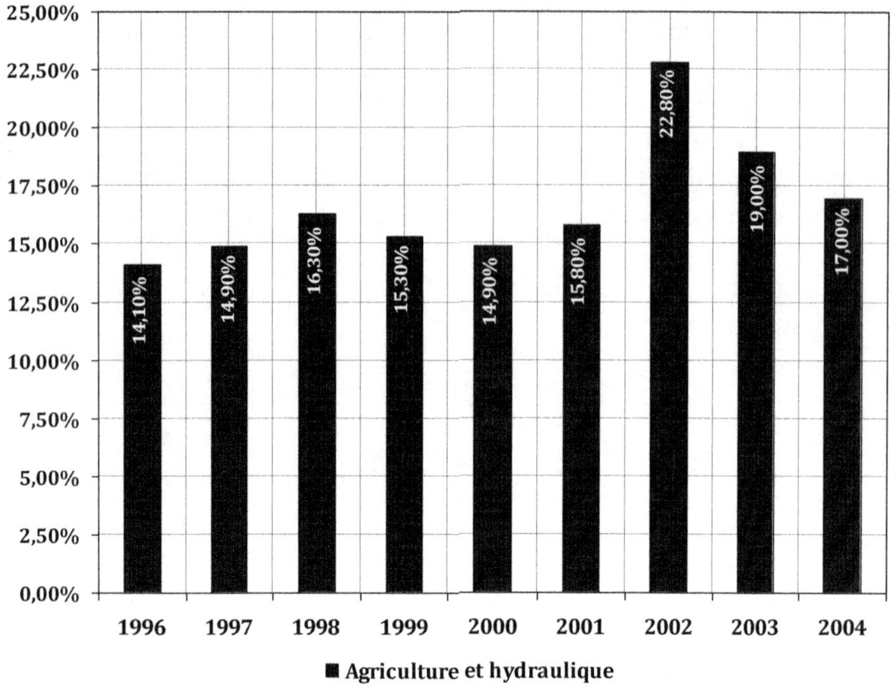

Source : Revue de dépenses publiques de la Banque mondiale, p. 112.

Mais depuis l'année 2005, les montants des investissements agricoles en valeurs absolues ont considérablement baissé, conséquence de la forte augmentation du total des investissements dans d'autres secteurs. Leurs parts dans la répartition des ressources du PSRE au PCSC a chuté de moitié passant de 25 à 13% « *du fait des graves défaillances*[302] *dans le secteur agricole*[303] ».

Depuis l'entrée en vigueur du PCSC, la part d'investissement public a été souvent supérieure à 10% du PIB. Il faut dire que le pays n'a pas connu un taux d'investissement aussi important depuis les années 1980 et depuis la chute drastique des prix des hydrocarbures.

302 Nous allons tenter de revenir sur ces défaillances dans le point concernant les critiques envers ces politiques ultérieurement.

303 Revue des dépenses publiques de la Banque mondiale, rapport n° 36270, vol. 1,... op, cit., p. 6.

Le redressement important des prix d'hydrocarbures et la manne financière exceptionnelle dont a bénéficié le Trésor public ont créé une situation financière convenable et favorable qui a encouragé l'État à entreprendre de nouvelles politiques et à entamer de nouvelles mesures, en particulier, la création d'une panoplie de fonds et d'outils dans le but d'appuyer l'activité agricole. Le graphique (75) illustre la corrélation positive entre l'évolution du prix du baril du pétrole et l'investissement public en Algérie.

Graphique (75) : Prix du pétrole et les niveaux de l'investissement public (1990-2005).

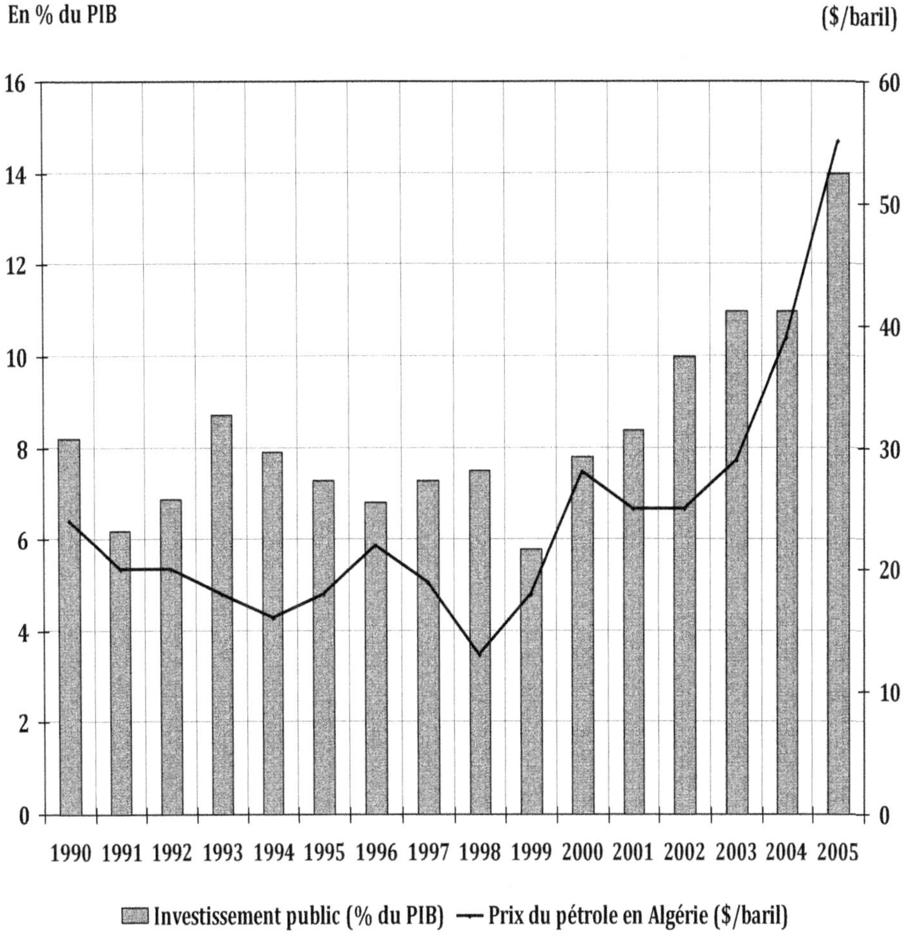

Source : *Revue des dépenses publiques de la Banque mondiale, volume 2,…op. cit.,* p 8.

6. 2. Les plans de développement agricole depuis l'an 2000

6. 2. 1. Plan national de développement agricole (PNDA 2000)

L'année 2000, a vu le lancement du Plan National de Développement Agricole (PNDA), qui est une réponse à la situation de crise du secteur agricole. Il a bénéficié de ressources budgétaires considérables dans le cadre de la mise en place du Fonds National de Régulation et de Développement Agricole (FNRDA) de l'ordre de près de 40 milliards de DA en 2000[304].

Le PNDA ambitionnait le renforcement et la modernisation du secteur agricole pour le faire sortir de sa léthargie continuelle, en proposant des programmes d'aides et de soutiens au profit des agriculteurs.

La démarche de mise en œuvre du PNDA, qui s'appuie sur la décentralisation et sur l'approche participative des agriculteurs et des populations locales, est élargie aux différentes phases d'élaboration, de montage du financement et de réalisation des projets de développement et de modernisation des exploitations agricoles.

S'ensuit alors en 2002, la mise en place du Plan National de Développement Agricole et Rural (PNDAR), qui est un prolongement logique du PNDA. Les missions du ministère de l'agriculture dans ce cadre ont été élargies pour contenir le volet de développement rural. Ce plan devrait assurer une plus grande synergie et une plus forte coordination entre les différents acteurs et les intervenants du monde agricole et rural.

Le PNDAR traduisait la volonté de la mise en place d'une dynamique décentralisée du développement local, avec la mobilisation concrète et l'implication réelle des acteurs locaux à tous les niveaux (les institutions publiques et les administrations techniques, les collectivités locales, les organisations professionnelles, les associations, groupements villageois, les communautés locales….)[305].

---

304 Bessaoud, O. (2006). « La stratégie de développement rural en Algérie ». Cahiers Options Méditerranéennes. Série. A/n°71, pp. 81-82.
305 Ibid., p. 84.

Le PNDAR visait également, dans le but de promouvoir une utilisation rationnelle des ressources naturelles, humaines et financières, l'amélioration des conditions de vie, d'emplois et de revenus des populations rurales et le rétablissement des équilibres environnementaux tout en consolidant la sécurité alimentaire du pays. La démarche entreprise pour la réalisation du PNDRA s'articulait autour de quatre axes stratégiques :

1). La consécration de l'exploitant agricole comme acteur principal du développement et d'exploitation en tant qu'unité centrale du dispositif ;

2). L'utilisation rationnelle et efficace des ressources naturelles, humaines et financières ;

3). La décentralisation de la gestion du développement agricole ;

4). La libéralisation de l'initiative et la recherche de l'efficacité[306].

Ces programmes prennent en charge trois préoccupations majeures : le développement de la production agricole et de la productivité, la préservation des ressources naturelles (sol et eau) et l'augmentation de la surface agricole utile[307].

---

306 Berrnen, H (2009). « Formation agricole : production d'effectifs et prise en charge des besoins réels ». Communication dans le cadre de la 11ème journée d'étude « Ingénierie des dispositifs de formation à l'international ».

307 Pour sa période d'application, le PNDAR vise à réaliser d'autres objectifs dont les plus importants sont : l'amélioration de la compétitivité des exploitations, développement d'un réseau de petites et moyennes entreprises pour la valorisation et la transformation des productions agricoles et pour les activités de services à l'exploitation. Mise en valeur d'une superficie de 550 000 hectares et création de plus de 50 000 nouvelles exploitations agricoles. Protection des ressources naturelles par la mise en défens des parcours dégradés, les plantations pastorales et la lutte contre les différentes formes d'érosions. Préservation des ressources en eau et réalisation d'équipements d'irrigation goutte à goutte permettant une économie d'eau et l'augmentation de la durée de vie des barrages actuels, d'après les données du système de gestion intégré et de l'information agricole et rurale : http://www.sgiiar.org/project/pndar.php.

Le PNDAR reposait sur une approche d'articulation entre les différents projets mis en œuvre et l'interactivité avec l'ensemble des acteurs. Il s'articulait essentiellement autour d'un ensemble d'actions appelées *"les programmes du PNDAR"*.

1). Programme d'intensification et de développement des différentes filières de la production agricole qui visait l'augmentation des productions agricoles et des élevages englobant aussi bien les produits de large consommation que les produits à avantages comparatifs, destinés à l'exportation.

2). Programme national du développement de reboisement et d'emploi rural qui visait la restauration des zones forestières menacées et le perfectionnement du taux de (re) boisement dans les zones du nord du pays tout en favorisant les boisements utiles et économiques.

3). Programme de mise en valeur des terres par la concession qui mire une participation active des populations locales.

4). Programme de mise en cohérence et projets de dynamisation de l'agriculture saharienne, oasienne et péri-oasienne.

5). Programme d'adaptation des systèmes locaux de production aux conditions exceptionnelles, qui concerne la gestion active des conditions climatiques telles que la sécheresse, dans le cadre d'une démarche spécifique.

6). Programme des zones de parcours et de protection de la steppe qui vise la protection de l'écosystème pastoral et l'amélioration de l'offre fourragère et celles des revenus des populations locales.

La stratégie du gouvernement a évolué ensuite par la préparation d'un plan à long terme baptisé "*Stratégie de développement rural*" (2004-2013), fournissant le cadre et les modalités d'une revitalisation des zones rurales par le biais d'une valorisation des activités économiques et des patrimoines naturels et humains, sur la base de nouvelles relations entre acteurs publics et privés, visant une plus grande responsabilisation des partenaires impliqués.

6. 2. 1. 1. Résultats physiques du PNDRA

À défaut d'un système de collecte de statistiques agricoles fiable qui se base sur des enquêtes de terrain, il est extrêmement difficile d'évaluer les résultats de l'application du PNDRA à l'heure actuelle. Mais si nous basons notre analyse sur les statistiques fournies par le ministère de l'agriculture[308] concernant les résultats du PNDRA, nous constatons qu'en 2006, le PNDRA avait ciblé près de 386 821 exploitations[309] qui ont bénéficié de ses fonds et de ses différents programmes (cf. graphique 78). Ce nombre indique le rapport du ministère, avait connu un triplement depuis le début de l'application du PNDA puisqu'il était de 147 500 exploitations en 2001.

Parmi les résultats conséquents des programmes du PNDRA, une hausse des surfaces agricoles irriguées qui ont été multipliées par 2,4 passant de 350 000 ha en 2000 à 835 197 ha en 2006 (graphique 79).

Il y a lieu de signaler que le rapport du ministère a mis le point sur l'importance de la ressource hydrique. D'après ce dernier, le PNDAR a eu des effets induits sur l'économie de l'eau puisque cette politique a permis d'orienter 60% des soutiens accordés pour la sauvegarde de cette précieuse denrée.

C'est ainsi que plus de 350 000 ha ont été équipés en systèmes d'irrigation efficients, économiseurs d'eau (dont 179 488 ha en irrigation localisée). Les volumes d'eau ainsi économisés, évalués à plus de 850 millions de m^3, soit l'équivalent de près de 5 barrages moyens, correspondent aux besoins en irrigation de quelques 106 000 hectares.

Selon les mêmes sources statistiques, il est aussi utile de rappeler que le potentiel de production arboricole et viticole est passé de 517 000 ha en 2000 à près d'un million d'hectares en 2006 ; soit un doublement du potentiel de production. Le graphique (77) reflète cette évolution.

---

308 Ministère de l'Agriculture et du Développement Rural (2006). Rapport sur la situation du secteur agricole en 2006. Direction des statistiques agricoles et des systèmes d'informations, pp. 3-11.

309 nombre cumulé d'exploitations.

Graphique (76) : Superficies plantées en arbo-viticulture dans le cadre du PNDRA.

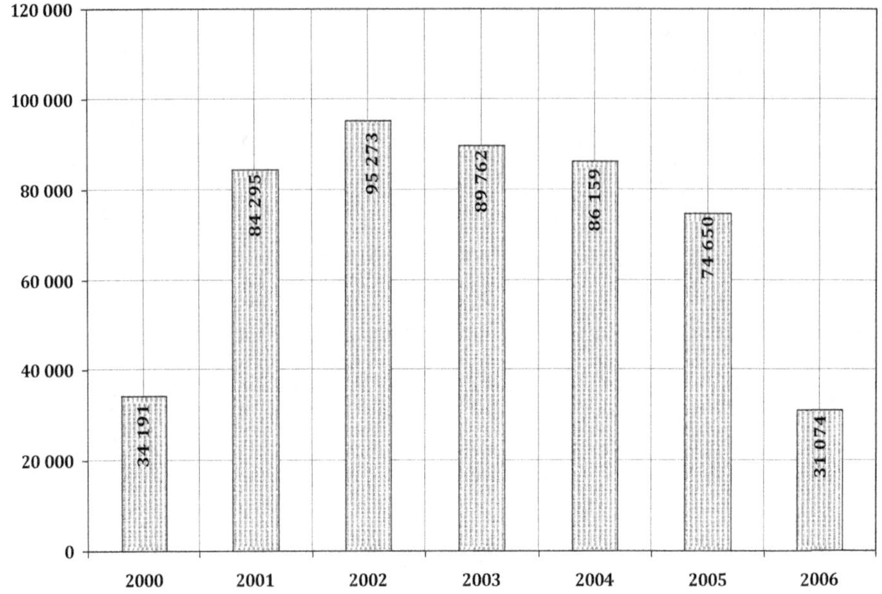

Graphique (77) : Extension des superficies irriguées (en système de goutte à goutte ou d'aspersion) en hectares dans le cadre du PNDRA.

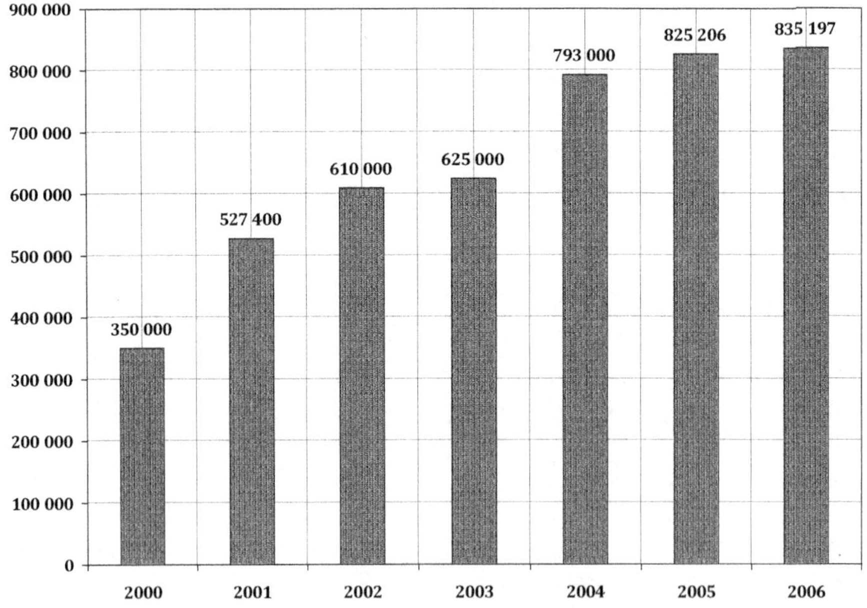

Graphique (78) : Nombre d'exploitations ciblées cumulées bénéficiant du PNDRA.

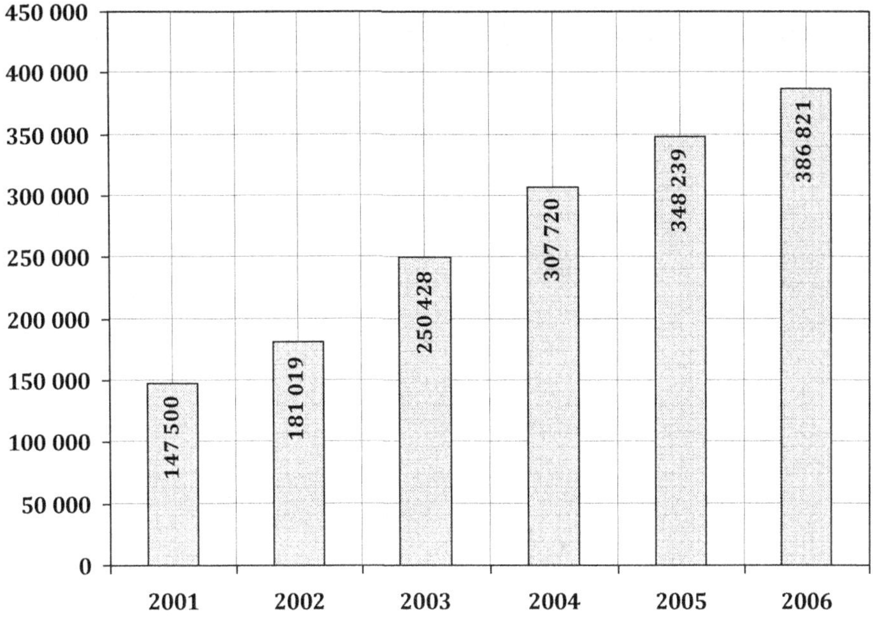

Graphique (79) : Superficies mise en valeur par le PNDRA (ha/an).

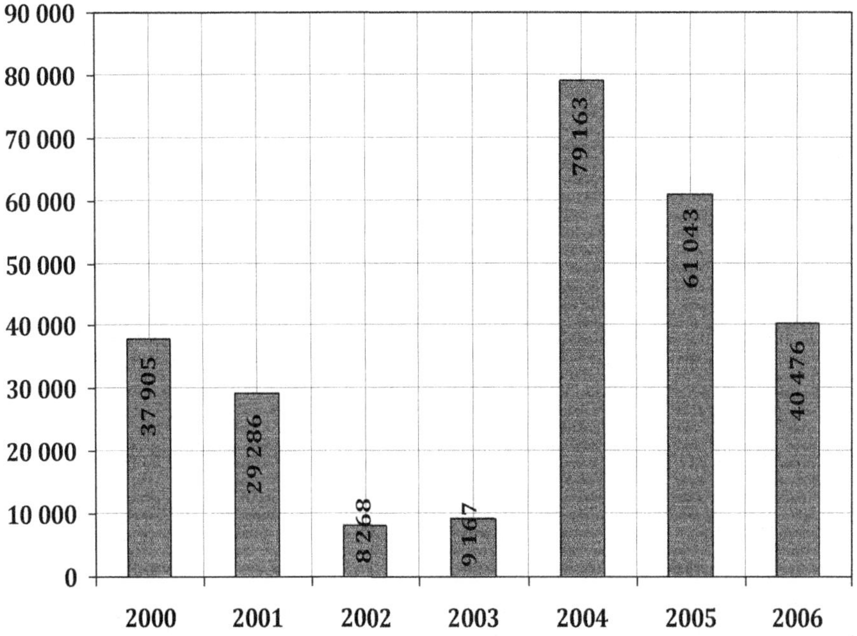

Source : MADR (2006). Rapport sur le secteur agricole pp. 4-11.

6. 2. 2. La Politique du Renouveau Rural (PRR : 2006)

La politique du renouveau rural (PRR), élaborée en 2006, a, comme ses prédécesseurs, projeté un ensemble d'ambitieux objectifs à réaliser. Selon ses porteurs[310], la PRR vise essentiellement « *le renouvellement de la vision du monde rural et de sa projection dans le futur à travers des soutiens forts, : politiques, économiques et sociales par l'introduction, notamment, de nouvelles approches et méthodes d'encadrement, d'accompagnement et de renforcement des capacités des populations et des institutions engagées dans cette politique territoriale*[311]».

La PRR ambitionne également la création des conditions adéquates afin d'établir un niveau plus fort de cohésion sociale et un haut degré de lutte contre la marginalisation et l'exclusion des populations rurales par la consolidation d'une politique de développement harmonieux et équilibré des territoires locaux.

La PRR convoite par ailleurs, l'accomplissement d'une certaine complémentarité entre les régions urbaines et rurales par une plus forte synergie entre les projets et les programmes mis en œuvre. La PRR vise aussi la mutualisation des efforts et le renforcement de la mobilisation de tous les acteurs y compris ceux de la société civile.

La réalisation des projets de la politique du renouveau rural, proclament ses fondateurs, nécessite l'affermissement des opérations de décentralisation afin de servir au mieux les agriculteurs les plus vulnérables, notamment, ceux des zones rurales les plus enclavées de manière à édifier une plus forte équité et une plus grande égalité pour l'accès aux ressources naturelles et financières disponibles.

---

310 Cette partie concernant la PRR a été inspiré du site du Ministre Délégué chargé du Développement Rural en Algérie.
311 www. mddr.gov.dz.

La PRR est mise en œuvre à travers les Programmes de Développement Rural Intégrés des Wilayas (PPDRIW)[312] construits à travers des objectifs dont chacun est monté autour des quatre thèmes fédérateurs suivants :

- ✓ Améliorer les conditions et la qualité de vie des populations rurales par la réhabilitation des villages ainsi que le développement des infrastructures et la promotion des équipements socio-économiques à usage collectif.

- ✓ Augmenter les revenus des ruraux par la diversification et la promotion des activités économiques (artisanat, valorisation de l'économie locale) et la création de nouvelles dynamiques afin d'attirer les populations pour s'installer dans les territoires ruraux, mais aussi, encourager l'exploitation raisonnable et la valorisation rationnelle des ressources naturelles (forêts, steppes, oasis,…).

- ✓ Protéger et valoriser le patrimoine matériel et immatériel rural : produits du terroir, bâtis, préservation des sites et des produits historiques et culturels, valorisation des sites culturels, défendre les manifestations traditionnelles..., etc.

La PRR sera soutenue par un autre programme baptisé le Programme de Soutien au Renouveau Rural (PSRR) échelonné sur 7 années (2007-2013)[313] qui comportera les différentes procédures et outils pour l'accomplissement et la mise en œuvre du la PRR.

---

312 Selon le ministre chargé du développement rural sur son site « deux niveaux de programmation ont été retenus pour le PPDRIW. (1). La Daïra : Le programme de développement intégré par objectif (PDRID) est constitué de l'ensemble des PPDRI des communes de la Daïra, organisés en fonction des thèmes fédérateurs retenus. (2). La Wilaya : Le programme de développement rural intégré par objectif de la Wilaya (PDRIW) est élaboré à partir de la consolidation des PDRID. Le programme de développement rural intégré de la Wilaya s'entend comme la fédération des PPDRI initiés au niveau des communes».

313 La mise en œuvre du Programme de Soutien au Renouveau Rural « PSRR » passe un calendrier de trois phases qui a commencé par une phase pilote en 2007, une phase de consolidation en 2008 et une phase de généralisation entre 2009/2014.

Le PSRR[314] cherche avant tout à répondre aux objectifs du renouveau rural en fournissant un cadre et des modalités de revitalisation progressive des zones rurales. Il vise à faciliter l'appropriation de la dynamique du développement rural par les acteurs et partenaires multiples de manière à les responsabiliser[315].

6. 2. 3. La Politique de Renouveau de l'Economie Agricole (PREA : 2009-2013)

La Politique de Renouveau de l'Économie Agricole (2009-2013) en tant que stratégie nationale de développement durable dans l'agriculture, vise en particulier le renforcement de la sécurité alimentaire du pays. Cette stratégie s'articule autour des cinq principaux axes suivants :

- ✓ La promotion d'un environnement incitatif pour les exploitations agricoles et les opérateurs de l'agro-alimentaire par une politique de soutien adaptée.

- ✓ Le développement des instruments de régulation, notamment à travers le système de régulation des produits agricoles de large

---

314 D'après le site su ministère de l'agriculture, le PSRR est organisé en 3 phases : une phase de lancement, une phase de d'évaluation/consolidation et une phase de généralisation, échelonnées sur 6 années. Les 3 phases concernent la préparation et la mise en œuvre des PPDRI et les trois niveaux d'agrégation (plans de développement rural intégré des Daïra, des Wilayas qui constituent le PSRR). Elles concernent les différents acteurs institutionnels, aux trois niveaux de partenariat : le niveau local avec les porteurs de projets (individus, familles rurales, producteurs, exploitants agricoles, éleveurs, artisans, commerçants, petits entrepreneurs, etc.), le niveau intermédiaire avec les instances d'accompagnement et d'appuis (Cellule d'animation des Daïras et comités techniques des Daïras et des Wilayas), le niveau central avec les ministères directement ou indirectement impliqués (le ministre délégué chargé du développement rural pour ce qui concerne les mécanismes et méthodologies, le ministère de l'intérieur pour ce qui concerne les collectivités territoriales, le Ministère des Finances pour ce qui concerne les inscriptions budgétaires).

315 Le PSRR vise également à soutenir les unions professionnelles et les organisations locales pour plus d'insertion dans la dynamique effective du PRR. Le PSRR vise par ailleurs l'accompagnement des services techniques pour promouvoir le développement rural dans chaque willaya en assurant la planification que suppose l'application du PRR.

consommation «SYR-PALAC» et une sécurisation des richesses des producteurs (agriculteurs, éleveurs, industriels agroalimentaires).

- ✓ La mise en place de 10 programmes d'intensification des productions à travers des programmes spécifiques concernant quelques produits : céréales, lait, pomme de terre, huile, dattes, semences et plants, viandes rouges et blanches, programme d'économie de l'eau et à travers les pôles agricoles intégrés (PAI).

- ✓ Le renforcement des capacités techniques des exploitants agricoles, à travers une dynamisation de la formation, de la recherche et de la vulgarisation.

- ✓ La modernisation de l'administration agricole et le renforcement des institutions publiques concernées (administration forestière, services vétérinaires, services phytosanitaires, labellisation des produits,..., etc.).

6. 3. Les outils d'intervention de ces politiques

La stratégie de développement rural, conçue sous une forme de renouveau et de proximité, s'est voulue pareillement une démarche fondée sur l'intégration des actions ainsi que la mobilisation et la participation des acteurs locaux, à travers les Projets de Proximité de Développement Rural (PPDR), relayés ensuite par un autre type de projets : Projet de Proximité de Développement Rural Intégrés (PPDRI) en août 2006.

Ces PPDRI sont des projets intégrés et multisectoriels, réalisés sur des territoires ruraux préalablement identifiés, dans le but de permettre la stabilisation des communes rurales et le souci d'améliorer les conditions de vie des populations de ces régions, en assurant un développement économique, social et humain et en instaurant un cadre de vie proche de celui des zones urbaines.

D'après ses précurseurs, les PPDRI sont des projets fédérateurs construits de manière ascendante (cf. schéma 3). La responsabilité dans ces projets est participative. Elle est partagée entre les services de l'administration locale, les élus locaux, les citoyens et les organisations rurales. Les PPDRI fédèrent les objectifs des programmes de l'État et mettent en synergie les politiques sectorielles existantes par une dynamique territoriale dans un processus durable, économiquement viable et socialement acceptable[316].

Les PPDRI placent en avant le partenariat public–privé par le financement des investissements à usage collectif ou individuel et mobilisent les services publics, les porteurs des projets et les entreprises en mutualisant les compétences des acteurs locaux (agents des secteurs de l'administration et personnes qualifiées) au sein d'une cellule d'animation, pilotée par le chef de *Daïra* pour assister les porteurs des projets dans leurs démarches du développement économique et social. Les PPDRI s'entendent sur des projets comportant des actions d'accompagnement des populations et des institutions en milieu rural, agissant pour l'atteinte d'un objectif commun à tous[317].

316 Résumé à partir du site : www. mddr.gov.dz.
317 www. mddr.gov.dz.

Schéma (3) : Schéma conducteur de la politique du renouveau rural.

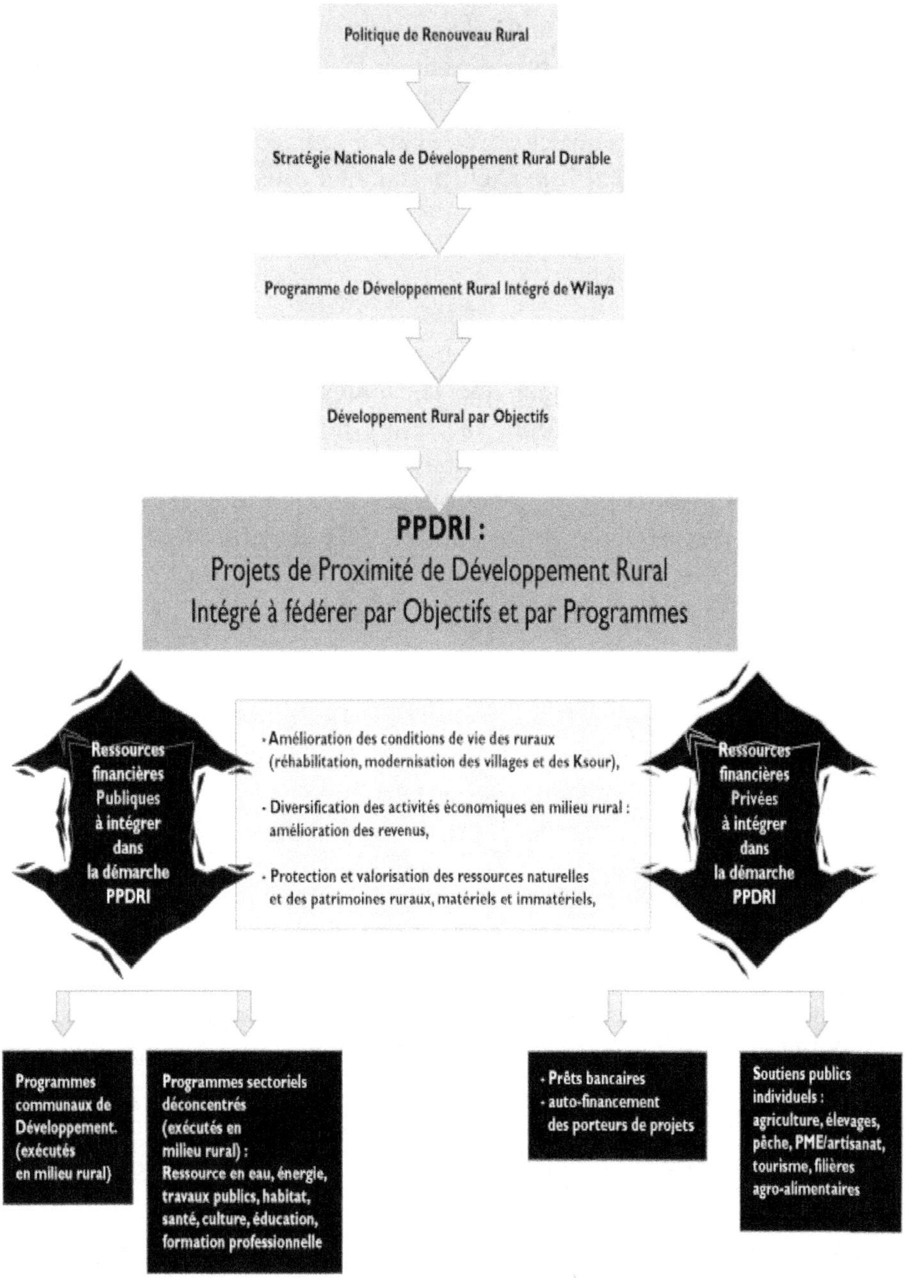

Source : Ministère délégué chargé du développement rural (2009).

6. 3. 1. Les différents fonds de soutien

Afin de concrétiser ces multiples objectifs, d'encadrer ces différents programmes et dans le but d'assurer le "succès" de cette nouvelle stratégie, l'État a mis en place une batterie de mesures incitatives et un ensemble d'instruments et de dispositifs qui permettent d'assurer un haut niveau du soutien financier, portant sur plusieurs dimensions.

6. 3. 1. 1. Fonds National de Régulation et de Développement agricole (FNDRA[318])

Il contribue à la prise en charge du soutien au développement des filières de production ainsi que les unités de valorisation. C'est un système de financement dont l'accessibilité n'est pas conditionnée par une prescription en amont des cultures prioritaires par l'État, mais à des programmes fixés en fonction des potentialités et des vocations culturales propres aux zones rurales. Les recettes du FNRDA sont essentiellement composées des contributions de l'État et des produits de la parafiscalité par des dotations de budget.

Les dépenses du FNDRA serrent également à subventionner la commercialisation, le stockage et le conditionnement, voire l'exportation des produits agricoles. Il concourt par ailleurs au financement de stock de sécurité (céréales et semences), à la protection des revenus des agriculteurs[319], du soutien des prix des produits énergétiques utilisés dans l'agriculture. Les dépenses du FNRDA incluent également la bonification d'intérêt des crédits agricoles à court et à moyen terme.

Le soutien du FNRDA est destiné aux agriculteurs et aux éleveurs individuels ou organisés en coopératives, aux associations ainsi qu'aux entreprises économiques publiques ou privées intervenant dans les activités de production, de transformation, de commercialisation et d'exportation des produits agricoles et agroalimentaires[320].

---

318 Le FNRDA a été établi par l'article 94 de la Loi n° 99-11 du 23 décembre 1999 portant sur la loi de finances 2000 par fusion du Fonds National de Développement Agricole et du Fonds de Garantie des Prix à la Production Agricole.

319 Par la prise en charge des frais induits par la fixation de prix de référence.

320 La liste des actions éligibles au soutien du FNRDA a été établie par arrêté ministériel n° 586 du 25 juin 2000 et le montant de l'intervention de l'État par une

Depuis sa création, ce fonds a joué un rôle prépondérant dans l'appui au financement des activités agricoles. Entre 2000 et 2005, il a concouru à hauteur de 2,29 milliards € (sur un investissement total de 3,984 milliards d'€) des montants d'investissement dans l'activité, soit, une couverture de l'ordre de 58% du financement (cf. tableau 22[321]).

Tableau (22) : Bilan des opérations financées dans le cadre du PNDA en milliards d'€.

Valeurs	Investissement global	Soutiens FNRDA	Crédits CRMA	Auto-financement
Dépenses	3,984	2,293	1,279	0,411

Source : Hadibi A., al, (2009).

6.3. 1. 2. Fonds de Soutien des Activités des Hauts Plateaux (FSAEHP[322])

Il est destiné aux Wilayas des hauts plateaux. Il finance totalement ou partiellement les programmes et les projets infrastructurels du développement. Il soutient également des investissements productifs dans ces régions.

6. 3. 1. 3. Fonds de la Mise en Valeur par la Concession (FMVC)

Ce fonds a été créé à titre transitoire jusqu'à la fin 2002, pour répondre à la nécessité d'une action urgente au niveau des régions rurales défavorisées, puis remplacé par le Fonds de développement rural et de mise en valeur des terres par concession (FDRMVTC)[323],

décision du ministère de l'agriculture n° 599/SM du 8 juillet 2000. La liste des filières pour lesquelles ces actions sont soutenues y figure également .

321 Soit une dotation de 270 euros par hectare de superficie agricole utile. d'après Hadibi A., al,. (2009).

322 Loi de finances pour 2004 (art 67).

323 Fonds de Développement Rural et de la Mise en Valeur des Terres par la Concession voir la page suivante.

créé par la loi de finances 2003. La gestion des dotations de fonds était assurée par la Caisse Nationale de Mutualité Agricole[324] (CNMA)[325].

6. 3. 1. 4. Fonds National de Développement d'Investissement Agricole (FNDIA[326])

Il est destiné aux agriculteurs et éleveurs individuels ou organisés en coopératives, groupes ou associations ainsi qu'aux entreprises économiques intervenant dans le processus de production, de valorisation ou d'exportation des produits agricoles et agro-alimentaires. À la fin de 2008, ce dispositif avait bénéficié à près de 264 000 exploitants agricoles[327] pour un montant total de 3,691 milliards de DA. Le soutien de ce fonds a concerné l'investissement dans l'apiculture, le renouvellement des vergers, les cultures fourragères, la régénération des arbres fruitiers, en particulier les oliviers.

---

324 La CNMA avait bénéficié, en 1995, d'une dérogation pour exercer des activités bancaires sans pouvoir effectuer des opérations de changes et de commerce extérieur, à travers le règlement n°95-01 du 28 février 1995 portant dérogation en faveur de la CNMA pour effectuer des opérations de banque. La CNMA est destinée aux secteurs de l'agriculture, la pêche et l'aquaculture et les forêts dont la vocation principale est l'assurance. Elle finance également à travers le leasing, l'acquisition d'équipements agricoles pour le compte des exploitants agricoles. Elle est le principal instrument financier du PNDA avec, à un degré moindre, la Banque de l'agriculture et de développement rural BADR. En 2004, elle a réalisé un chiffre d'affaires de l'ordre de 3 milliards de dinars qui représente 8% du chiffre d'affaires national.

325 Ses dotations proviennent de budget de l'État, il prend en charge l'ensemble des coûts relatifs à la mise en valeur d'un périmètre (Les terres mises en valeur sont soit concédées sous la forme d'un bail de concession pour les périmètres installés sur le domaine public de l'État soit cédées si le périmètre est installé sur le domaine privé de l'État. La surface concédée est de 10 hectares par bénéficiaire. Le plan de culture est défini par l'Administration et comprend : de l'arboriculture extensive ou du maraîchage en sec et irrigué, de l'élevage et de la céréaliculture de manière à ce que le revenu de l'exploitant soit d'environ 800 000 DA par an.) préalablement identifié, parmi ceux qui peuvent être implantés sur le domaine public ou privé de l'État.

326 Régi par le décret exécutif n°05-413 du 25 octobre 2005 fixant les modalités de fonctionnement du compte d'affectation spéciale n°302-067 intitulé « Fonds national de développement de l'investissement agricole ».

327 Dont 6 112 femmes bénéficiaires.

6. 3. 1. 5. Fonds de Développement Rural et de la Mise en Valeur des Terres par la Concession (FDRMVTC[328])

Ce fonds est destiné aux ruraux inscrivants leurs investissements dans le cadre des projets de proximité de développement rural (PPDR) sous condition d'une souscription à un cahier des charges pour la réalisation des ouvrages à usage individuel ou collectif. Ce dispositif couvre 100% des intérêts dus pour un crédit plafonné à 500 000 DA.

6. 3. 1. 6. Fonds de Développement Social (FDS[329])

Ce fonds soutient les travailleurs indépendants et leurs activités de production. Il assure des crédits[330] à un taux de 2% à la charge du bénéficiaire. Le différentiel par rapport au taux du marché appliqué par les banques est pris en charge par le Trésor public.

---

328 Concrétisé par l'ensemble des lois et décrets suivants : Loi n° 02-11 du 24 décembre 2002 portant loi de finances pour 2003, notamment son article 118. Décret exécutif n° 03-145 du 29 mars 2003 fixant les modalités de fonctionnement du compte d'affectation spéciale n° 302-111 intitulé «fonds de développement rural et de la mise en valeur des terres par la concession».. Arrêté interministériel (n°117 du 15/04/03) déterminant la nomenclature des recettes et des dépenses du compte d'affectation spéciale n°302-111 intitulé « FDRMVTC ». Décision n° 306 du 14 juillet 2003 précisant les modalités de financement des projets de développement ainsi que les conditions d'éligibilité au soutien sur le compte d'affectation spéciale n° 302-111– intitulé «FDRMVTC», les niveaux de soutien et modalités de leur paiement. Convention cadre du 18/08/ 2003, relative aux dépenses imputables au FDRMVTC.

329 Décret exécutif n° 99-44 du 23 février 1999 portant création et fixant les statuts du fonds de garantie des risques découlant des micros crédits. Circulaire n° 010 du 22 juillet 1999 relative à la mise en œuvre du micro- crédit. Ordonnance n° 95-27 du 30 décembre 1995 portant loi de finances pour 1996. Loi n° 98-12 du 31 décembre 1998 portant loi de finances pour 1999. Décret exécutif n° 94-228 du 27/07/1994, modifié et complété fixant les modalités de fonctionnement du compte d'affectation spéciale n° 302- 062 intitulé « bonification du taux d'intérêt sur les investissements».

330 Près de 50 000 DA à 350 000 DA remboursables dans une période de 12 à 60 mois.

6.3.1.7. Fonds de Lutte contre la Désertification et le Développement du Pastoralisme de la Steppe (FLDDPS[331])

Ce fonds soutient essentiellement les opérations de préservation et de développement du pastoralisme ainsi que la lutte contre la désertification[332]. Il appuie également l'extension des productions animales et la valorisation des produits de la steppe, réalisées par les éleveurs et les agro- éleveurs agissant à titre individuel ou organisés en unités solidaires de promotion et de développement de l'élevage, les coopératives, les groupements ou les associations professionnelles spécialisées.

C'est un fonds destiné aux membres des communautés pastorales dont les actions sont inscrites dans le cadre d'un PPDR. Ce dispositif est destiné à couvrir 100% des intérêts dus[333]. Il couvre en plus, 10% du montant principal de l'investissement accompli par un crédit lié aux réalisations ou 15% du montant principal de l'investissement réalisé par les éleveurs et les agro-éleveurs âgés de 18 à 40 ans[334].

---

331 Concrétisé par l'ensemble des lois et décrets suivants : Ordonnance n° 02-01 du 25 février 2002 portant loi de finances complémentaire pour 2002, notamment son article 8. Décret exécutif n° 02-248 du 23 juillet 2002 fixant les modalités de fonctionnement du compte d'affectation spéciale n°302-109 intitulé «Fonds de Lutte contre la Désertification et Développement du Pastoralisme de la Steppe» FLDDPS. Arrêté interministériel n° 329 du 21 août 2002 déterminant la nomenclature des recettes et des dépenses du compte d'affectation spéciale n° 302-109 intitulé « FLDDPS ». Arrêté interministériel n° 329 du 21 août 2002 déterminant la nomenclature des recettes et des dépenses du compte d'affectation spéciale n° 302-109 intitulé « FLDDPS ». Décision n° 305 du 14 juillet 2003 fixant les conditions d'éligibilité au soutien sur le FLDDPS, les niveaux de soutien ainsi que les modalités de leur paiement.

332 À la fin de 2008, sur les 24 wilayas et 440 communes des régions steppiques, agropastorales et présahariennes, il a été recensé plus de 800 projets entrant dans le cadre de la lutte contre la désertification et le développement du pastoralisme et qui ont touché près de 147 919 ménages.

333 Pour un crédit d'un montant maximum de 500 000 DA.

334 25% du montant principal des investissements réalisés par les éleveurs et agro éleveurs pour les autres tranches d'âge.

6. 3. 1. 8. Fonds National de Régulation de la Production Agricole (FNRPA[335])

Ce dispositif est destiné aux agriculteurs et aux éleveurs à titre individuel ou organisés en coopératives, en groupements ou en associations ainsi que les entreprises économiques intervenant dans les activités liées à la valorisation des produits agricoles. Ce fonds sert à garantir les crédits d'investissements destinés à la création, à l'extension et à la rénovation des équipements des entreprises. La garantie du fonds complète celle fournie éventuellement à l'établissement financier par l'emprunteur sous forme de sûretés réelles et/ou personnelles.

6. 3. 1. 9. Fonds National de Soutien à l'Emploi des Jeunes (FNSEJ[336])

Ce fonds soutient les micro-entreprises des agriculteurs âgés de 19 à 35 ans[337] titulaires d'une qualification professionnelle qui mobilisent un apport personnel en fonds propres : 5% pour un investissement égal ou inférieur à 2 millions DA et 10% pour un investissement dont le montant est entre 2 et 10 millions DA[338]. Le fonds bonifie les taux d'intérêts à hauteur de 75% du taux débiteur pour les investissements dans l'agriculture, l'hydraulique et la pêche[339].

---

335 Compte d'affectation spécial n 302-121 intitulé « fonds national de régulation de la production agricole». Ordonnance n° 05-05 du 25 juillet 2005 portant la loi de finances complémentaire pour 2005 notamment son article 28.

336 Décret exécutif n°03-290 du 6/09/2003 fixant les conditions et le niveau d'aide apportée aux jeunes promoteurs. Loi de finances complémentaire pour 1996 (article 16). Décret présidentiel n° 96-234 du 2/07/1996, modifié et complété par le décret présidentiel n°03-300 du 11/09/2003, relatif au soutien à l'emploi des jeunes. Décret exécutif n° 96-295 du 8/09/ 1996 fixant les modalités de fonctionnement du compte d'affectation spéciale n°302-087 intitulé «fonds national de soutien à l'emploi des jeunes», modifié et complété par le décret exécutif n° 03-74 du 24 février 2004.

337 Agé de 40 ans lorsque l'investissement génère 3 emplois permanents.

338 8% pour les investissements réalisés en zones spécifiques.

339 En zones spécifiques la bonification est respectivement de 90% et 75% du taux débiteur.

6. 3. 1. 10. Fonds Spécial de Développement du Sud (FSDS[340])

Le FSDS concerne les collectivités territoriales du Sud[341]. Il subventionne les opérations de revitalisation des espaces oasiens, de restauration des *Ksours*[342] et l'extension des superficies par la plantation de nouvelles palmeraies. Ce fonds appuie également la promotion des activités culturelles, touristiques et du patrimoine artisanal. Il soutient les actions de protection et de valorisation des milieux naturels et des patrimoines archéologiques, historiques, ainsi que la promotion des énergies solaires et éoliennes.

6. 3. 1. 11. Fonds de Promotion des Activités de l'Artisanat Traditionnel (FNPAAT[343])

Ce fonds soutient spécialement l'acquisition des équipements et d'outillages nécessaires aux activités artisanales. Il garantit le remboursement d'emprunts bancaires contractés par les PME (Petites Moyennes Entreprises) au titre des financements d'investissements productifs des biens et de services relatifs à la création et l'extension ainsi que le renouvellement des équipements des entreprises.

---

340 Loi de finances pour 1998 (art 85). Loi de finances complémentaire pour 2000. Décret exécutif n° 2000-242 du 16/08/2000 fixant les modalités d'application des dispositions de l'art 17 de la LFC pour 2000, relatives aux modalités de fonctionnement du FSDRS.

341 Adrar, Béchar, Tindouf, Biskra, El Oued, Ouargla, Ghardaia, Laghouat, Illizi, Tamenghasset.

342 Notamment dans le Sud.

343 Décret n° 93-06 du 02 janvier 1993 fixant les modalités de fonctionnement du compte n°302-066, intitulé «fonds de promotion des activités de l'artisanat traditionnel» et l'instruction interministérielle n° 02 du 16 février 1994 fixant les modalités de fonctionnement du compte d'affectation spéciale n°302-066.

6. 3. 2. Les mesures de soutien et d'accompagnement au profit des agriculteurs[344]

La loi de finances complémentaire 2008[345] a apporté de nombreuses décisions destinées à promouvoir la production agricole locale en parallèle à des mesures incitatives visant à favoriser l'investissement dans le secteur agricole, introduites dans le cadre de cette loi.

Des décisions stipulant l'application des allégements fiscaux au profit des agriculteurs, visant spécialement le renforcement de leurs capacités productives. Parmi elles, l'exemption de la taxe sur la valeur ajoutée (TVA) jusqu'au 31 décembre 2018. Cette exonération concerne les loyers versés dans le cadre des contrats de crédit-bail *(leasing)*[346] portant divers matériels utilisés notamment dans la réalisation des silos, des chambres froides et des laiteries, ainsi que sur le coût du *leasing* pour l'acquisition de matériels agricoles produits localement, ont été prévus à la promotion de la production agricole locale[347]. Elle prévoit, entre autres, l'exemption de la TVA sur les coûts des produits phytosanitaires, des engrais et des semences[348].

La loi de finances complémentaire 2008[349] prévoyait par ailleurs de nombreuses aides pour appuyer les filières d'élevage et les éleveurs subissant des problèmes financiers, dont la plus importante concerne la création d'un fonds public spécifique à l'appui des éleveurs pour faire face au problème de la cherté des aliments du bétail.

---

344 Voir portail du premier ministre d'Algérie. www.cg.gov.dz.

345 Ordonnance n° 08-02 du 24 juillet 2008 portant loi de finances complémentaire pour 2008.

346 Le crédit-bail (leasing) a permis la création de 7000 de mini entreprises de services d'appui à l'exploitation agricole dans l'ingénierie agricole par des ingénieurs, vétérinaires et techniciens diplômés en chômage.

347 L'article 31 de cette loi stipule « [...] jusqu'au 31 décembre 2018, sont exemptés de la taxe sur la valeur ajoutée les loyers versés dans le cadre des contrats de crédit-bail portant sur les matériels agricoles produits en Algérie ».

348 L'article 29 de cette loi stipule ce qui suit : « les engrais azotés, phosphatés, phospho-potassiques et les engrais complexes (NPK sulfate et NPL chloré) [...] ainsi que les produits phytosanitaires [...] sont, à compter de la promulgation de la présente ordonnance [...] exonérés de la taxe sur la valeur ajoutée ».

349 L'article 30 de cette loi : «[...] sont exemptés de la TVA, les produits entrant dans la fabrication des aliments de bétail [...] ».

La loi de finances complémentaire de la même année prévoyait l'exemption des droits et des taxes fixés à 7%, sur les produits chimiques et les matières organiques importés par les fabricants des produits et des médicaments vétérinaires[350].

6. 3. 2. 1. Système de régulation des produits de large consommation (SYPRALAC[351])

Mis en place en juillet 2008, son objectif premier est de devancer les agissements des spéculateurs et de juguler le phénomène de la spéculation sur le marché des produits agricoles. Ce dispositif rentre dans le cadre d'un plan visant à rompre avec les pénuries des produits agricoles et garantir une disponibilité continuelle de ces produits sur les marchés locaux tout en préservant le pouvoir d'achat des consommateurs.

La mise en place du *SYPRALAC* réclame de gigantesques moyens de stockage. C'est pourquoi l'État prévoit le rétablissement d'un nombre important des anciennes chambres froides, d'entrepôts frigorifiques et d'autres infrastructures et mécanismes de stockage, en particulier ceux qui appartenait dans le passé à l'OFLA[352].

---

350 L'article 32 de cette loi stipule « sont exemptés des droits et taxes, les produits chimiques et organiques importés par les fabricants des médicaments à usage vétérinaire ».

351 Mis en place par décision n°498 du 13 août 2008 portant le dispositif d'intervention dénommé « système de régulation des produits agricoles de large consommation (SYRPALAC) » et prise en charge sur le fonds national de régulation de la production agricole (FNRPA) des frais et marges inhérents.

352 Le problème du patrimoine de l'OFLA (Office National de Fruits et Légumes.) est la preuve irréfutable de la mauvaise gestion du secteur agricole de l'État. Le réseau OFLA qui s'est vu doter d'un énorme patrimoine pendant les années 1970 au prix d'un très lourd investissement se chiffrant aux milliards de DA (circuits de chambres froides, des aires de stockage performantes, des unités de conditionnement pour les produits à l'exportation, ...). Ce patrimoine sera mis sous la tutelle du ministre du commerce dans les années 1990 (sous la tutelle de l'ENAFLA : Entreprise nationale des fruits et légumes), avant d'être abandonnés et de sombrer dans l'oubli total quelques années plus tard. D'après le journal : carrefour d'Algérie du dimanche 13 janvier 2008, dans la seule région de l'Oranie les pertes se chiffrent en milliards. À Mohammedia, dans la wilaya de Mascara une unité d'une capacité de près de 10000 tonnes/ jour avec toutes les structures annexes est totalement abandonnée. À Mascara, une unité de 3000 tonnes/jour, à Sidi Bel-Abbés, une unité de 5000 tonnes/jour... etc. À Mohammedia toujours, une chaîne de conditionnement de d'une capacité de 1000 tonnes par jour et qui était destinée à assurer l'exportation

Ceci est dans le but de composer des stocks d'intervention à partir de la production nationale, en prélevant les surplus des productions afin de protéger les revenus des agriculteurs et les réinjecter sur le marché en cas de défaut de production pour limiter la volatilité des prix et sauvegarder ainsi le pouvoir d'achat de la population.

En effet, face à la problématique des chutes des prix des produits agricoles que subissent les producteurs en période de pleine saison[353], ce dispositif intervient pour préserver les agriculteurs des brutales chutes saisonnières des prix de leurs récoltes d'une part, et pour prémunir les consommateurs contre des flambées des prix des produits agricoles, notamment en périodes[354] de forte demande, d'autre part.

Les organismes entreposeurs s'engagent à stocker les productions pour une période de 3 mois modulable, pour un prix fixé par le ministère. À titre d'exemple, les coûts mensuels de manutention et de stockage pour les pommes de terre sont fixés à 1,8 DA/kg/mois lorsque le produit est présenté en filet et 1,5 DA/kg/mois, lorsque le produit est en vrac. Le prix de vente du produit au déstockage se fera au maximum sur la base du prix de référence (20 DA/kg), majoré d'une marge bénéficiaire de 25%[355].

6. 3. 2. 2. Soutiens directes aux producteurs agricoles

Parallèlement à la mise en place de ces nombreux fonds et à ces différents dispositifs, l'État comme agent de régulation économique a mis en œuvre une multitude de politiques censées tirer les niveaux des productions agricoles vers le haut.

---

est complètement délaissée. Le même sort est réservé à un autre de conditionnement de 300 à 400 à Relizane.

353 Prix de gros des pommes de terre en 2008 : 8 DA/kg, prix de gros des tomates en 2008 : 5 DA/kg, prix de gros des pommes en 2008 : 15 DA/kg (en moyenne sur toute l'année).

354 Les fêtes de mariages pendant l'été, les fêtes religieuses (Ramadan, Aïd, Aïd el Kabîr) sont des périodes de très hautes consommations alimentaires et surtout, des périodes qui connaissent des spéculations démesurées.

355 Avec une obligation de souscrire à une assurance contre la détérioration des produits, prise en charge par le FNRPA (Fonds National de Régulation de la Production Agricole).

Parmi les mesures phares de ces politiques, la reconduction des dispositifs relatifs à l'alignement des prix locaux des céréales livrées aux CCLS (Coopératives des Céréales et des Légumes Secs) sur les marchés mondiaux. Le fonds de développement agricole attribue à quelques filières d'activités (notamment celles des céréales et celles des productions laitières) des subventions sur budget de l'État.

Les prix sont fixés à 4 500 DA le quintal de blé dur, 3 500 DA le quintal de blé tendre et 2 500 DA le quintal d'orge ainsi que le relèvement des prix des légumes secs payés par ces coopératives de l'ordre de 2 600 DA le quintal de lentilles et 3 000 DA le quintal des pois chiches.

Un autre dispositif concernant l'adaptation des mécanismes d'aide aux agriculteurs pour l'appui à la production laitière. Le soutien au développement de la production et de la collecte de lait est de l'ordre de 12 DA le litre pour les productions livrées à des laiteries conventionnées. Une autre prime nommée la *"prime d'intégration"* est octroyée pour les productions laitières. Elle est d'une valeur de 2 à 4 DA le litre pour les transformateurs de lait et de 5 DA le litre pour les collecteurs.

6. 3. 2. 3. **Le crédit sans intérêt (RFIG)**

Depuis l'indépendance, le manque de crédit est l'une des principales caractéristiques du secteur agricole en Algérie. L'agriculteur a toujours eu recours à l'autofinancement (souvent dérisoire) ou à l'emprunt auprès des particuliers afin de financer son activité.

Les risques liées à la spécificité de l'activité agricole (risques climatiques, perte des récoltes,…) ainsi que le statut compliqué des terres agricoles (terres en indivision, absence de titrisation, impossibilité d'hypothéquer le droit d'usage ou de propriété,…) sont des contraintes qui limitent fortement les chances de bénéficier d'un crédit bancaire. Même en cas de son obtention, il est souvent difficile de le rembourser. Les créances irrécouvrables des crédits envers les agriculteurs et les éleveurs algériens sont de l'ordre de 41 milliards de DA.

À cause de cette particularité de l'activité agricole, les bénéficiaires des prêts sont souvent dans l'incapacité d'honorer leurs dettes[356] et éprouvent de sérieuses difficultés pour continuer leur travail, ce qui constitue une sérieuse menace quant à l'avenir de leurs exploitations. L'avènement du dispositif du RFIG peut être une réponse afin d'y remédier à cette situation.

Le nouveau dispositif, baptisé *RFIG*, a été lancé en août 2008[357] à l'initiative du ministère de l'agriculture. Son octroi est assuré par les deux banques conventionnées par le ministère de l'agriculture et développement rural qui sont la BADR (Banque de l'agriculture et du développement rural) et la BNA (Banque nationale d'Algérie). Le *RFIG* vise essentiellement à conforter et à soutenir les différentes composantes et projets de la PRR (Politique de Renouveau Rural).

D'après les concepteurs de ce produit financier, le *RFIG* va limiter la déstabilisation de l'appareil de production et limiter le désinvestissement chronique qui fait défaut au secteur agricole jusqu'à là et qui a conduit un nombre important d'agriculteurs et d'éleveurs à délaisser l'activité et à rester au chômage.

Le crédit *RFIG* est accordé pour une période d'une année aux différents exploitants agricoles qui y postulent : agriculteurs et éleveurs[358] à titre individuel ou organisés en coopératives, en groupements, en associations ou en fédérations. Ce mécanisme de prêt ouvre à tout bénéficiaire qui rembourse à l'échéance d'une année, le droit à un autre crédit de même nature pour la compagne agricole suivante, mais surtout, lui donne le droit que ses intérêts soient payés par le ministère de l'agriculture[359]. En effet, la plus importante

356 En particulier en absence des polices d'assurance pour la plupart des exploitations. Selon les statistiques officielles, 1% des exploitations agricoles total sont couvertes par un contrat d'assurance.

357 Loi de finances complémentaire 2008.

358 La loi de finances complémentaire 2008 prévoit l'ouverture dans les écritures du Trésor un compte d'affectation spéciale intitulé "Fonds spécial d'appui aux éleveurs et petits exploitants agricoles" dont les dépenses portent sur la couverture totale des charges d'intérêts des éleveurs et petits exploitants, les subventions de l'État au développement de l'élevage et de la production agricole.

359 L'une des conditions de l'octroi de ce crédit qui concerne la période de remboursement exige que le crédit soit soldé à l'échéance d'une année (prorogée de

disposition caractérisant ce prêt est la prise en charge de la totalité des intérêts du crédit par le ministère de l'agriculture et développement rural. C'est un dispositif de crédits sans intérêts (taux de 0%). Il s'agit donc d'un prêt de compagne et non pas d'un crédit à long terme.

Le *RFIG* porte sur plusieurs domaines d'intervention. Il couvre l'acquisition d'intrants nécessaires à l'activité des exploitations agricoles tels que les semences, les plants, les engrais, les produits phytosanitaires ainsi que l'acquisition d'aliments pour le bétail. Ce dispositif porte également sur l'achat des moyens d'abreuvements et des produits médicamenteux vétérinaires et l'acquisition de produits agricoles à entreposer dans le cadre du dispositif *"SYRPALAC"* (Système de Régulation des Produits Agricoles de Large consommation).

Le *RFIG* est conçu par ailleurs, pour renforcer les aptitudes des exploitations agricoles à produire : amélioration des systèmes d'irrigation pour une plus grande mobilisation et économie d'eau, réhabilitation des infrastructures d'élevage et de stockage au niveau des exploitations agricoles, installation des serres, peuplement des étables, des bergeries et des écuries ainsi que l'acquisition de matériel agricole dans le cadre du crédit *leasing*[360].

---

6 mois en cas de force majeure) sous peine de perte de la possibilité de bénéficier d'un nouveau crédit et la privation de droit de payement des intérêts par le MADR.

360 D'après l'ordonnance n° 96-09 du 10 janvier 1996 relative au crédit-bail ou leasing, celui-ci est définit comme suit. Art. 1 : le crédit-bail est une opération commerciale et financière réalisée par les banques et établissements financiers, ou par une société de crédit-bail légalement habilitée et expressément agréée en cette qualité, avec des opérateurs économiques nationaux ou étrangers, personnes physiques ou personnes morales de droit public ou privé. Le crédit-bail ayant pour support un contrat de location pouvant comporter ou non une option d'achat au profit du locataire et portant exclusivement sur des biens meubles ou immeubles à usage professionnel ou sur fonds de commerce ou sur établissements artisanaux. Art. 2. Les opérations de crédit-bail sont des opérations de crédit en ce qu'elles constituent un mode de financement de l'acquisition ou de l'utilisation des biens visés à l'article 1er ci-dessus. Les opérations de crédit-bail sont dites "Leasing financier" si le contrat de crédit-bail prévoit le transfert au locataire de tous les droits, obligations, avantages, inconvénients et risques liés à la propriété du bien financé par le crédit-bail, si le contrat de crédit-bail ne peut être résilié et s'il garantit au bailleur le droit de recouvrer ses dépenses en capital et se faire rémunérer les capitaux investis. Les opérations de crédit-bail sont dites "Leasing opérationnel" si la totalité ou la quasi-totalité des droits, obligations, avantages, inconvénients et risques inhérents au droit

6. 4. Les obstacles à la réalisation de ces programmes de développement agricole

Malgré le caractère sérieux de ces nouvelles politiques, et bien qu'elles aient suscité un regain de l'intérêt pour l'activité agricole, il apparaît que ces réformes n'ont pas réussi pour autant à trouver la *"bonne solution"* pour le développement et la maîtrise de la production agricole qui fait encore défaut.

Le grand défi de ces différentes politiques est de mettre fin, d'une part, à la faiblesse des niveaux des productions et d'autre part, à la mauvaise gestion des richesses naturelles du pays (terre et eau)[361] ainsi qu'à celle des financements consacrées à l'activité agricole qu'a connu le pays depuis l'indépendance. Malgré ces objectifs affichés, il s'avère que le secteur agricole est encore sujet à des malversations de la part de quelques cadres du ministère, des agents administratifs et des agriculteurs eux-mêmes.

---

de propriété du bien financé n'est pas transférée au locataire et reste au profit ou à la charge du bailleur. Art. 3. Le ou crédit-bail se définit comme étant mobilier s'il porte sur des biens meubles constitués par des équipements ou du matériel ou de l'outillage nécessaire à l'activité de l'opérateur économique. Art. 4. Le crédit-bail se définit comme étant immobilier s'il porte sur des biens immeubles construits ou à construire pour les besoins professionnels de l'opérateur économique. Art. 5. Le crédit-bail se définit : comme national lorsque l'opération met en présence une société de crédit-bail, une banque ou un établissement financier et un opérateur économique, tous deux résidents en Algérie. Comme international lorsque le contrat lui servant de support est : soit signé entre un opérateur économique ayant la qualité de résident en Algérie avec une société de crédit-bail, une banque ou un établissement financier ayant la qualité de non-résident. Soit signé entre un opérateur économique n'ayant pas la qualité de résident en Algérie avec une société de crédit-bail, une banque ou un établissement financier résident en Algérie. Les qualités de résident en Algérie et de non-résident sont celles définies par la législation et la réglementation algérienne en vigueur.

361 Omar Aït Ameur, directeur des études au ministère de l'agriculture explique dans un entretien au journal el-watan du 25 août 2008 que l'enjeu essentielle de cette nouvelle politique agricole était de mettre fin à des décennies "d'agriculture minière". « Notre programme vise à protéger les ressources qui nous permettent d'assurer la sécurité alimentaire. Il faut prendre en charge les préoccupations des générations futures en protégeant les ressources naturelles de manière à ce qu'elles ne soient pas dégradées pour arriver à un développement durable », indique-t-il.

6. 4. 1. Corruptions et malversations

Dans des différents entretiens réalisés en marge de la deuxième conférence euro-méditerranéenne pour l'agriculture (septembre 2006), un nombre important d'hommes politiques, de spécialistes de l'agriculture et de parlementaires[362] nous ont émis leurs réserves sur les chances de réussite des nouvelles politiques agricoles en Algérie, à cause de la propagation du phénomène de la corruption dans le pays. Un phénomène qui prend de l'ampleur et qui démolit tout effort du développement.

D'après l'organisation internationale *Transparency International*, qui s'occupe d'établir l'indice (IPC)[363] de perception de la corruption donnant une estimation assez fidèle de l'étendue du phénomène de la corruption dans chaque pays, dans son rapport annuel de 2009, l'Algérie est positionnée à la 111ème place sur 180 pays, avec une note de 2,8 sur 10[364]. Cette note inférieure à 3, signifie[365] l'existence d'un haut niveau de corruption au sein des institutions de l'État et l'absence d'un climat sain pour les affaires, induisant un développement dans le pays[366].

En effet, depuis les premières années de l'indépendance, il paraît que des terres et des capitaux sont au cœur d'affaires d'escroqueries et de dilapidations insidieuses liées probablement à la mauvaise gestion, à l'absence d'une transparence des transactions ainsi qu'à la mauvaise gouvernance qui règne, apparemment, dans le secteur agricole. Aujourd'hui, les scandales touchant au secteur agricole font la une, en

---

362
http://www.europarl.europa.eu/meetdocs/2004_2009/documents/dv/participants2806 2006_/participants28062006_en.pdf

363 Le score attribué à chaque pays ou territoire évalue le niveau de corruption dans le secteur public, tel que perçu par les entreprises et les experts, sur une échelle allant de zéro (degré élevé de corruption) à dix (degré élevé d'intégrité).

364 l'Algérie a perdu 20 places par rapport à 2008 passant de la 92ème place en 2008 à la 111ème en 2009.

365 Cette constatation est faite par les concepteurs de l'indice IPC lorsque la note attribuée est inférieure à 3.

366 De plus, les rapports officiels 2007/2009 de la Banque mondiale concernant les infrastructures en Algérie jugent l'existence d'une mauvaise gestion et surcoûts dans les différents projets.

particulier, ceux qui concernent les dépenses faramineuses du PNDA[367].

D'après l'édition du journal *el-watan*[368] du 27 août 2009[369], il paraît que l'actuel ministre de la santé a été mêlé à de *« graves scandales financiers et à des affaires très douteuses lorsqu'il était à la tête du ministère de l'Agriculture ».* D'après cette source, le ministre « *a saisi sa position de ministre de l'agriculture [...] pour se servir et servir son entourage. Pour preuve, il "a détourné"*[370] *70% des aides agricoles destinées aux 14 wilayas du Sud au seul profit de la wilaya de Biskra*[371]». L'enquêteur du journal cite en exemple les cas d'agriculteurs, amis d'enfance du ministre, devenu en un temps record des importants investisseurs au point où « *ils négocient des contrats d'importations avec des partenaires étrangers au siège du ministère [...]*».

D'après la même source, il paraît aussi que lors d'un Conseil des ministres, le Président de la République avait déclaré ce qui suit. « *Je ne comprends pas*[372] *comment une seule wilaya bénéficie de plus de 70% des aides octroyées à 14 wilayas, d'autant plus que ceux qui ont bénéficié de ces aides ne les méritaient pas* ». Le journal évoque un autre scandale qui éclabousse l'ex-ministre de l'agriculture. L'affaire concerne l'achat d'un matériel agricole défectueux, d'une valeur de 10 milliards de DA, auprès d'une société espagnole.

---

367 En plus des scandales de l'autoroute Est/Ouest dont le projet initial était estimé à 7 milliards de $ pour passer à 12 selon l'officiel et à plus de 15 milliards de $ selon d'autres estimations ou le récent scandale de Sonatrach (voir la contribution parue dans El Khabar et dans le quotidien d'Oran de Abderrahame Mebtoul - la lutte contre la bureaucratie et la corruption, une priorité pour la sécurité nationale 02 novembre 2009 Interview le 17 novembre 2009 à la radio algérienne chaîne III" situer la problématique de l'emploi en Algérie dans le cadre de la politique socio-économique globale"».

368 L'un des principaux journaux en Algérie et l'un des plus sérieux également.

369 Article d'El watan du 28/09/2009 par Hacen Ouali.

370 Selon les propos du journal.

371 Wilaya dont le ministre est originaire.

372 Cette déclaration « honnête » du Président indique clairement que l'État est incapable de bien gérer ses ressources et soulève une question importante qui reflète le degré de l'anarchie totale qui règne dans le pays : comment le ministre seul a pu décider d'octroyer ou de répartir des fonds à telle ou telle wilaya ? où est la cour des comptes dans tout cela ? ou sont les employés du ministère ?

Le journal cite : « *la procédure d'achat du matériel n'a pas été respectée puisqu'il n'a pas été soumis à un avis d'appel d'offre national ou international, tel que le prévoit la réglementation* ». De plus, le journal cite une autre affaire concernant la location de 30 avions loués par le ministère pour faire face à l'invasion des criquets. « *La plupart de ces avions étaient en panne et sont restés cloués au sol, mais le ministère avait préféré garder 3 avions pour une durée de trois mois sans qu'ils soient utilisés, sachant que le coût de la location est de 36 000 euros la journée*[373]», rapporte le journal.

À en croire les informations diffusés par le journal *« courrier d'Algérie »* du 24 juillet 2008, il s'avère que l'ancien secrétaire général du ministère de l'agriculture et ancien directeur général[374] de l'OAIC (Office Algérien Interprofessionnel des Céréales), serait probablement à la tête d'un vaste réseau d'escroquerie dans lequel seraient impliqués beaucoup de personnalités politiques. Les enquêteurs dans cette affaire ont conclu des fausses factures touchant principalement l'achat du blé à des producteurs fictifs, mais aussi la mise en valeur des terres d'une valeur globale de 1 400 milliards de DA avec le concours de deux sociétés écran[375].

6. 4. 2. Mauvaise gestion, gaspillage et absence du contrôle

En plus de ces déprédations, les fonds octroyés au développement de l'activité agricole sont sujet à une mauvaise gestion phénoménale et dont les bénéficiaires ne sont pas toujours des agriculteurs[376]. *« Les*

---

373 Soit 9,72 millions de $.

374 Le 28 septembre 2006, nous avions rencontré personnellement la personne en question dans le cadre de la 2ème conférence pour l'agriculture méditerranéenne. Il nous a exprimé sa volonté d'aller très loin dans l'application de la nouvelle politique agricole en Algérie. À notre question concernant le risque lié à la corruption et aux détournement des fonds, il a exprimé son assurance et sa confiance dans les organismes du contrôle de l'État !

375 « Dont 800 milliards de DA pour le compte de la première société, et les 600 milliards de DA autres pour une seconde. la première appartient à l'ancien président de l'APN et la seconde au frère d'un député FLN, occupant un poste important au sein de l'hémicycle, et ayant également un frère à la tête d'une OAIC selon les citations du journal.

376 Cela est dû essentiellement à l'absence du contrôle de la part des institutions étatiques, notamment celui de la cour des comptes.

vrais fellahs, faute d'instruction et de relations, s'en sont trouvés exclus pendant que certains hommes d'affaires ont profité de plusieurs crédits en usant de différents prête-noms[377]».

À titre d'exemple, d'après l'analyse d'O. Boussaoud de la nouvelle politique agricole, le dispositif du FNRDA a profité à près de 220 000 exploitations mais a exclu 600 000 exploitations isolées[378]. « *Des fonds sectoriels n'ont pas été employés pour les populations rurales isolées des petites agglomérations* ». Ces programmes conclut-il « *ont été conçus et menés dans une logique administrative, ce qui constituait une autre limite identifiée par les différents acteurs*[379]».

Dans un entretien du journal *el-watan* du 25 mai 2008, S. Bedrani, commente les projets du plan national de développement agricole. « *Le PNDA partait d'une bonne idée. Il visait à changer les systèmes de cultures extensives pour les rendre intensives. On y est arrivé dans une certaine mesure, mais seulement dans une petite mesure et avec beaucoup de gaspillage. On aurait pu avoir des augmentations de la production beaucoup plus importantes si on avait dépensé cet argent de meilleure façon. On a subventionné des bassins d'irrigation qui ont été abandonnés ; on a subventionné des kits d'irrigation localisée sans apprendre aux agriculteurs à s'en servir ; on a fait des plantations d'arbres fruitiers dans des zones inadaptées et pour des agriculteurs n'ayant aucune pratique de l'arboriculture, donc pas du tout préparés. On a tout fait dans la précipitation, sans études sérieuses préalables. Il fallait annoncer au Président de la République le maximum de réalisations, le maximum d'argent dépensé, le maximum d'emplois créés, le maximum d'hectares mis en valeur, même si une grande partie de tout cela n'existait que sur le papier. C'est de l'argent gaspillé*[380]».

Dans sa critique de la gestion des capitaux consacrés au PNDA, S. Bedrani explique qu'il y a eu beaucoup d'empressement dans la mise

---

377 Moussa Belabbès, chef du bureau de DSA de la wilaya de Tissemssilt, dans un entretien au journal el-watan du 13 mars 2010.

378 Ce qui représente une population rurale de près de 10 millions de personnes.

379 Bessaoud, O. (2006). « la stratégie de développement rural en Algérie », Cahiers Options Méditerranéennes… op. cit.,.

380 Cela signifié encore une fois, que ce n'est pas la validité de ces politiques qui est remise en cause mais plutôt les manières dont ces politiques sont appliquées.

en place des projets. « *On a financé n'importe quoi, n'importe comment. Il en est ainsi de la mise en valeur des terres par la concession qui est mise en œuvre par la Générale des Concessions Agricoles (GCA*[381]*). Chaque projet coûte [...] des milliards. Il devait faire l'objet d'une étude préalable pour voir s'il est viable ou non. Or, des études extrêmement sommaires ont été faites. On a financé des projets à perte et qui n'ont jamais vu le jour. Sur certains périmètres de la GCA, des équipements neufs sont toujours stockés depuis des années sans être rentabilisés* ».

Par ailleurs, un rapport de la Cour des comptes a révélé que les responsables de la GCA « *ont rarement recouru à l'appel à la concurrence, se contentant plutôt de la pratique du gré à gré, simple dans l'attribution des marchés à des entreprises ne disposant souvent pas, a priori, des capacités financières, matérielles et techniques à même d'exécuter les travaux spécifiques qui leur ont été confiés dans les meilleures conditions de délais et de qualité*». La Cour des comptes est arrivée à une conclusion édifiante. «*Ces marchés ont été, à l'évidence, décidés dans le but d'assurer aux entreprises privées un plan de charge plutôt que de répondre aux besoins des différents projets retenus*». D'ailleurs, la majorité du matériels acquis entre 2001 et 2004 demeurent non utilisés et restent stockés au niveau des sièges des communes concernées, exposés au maraudage et la détérioration. « *Une situation qui a causé, selon le rapport, un énorme préjudice au développement agricole de la région mais également aux fonds publics*[382]».

Le capital financier et le matériel agricole ne sont pas les seuls sujets du pillage. Il paraît que des détournements insidieux du capital foncier dues aux transactions illégales auxquels se livrent les usufruitiers ne sont pas les moindres. Des résultats d'enquêtes de la gendarmerie nationale, issus de 18 mois de recherches ont abouti à la mise en examen de plus de 16 000 personnes accusées de dilapidation du foncier agricole public (6 366 ha) dans la seule région d'Alger. Le ministère de l'agriculture a fait état de la perte de 150 000 hectares de terres agricoles publiques et privées depuis 1962, qui ont été

381 Plus de 40 milliards de dinars ont été dépensés dans des projets, dont plus de la moitié n'a pas été réalisée, et même dans le financement d'opérations de fourniture de semence de pomme de terre et d'engrais.
382 Journal el-watan, 26 juillet 2010.

majoritairement détournées de leurs vocations, suite à des besoins d'urbanisation ou d'installation d'infrastructures publiques.

Il est clair que ce que nous exposons ne peut remettre en cause la philosophie même de ces nouvelles politiques ainsi que de leurs viabilités. Il remet cependant en cause, le rôle de l'État comme agent régulateur et garant du bon fonctionnement de l'économie.

En effet, hormis ce pillage et ce gaspillage dont font l'objet les différents fonds agricoles et l'assiette foncière, des questions relatives au rôle de l'État comme garant de l'autorité publique peuvent être soulevées. Des questions qui remettent en cause l'État comme appareil politique : comment des fonds aussi pharamineux comme ceux du PNDA n'ont pas été soumis à des contrôles stricts avant de les distribuer ? Quelle est la validité de l'appareil de la justice ? Comment expliquer que des sociétés privées sans aucune expérience, puisse avoir le monopole sur les financements de projets aussi importants que ceux entrant dans le cadre du développement agricole ?

il est fort probable que des réponses à ces questions ne voient jamais la lumière du jour comme l'indique "le quotidien d'Algérie" : *« des questions auxquelles la justice n'a pu à ce jour donner de réponses et il n'est pas exclu qu'elle ne donnera jamais de réponses dans la mesure où parmi ceux qui ont profité de cette manne financière, des noms de personnalités de l'État, comme celui de l'ancien président de l'Assemblée nationale, ont été cités mais n'ont jamais été inquiétés. Il est important de préciser que la société El Karama, dont on sait qu'elle appartient à cet ancien responsable, a été parmi les entreprises qui avaient le monopole sur les projets de mise en valeur. Une réalité amère, surtout lorsqu'on sait qu'un agent de saisie accusé de faux et usage de faux, parce qu'il a saisi un document, est en prison depuis trois ans*[383] *»*.

Il est possible également que les réponses à ces questions se résument dans la déclaration de chef du bureau de la DSA (Direction des Services Agricoles) de la wilaya de *Tissemssilt*[384]. *« L'idée du PNDA*

383 Journal el-watan du 26 juillet 2010.

384 Moussa Belabbès, chef du bureau de DSA de la wilaya de Tissemssilt, dans un entretien au journal el-watan du 13 mars 2010.

est généreuse, mais son application sur le terrain s'est révélée désastreuse [...] le PNDA a encouragé la corruption et la spéculation [...] il a davantage profité aux opportunistes qu'aux agriculteurs [...] il est impensable que tant de milliards partent ainsi en fumée sans qu'il y ait un suivi sur le terrain pour s'enquérir de la façon dont ces fonds sont dépensés. Comment voulez-vous qu'un fellah à qui vous donnez 600 millions de DA[385] frais,... travaille ? ».

6. 4. 2. Insuffisances des subventions directes au secteur agricole

Malgré l'existence de ces différents fonds cités et malgré les montants dépensés, l'appui "réel et direct" à l'activité agricole en Algérie demeure relativement faible et insuffisant. Depuis l'application du plan d'ajustement structurel en 1994 et depuis la préparation de l'Algérie à accéder à l'OMC, l'agriculteur algérien est peu subventionné par rapport aux autres agriculteurs des pays du Nord pour lesquels les subventions représentent parfois 70% des revenus. De plus, depuis 2005, le gouvernement algérien a décidé de réduire les subventions directes et les allocations à l'investissement au profit des agriculteurs. Cette politique de diminution des subventions à l'investissement est en totale contradiction avec les mesures précédentes et les intentions affichées par l'État, elle est qualifiée par S. Bedrani *« d'un véritable crime contre l'agriculture algérienne et donc contre le développement économique[386]».*

Cette différence des subventions se voit à travers les statistiques. D'après les données de l'Union européenne (cf. graphique 81), le montant total des allocations attribuées aux agriculteurs européens dans le cadre de la PAC (Politique Agricole Commune) a atteint en 2008, le montant de 53,538 milliards d'€, soit près de 46% du budget total de l'Union (116,545 milliards d'€). Cela représente un soutien moyen direct aux agriculteurs de l'Union européenne de près de 288 € par hectare, alors qu'il n'est que de 49 € par hectare en Algérie, soit, près de 6 fois moins que dans les pays européens.

---

385 Équivalant de 60 000 €.
386 Journal el-watan du 25 mai 2008.

À titre de comparaison, la moyenne des subventions attribuées aux agriculteurs français était de 20 452,75 € par bénéficiaires[387]pour un total de 10,39 milliards €[388] d'aides en 2008.En Algérie, si on considère les chiffres du PNDA, le montant annuel des subventions durant toute la période du PNDA a atteint à peine 750 €par exploitation soutenue, dont plus de 60% de ces subventions sont des investissements destinés à la mobilisation des ressources hydriques.

Graphique (80) : Estimation du Soutien aux Producteurs (ESP) en % de recettes.

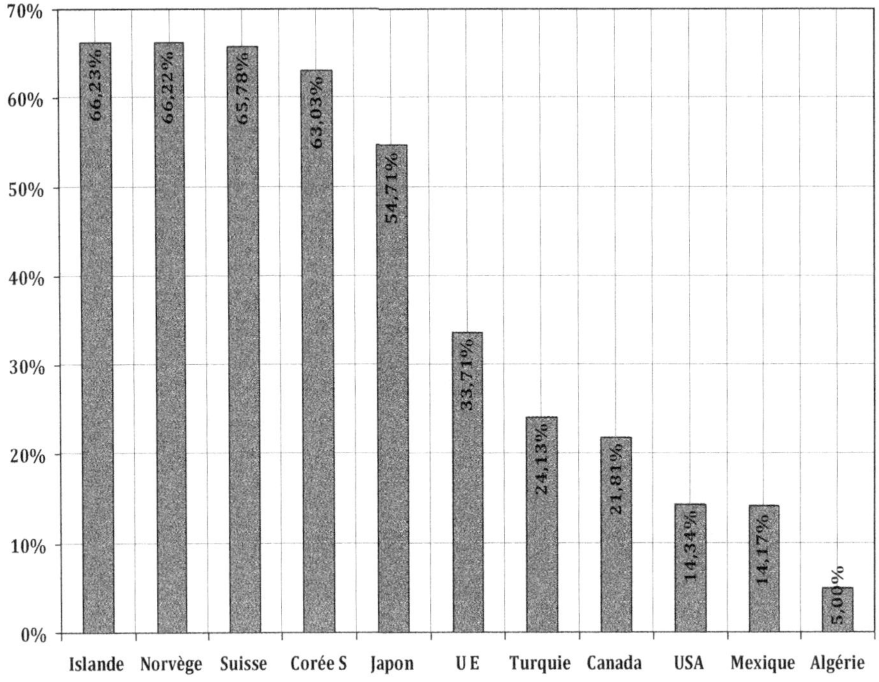

Source : OCDE sauf pour l'Algérie.

387 Au nombre de 508 000 bénéficiaires des subventions de la PAC dont 487 177 chefs d'exploitation agricole en France et d'autres groupes agroalimentaires et associations.

388 Dont 10% des exploitants touchent la moitié de subventions, 3880 entreprises agroalimentaires coopératives ou privées ont touché plus de 580 millions € (parmi les principaux bénéficiaires : Doux (63 millions €), Saint-Louis-Sucre (51,6 millions €), Tereos (26 millions €), la Fédération des banques alimentaires (22 millions €), le Secours populaire (15 millions €), les Restos du cœur (13 millions €).

Graphique (81) : Court de la PAC (Politique Agricole Commune) en 2008 en valeur absolue.

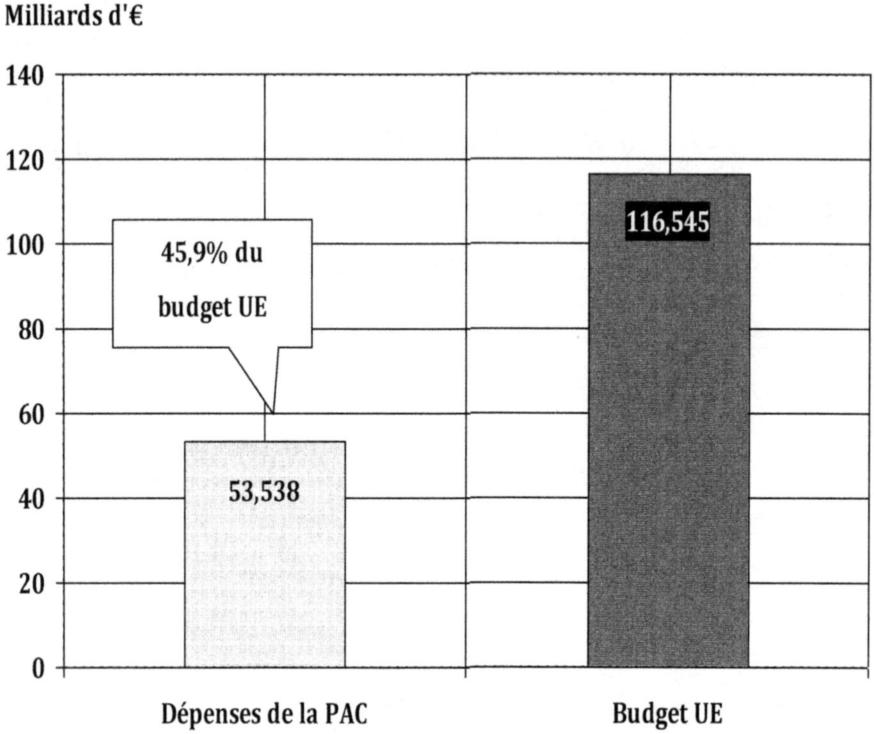

Source : Commission européenne, Direction générale d'agriculture (2009).

6. 5. Les résultats de ces programmes en termes des productions

Depuis 2001, le secteur agricole a amorcé une période de croissance marquée par une stabilité relative même si celle-ci a connu une baisse importante de près de 29% en 2003 à 6,41% en 2004.

Graphique 82 : Taux de croissance de la production agricole en valeur (en %).

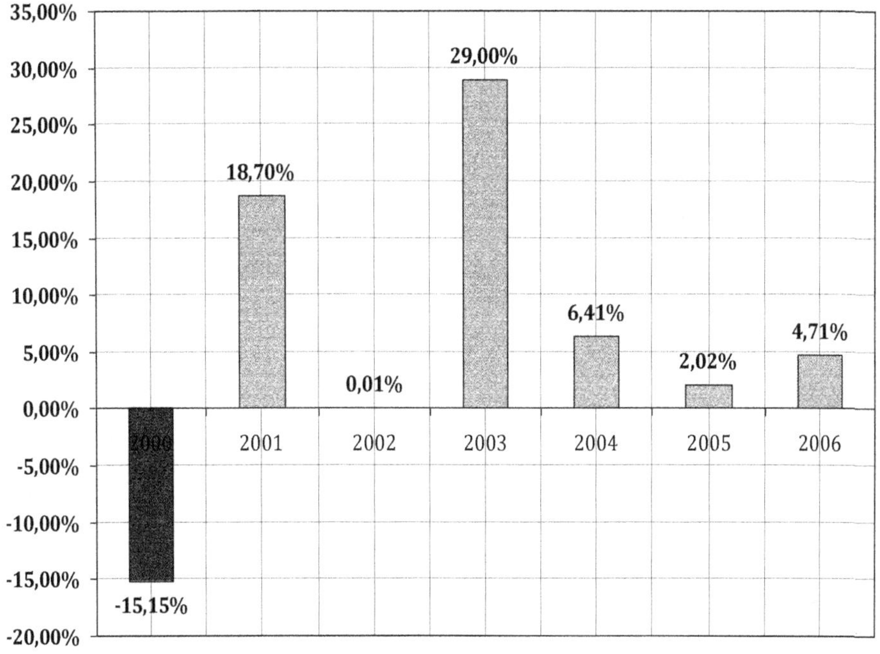

Source : MADR (2006) Rapport sur la situation de l'agriculture, p. 6.

En effet, la production agricole a enregistré une croissance soutenue, hélas insuffisante. Selon les statistiques officielles, sa valeur entre 2000 et 2006 a augmenté de près de 87%. Elle est passée en valeur absolue de 359 milliards de DA en 2000[389] à 668 milliards de DA en 2006[390] (cf. le graphique 83). Il en est de même pour la valeur ajoutée agricole qui est passée de 322 milliards de DA à 548 milliards de DA au cours de la même période, conférant au secteur une contribution au PIB de 8% en moyenne annuelle (cf. graphique 84).

389 Taux de change moyen DA/$ en 2000 est de 75,29.

390 Taux de change moyen DA/$ en 2006 est de 72,65.

Graphique (83) : Taux de croissance de la valeur ajoutée (en %).

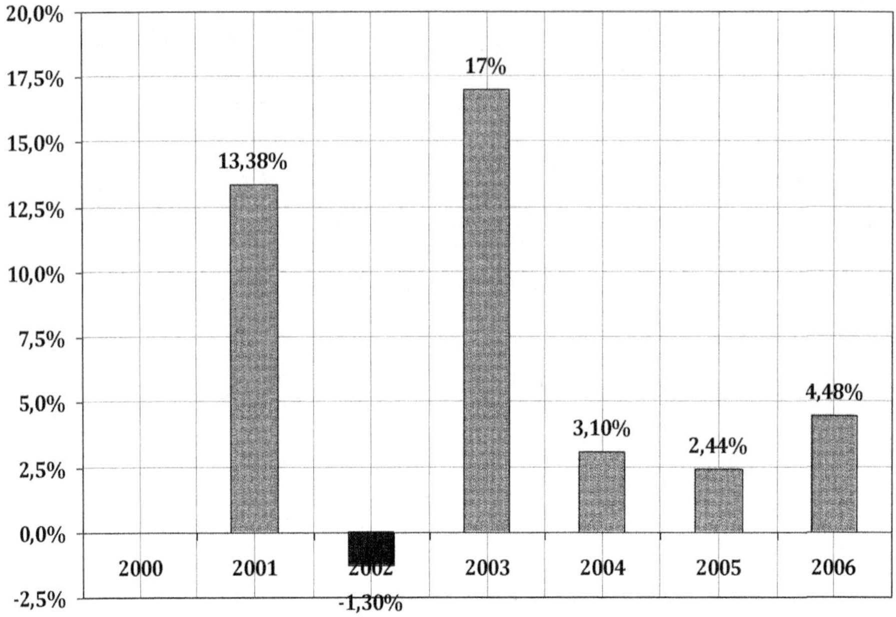

Graphique (84) : Parts de la valeur ajoutée dans le PIB (en %).

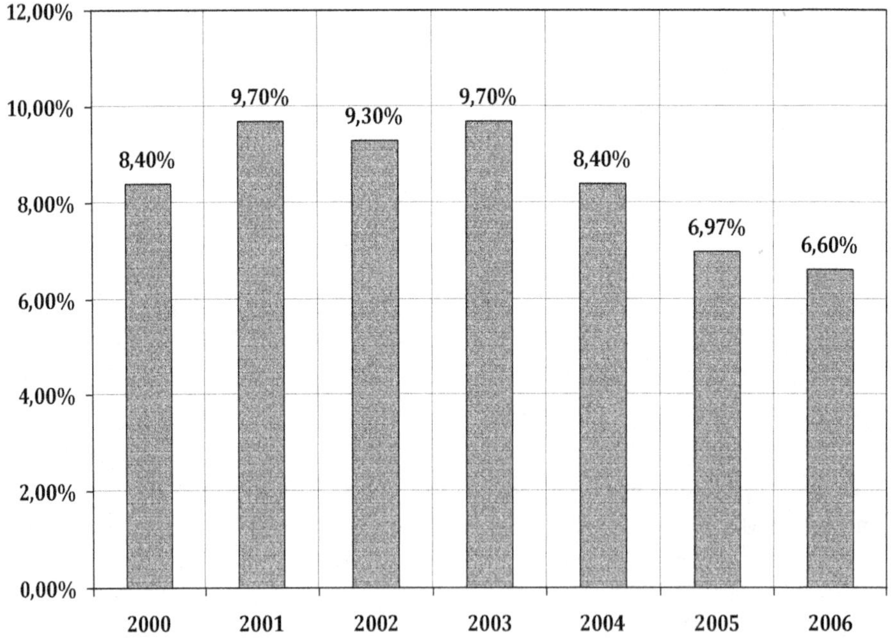

Source : MADR (2006). Rapport sur le secteur agricole, pp. 7-8.

Depuis l'année 2000, les disponibilités en produits agricoles, en particulier, les céréales, les fruits, les légumes frais, les viandes rouges, le lait et les œufs, ont connu une réelle amélioration. Cette croissance est liée en particulier à une forte augmentation de la valeur ajoutée dans la filière de blé (30% par an), la production de pommes de terre (13% par an), suivie par les raisins (8% par an), les agrumes (4% par an) et le lait (3% par an).

Malgré les performances obtenues grâce à la redynamisation du secteur après l'application des nouvelles politiques, notamment, à celle du PNDAR ainsi qu'une augmentation des indicateurs de l'ensemble des principales filières présentées plus haut, la production nationale fait encore défaut et sa maîtrise est loin d'être acquise. Le graphique (85) retrace les taux de couverture moyens pour les 6 premières années de la décennie.

Graphique (85) : Taux de couverture de la demande nationale par la production locale

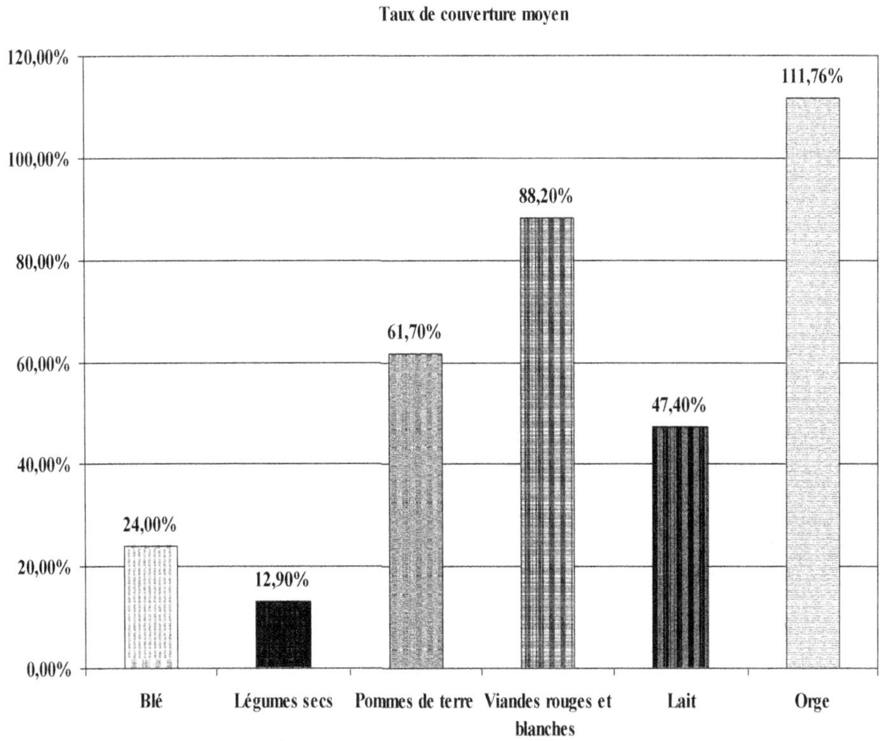

Source :À partir des moyennes de productions entre 2000 et 2006.

La preuve est qu'en 2008, la production agricole a enregistré une baisse en volume de près de 5,3% par rapport à 2007. Cette baisse est conséquente d'un recul de la production végétale de 10% due à une réduction importante des niveaux de production céréalière de l'ordre de 60% et près de 18% de légumes secs par rapport à 2007[391].

Cette situation peut être confirmée en vue des importations alimentaires dont les niveaux ont mis à nu les faiblesses de la production locale. En effet, confrontée à sa vulnérabilité alimentaire, l'Algérie a eu recours à des importations record en 2008. Ces importations ont classé le pays parmi les dix premiers importateurs des céréales au monde. Il en est de même pour d'autres produits tels que le lait, les huiles, le sucre et le café. Ainsi, le pays demeure le plus grand importateur net des produits agricoles dans la région d'Afrique du Nord et comme nous le déduisons à travers ce qui suit.

Graphique (86) : Évolution des importations alimentaires entre 1990 et 2008 dans les pays de l'Afrique du Nord (en milliards de dollars).

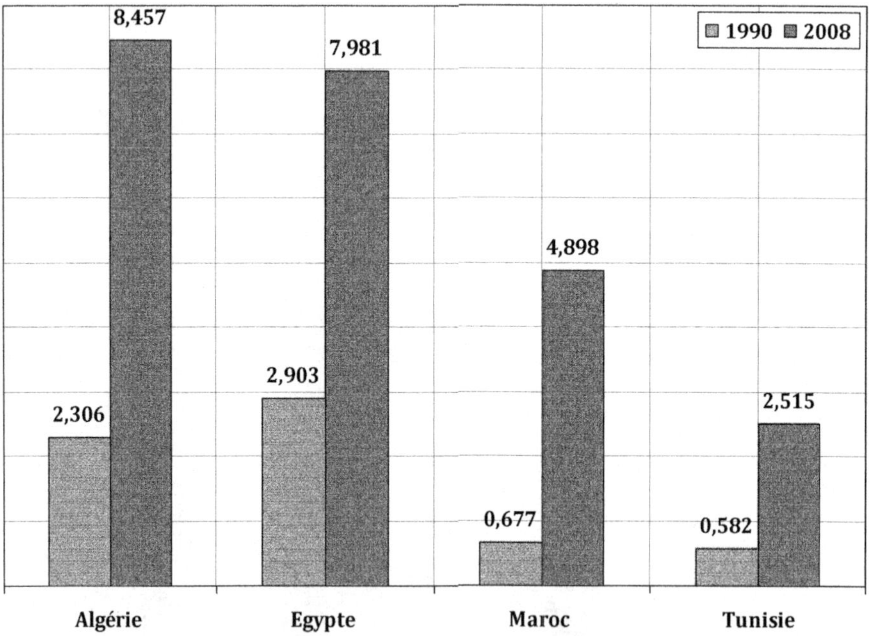

Source : Organisation Mondiale du Commerce (2009).

391 De 40,2 millions de quintaux en moyenne pour la période de 2003-2007 à 17 millions en 2008.

6. 5. 1. Les importations alimentaires en volume

Au premier semestre de l'année 2009, les importations des biens en terme général ont enregistré une hausse de près de 4,04% (en volume) par rapport aux six premiers mois de 2008 pour un total en valeur de 19,7 milliards de $[392]. Les importations alimentaires en 2008 ont connu un accroissement de l'ordre de 5,7% par rapport à l'année 2007, notamment celles des céréales et des produits laitiers.

6. 5. 2. Les importations alimentaires en valeur

En 2008, les importations des biens de consommation ont évolué de +5,7% et +4,0% par rapport à 2007. Près de 6,412 milliards de $ pour les biens de consommation non alimentaires, dont 1,851 milliard de $ consacrés aux achats des médicaments.

Les biens alimentaires ont enregistré de leurs côté une hausse de près de 4%, alourdissant ainsi la facture alimentaire qui a représenté en 2008 une valeur de près de 8,45 milliards de $.

Les importations alimentaires ont atteint les 7,716 milliards de $ durant les 6 premiers mois de l'année 2008 dont 3,967 milliards de $ pour les céréales et 1,295 milliard de $ pour les produits laitiers, soit une augmentation de 21,71% pour les produits laitiers et de 100,55% pour les céréales.

Les importations d'autres produits alimentaires ont connu un accroissement en valeur par rapport à 2007, selon les pourcentages suivants : 37% pour le café et le thé, 22,7% pour les viandes, 2,4% pour les sucres et 2,6% pour les légumes secs. La facture du sucre a atteint les 438,6 millions de $, le café et le the ayant totalisé 328,2 millions de $, les légumes secs près de 264 millions de $ et les viandes congelés un peu plus de 173,6 millions de $.

392 Augmentation due à la hausse de 58% d'importation des produits destinés aux équipements industriels et des biens destinés à l'outil de production (+3,85%).

6. 5. 3. Prix des produits importés

L'explosion de la facture alimentaire émane majoritairement de la spéculation et du déséquilibre des marchés agricoles internationaux et l'accroissement sensible des prix des céréales, mais aussi de la résurgence de l'inflation mondiale. 5% aux États-Unis (en glissement de juin 2007 à juin 2008), 4% dans la zone euro (en fin juin 2008).

En 2008, en moyenne annuelle, les prix du blé ont augmenté de plus de 130%, ceux du riz de plus de 80%, ceux du soja de 87% et ceux du maïs de plus de 35% par rapport à 2007[393]. Un climat de forts prix agricoles qui s'est répercuté négativement sur la facture alimentaire. Conséquences : une colossale augmentation en valeur de l'ordre de 55,75% de la facture des importations par rapport à 2007, qui résulte principalement de l'accroissement des prix des principaux produits agricoles importés (blé, lait en poudre, huiles alimentaires, sucre).

En effet, les prix des céréales qui représentent plus de la moitié des importations alimentaires (51,4% de la structure des importations alimentaires) ont enregistré une augmentation vertigineuse. De 263,80 $ la tonne en 2007 pour le blé dur à 344,58 $ la tonne en 2008. De 237,76 $ la tonne en 2007 pour le blé tendre à 268,59 $ en 2008.

Le prix des huiles alimentaires a suivi la même tendance haussière, à un rythme encore plus rapide. Le cours moyen de la tonne d'huile de tournesol a doublé en deux ans pour atteindre 1 498 $ contre 658 $ en 2006. Les cours du sucre se sont redressé en 2008 pour aboutir à 12,65 $ la tonne contre 10,0 $ la tonne en 2007. Près de 4 750 $ la tonne de lait en poudre en mars 2008. Ainsi, en 2008, la hausse de prix des matières premières agricoles importées a eu une incidence significative sur le niveau général des prix en Algérie. Avec 37,5% en 2008 contre 36,5% pour l'année 2007, l'indice des valeurs unitaires des importations des biens alimentaires a enregistré sa plus forte hausse depuis huit ans. L'indice annuel des valeurs unitaires des importations a progressé de 15,2% en 2008 contre 9,5% l'année précédente.

---

393 SMIAR, (2008). Système mondial d'information et d'alerte rapide sur l'alimentation, perspectives de récoltes et situation alimentaire n°5 décembre 2008.

C'est pourquoi l'inflation, à un niveau déjà élevé s'est accélérée en 2008 atteignant une hausse annuelle moyenne de 4,4%, soit 0,5 point de plus qu'en 2007. L'indice annuel moyen, (base 100 = 1989) a augmenté de 30,5 points en 2008 à 720,3 points comme nous le constatons à travers le graphique suivant :

Graphique (87) : Évolution de l'indice des prix à la consommation de 1990 à 2008 (1989 = 100).

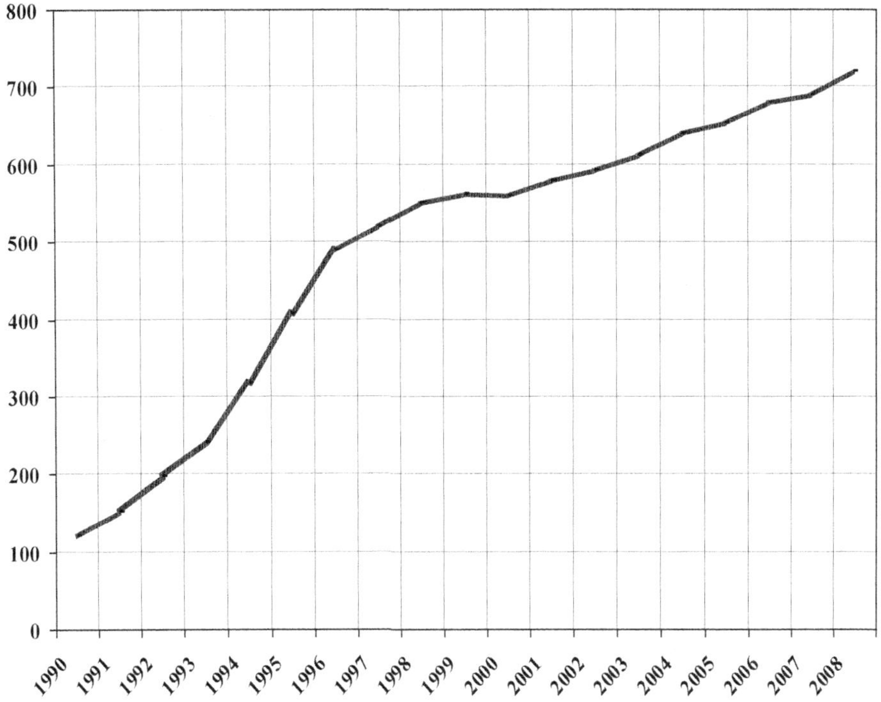

Source : Calculé d'après les données de l'office national des statistiques (2009).

Certes, 2008 était une année particulière en termes de prix agricoles, cependant, cette augmentation des prix ne peut être la cause essentielle de la fragilisation alarmante de la sécurité alimentaire du pays. Seulement, l'ampleur de la facture alimentaire durant l'année 2008 illustre la gravité de la situation et justifie amplement le constat d'échec de la politique suivie en la matière et des systèmes agricoles et alimentaires adoptés depuis près d'un demi-siècle.

Le degré de déficit de la balance commerciale agricole depuis 1965, démontre que l'Algérie présente un profil de dépendance alimentaire structurelle, aggravée par le taux de croissance démographique qui augmente de manière continuelle, par le nombre des pauvres et des exclus qui ne cesse de croître et par les déséquilibres alimentaires qui se propagent dans la société. Il interpelle sérieusement sur le devenir de la sécurité alimentaire du pays.

Si l'Algérie a pu jusqu'aujourd'hui éviter des crises sociales graves et des émeutes de la faim comme celles qui ont secoué en 2008 ses voisins nord africains, notamment le Maroc[394] et l'Egypte, c'est exclusivement grâce à sa manne pétrolière. Cette manne guide toutes les orientations du pays. Les politiques, les prises des décisions, la croissance économique (cf. graph 88), tout est érigé sur la base du prix du baril de pétrole.

Graphique (88) : Taux de croissance du PIB et le prix du pétrole.

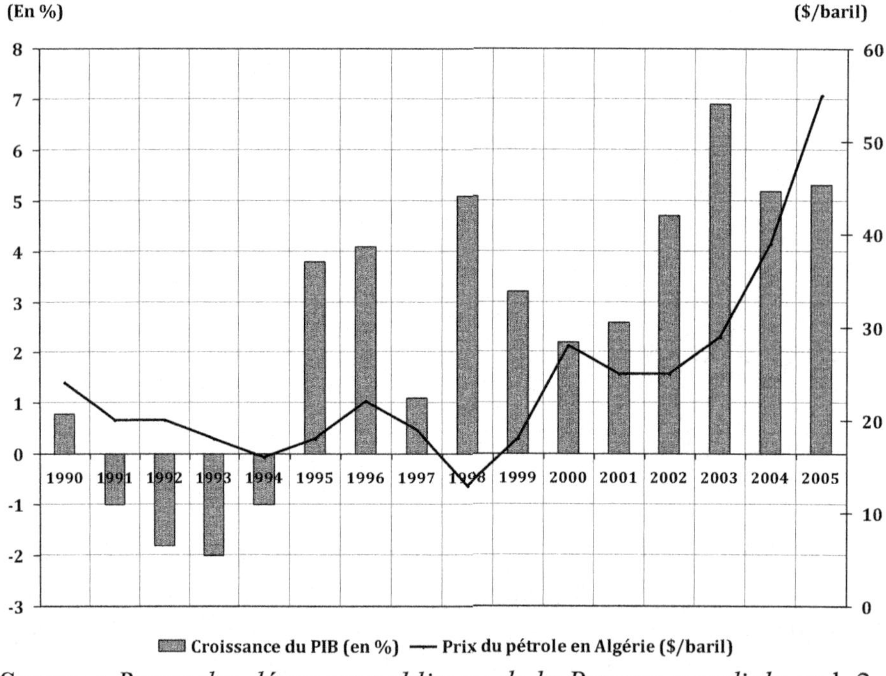

Source : *Revue des dépenses publiques de la Banque mondiale*, vol. 2.

394 Au Maroc, des émeutes violentes ont fait plus de 300 blessés, ont éclaté dans des différentes régions suite aux augmentations des prix des denrées alimentaires de base notamment une hausse de 30% du prix du pain à la veille du mois de Ramadan.

7. L'économie algérienne et son état actuel

Sur fond de retour de l'activité économique, la décennie 2000 été plutôt faste pour l'Algérie qui a connu des signes favorables pour ses principaux équilibres macro-économiques et financiers. En 2008, le PIB, en volume, a connu un taux de croissance de 2,4%. Sa valeur (nominale) passe de 135,3 milliards de $ à plus de 162,9 milliards de $, aboutissant à un PIB par habitant de près de 4 681 $ par an.

Avec près de 80 milliards de $ d'exportations (79,139 milliards de $), l'Algérie a réalisé un excédent commercial de 39,983 milliards de $, contre 32,898 milliards en 2007, soit une augmentation de 21,53% de la balance commerciale et 30,48% d'exportations en valeur. Les réserves de change qui avaient franchi la barre des 110 milliards de $ en 2007 (110,2 milliards en fin d'année) s'établissaient en fin 2008 à 143,1 milliards de $, soit une augmentation de près d'un tiers (29,85%) par rapport aux douze derniers mois.

Graphique (89) : Réserves du change et couverture en importation.

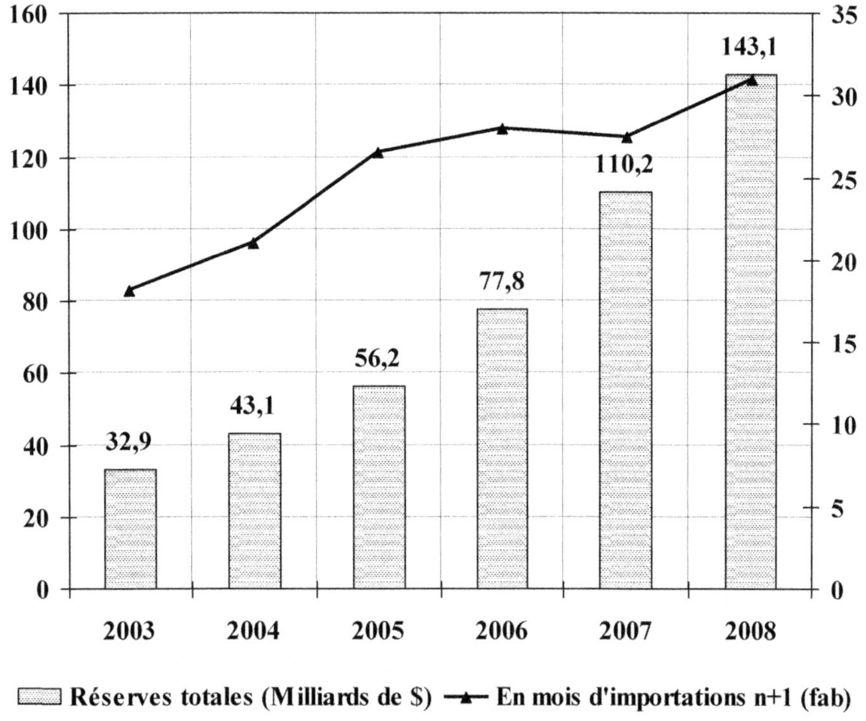

Source: IMF Country Report No. 09/111, April 2009.

L'évolution des réserves du change à ce rythme important représente une couverture des importations de plus de deux ans et demi après avoir été d'un an et demi seulement en 2003, comme nous pouvons le constater à travers le tableau (24).

Tableau (23) : Couverture totale des réserves de change en mois d'importation.

Indicateurs	2003	2004	2005	2006	2007	2008
En mois d'importations n+1 (FAB)	18,1	21,0	26,5	28,0	27,4	31,0

Source: IMF Country Report No. 09/111, Algeria, April 2009.

De sa part, la balance des paiements a enregistré en 2008, un excédent global de 37 milliards de $, contre 29,6 milliards de $ en 2007. Le solde de compte courant s'est établi en 2008 à 35,2 milliards de $. Le niveau de la fiscalité pétrolière budgétisée est passé de 14,296 milliards $ à 26,391 milliards de $ entre la loi de finances initiale 2008 (LFI 2008) et la loi de finances complémentaire 2008 (LFC 2008), soit une progression de 76,8%, sous l'effet de la révision à la hausse du prix de référence du baril de pétrole brut passant de 19 à 37 $ le baril.

Par ailleurs, les disponibilités du fonds de régulation des recettes (FRR)[395]ont atteint, au 31 décembre 2008, un montant de 65,847

395Le FRR qui constitue un réceptacle du différentiel entre le produit de la fiscalité pétrolière recouvré et le produit de la fiscalité pétrolière budgétisé a été créé, en 2000 suite à l'explosion des prix du pétrole. Son objectif principal est la stabilisation et sécurisation des programmes de développement du pays à moyen terme et la protection de l'économie des chocs extérieurs à long terme. Selon le ministère des finances, les disponibilités du Fonds de Régulation des Recettes (FRR) ont atteint, au 14 juillet 2008, un montant de 4 362,4 milliards de DA. Les mouvements opérés depuis sa création en 2000, se résument, au 14 juillet 2008, comme suit : Les ressources du fonds générées par les plus-values sur les produits de la fiscalité pétrolière ont atteint 7845,8 milliards de DA sur la période 2000 au 14 juillet 2008. Les prélèvements sur les disponibilités du FRR se sont élevés à 3482,9 milliards de DA, soit un taux de prélèvement de 44,4%. Les prélèvements effectués ont été destinés essentiellement au paiement du principal de la dette (2809,5 milliards de DA). Les prélèvements cumulés effectués pour le financement des déficits du Trésor ont représenté 19,3% des prélèvements totaux.

milliards de $. Une richesse conjoncturelle qui est le produit conjugué de l'accroissement des exportations et l'augmentation des prix des hydrocarbures.

À travers ce qui suit, nous allons constater que l'économie algérienne ne peut subsister sans ses hydrocarbures. Les projets, les plans, les prévisions, le financement de budget, les décisions, les importations et même l'alimentation et les médicaments, sont paramétrés par la rente pétrolière.

7. 1. Le secteur des hydrocarbures

Le secteur des hydrocarbures est par excellence le pilier de l'économie algérienne. Il représente à lui seul près de la moitié du PIB. Son apport au PIB en 2008 a atteint près de 50% et sa contribution en valeur ajoutée avoisinait les 77 milliards de $.

L'aisance financière que connait l'Algérie aujourd'hui est exclusivement l'œuvre de ce secteur. Elle est strictement liée à deux facteurs essentiels. D'abord, l'envolée des cours des hydrocarbures et ensuite, l'augmentation des volumes d'exportations depuis 2002[396]. Les hydrocarbures représentent la majorité des exportations des biens et de marchandises. Elles restent également la source principale des ressources en devises. 77,246 milliards de $ des 79,139 milliards de $ des exportations de marchandises provient des hydrocarbures, soit, plus de 97,6% de la valeur des exportations en 2008.

Les exportations d'hydrocarbures ont connu une augmentation de plus de 30,5% en valeur par rapport à l'année 2007, grâce à l'accroissement du prix du baril de pétrole qui a connu une augmentation de plus d'un tiers par rapport à son prix en 2007, où il se situait à 74,4 $ le baril pour atteindre les 99,1 $ en moyenne, et cela, malgré la baisse de la production du secteur qui a enregistré un recul de 3,3% en un an. En effet, le secteur des hydrocarbures en 2008 a enregistré pour la deuxième année de suite, une baisse en volume de production a : - 2,3% en 2008, - 0,9% en 2007.

---

396 Même si les niveaux des productions ont baissé les deux dernières années à cause des restrictions de l'OPEP.

Cette diminution est due essentiellement au recul de la production du pétrole brut de - 4%. Ceci a induit un repli de volume des exportations qui a connu une baisse de 3,3% entre 2007 et 2008 comme nous le constatons à travers le graphique (90).

La production primaire d'hydrocarbures pour l'année 2007 s'est élevée à 233,3 millions de tonnes équivalent pétrole (TEP). Le bilan par produits fait ressortir les productions de 63,8 millions de tonnes de pétrole brut, 152,8 milliards m³ de gaz naturel, 13,7 millions de tonnes de condensat, 8,6 millions de tonnes de GPL et 40 millions de m³ de GNL[397].

Les productions et les exportations du gaz naturel ont enregistré quant à elles une quasi-stagnation comme nous le constatons à travers le graphique (91).

Graphique (90) : Évolution des exportations des produits pétroliers.

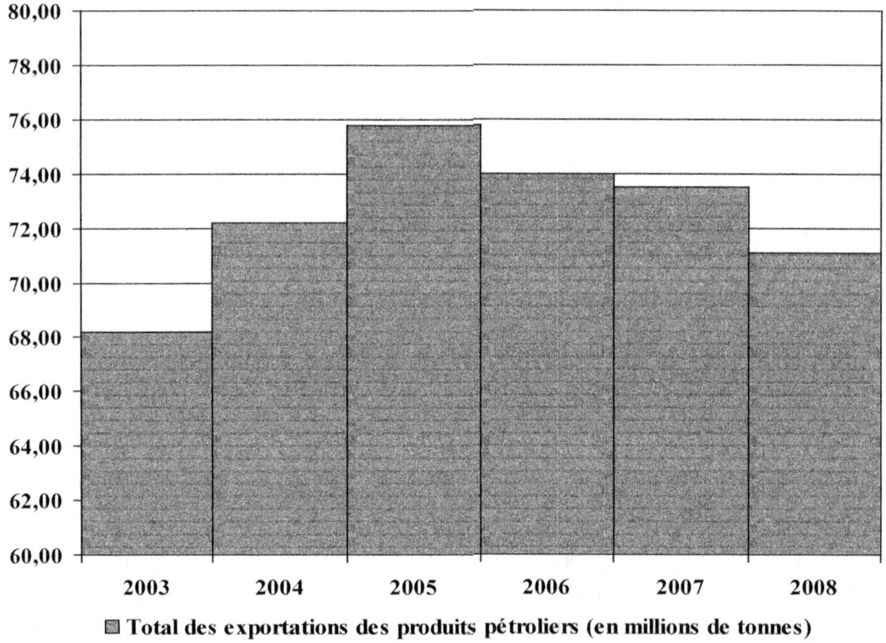

Source: IMF Country Report No. 09/111, Algeria, Statistical Appendix, April 2009.

397 D'après les statistiques de la Sonatrach, rapport annuel d'activité, année 2007.

Graphique (91) : Évolution des productions et des exportations du gaz naturel.

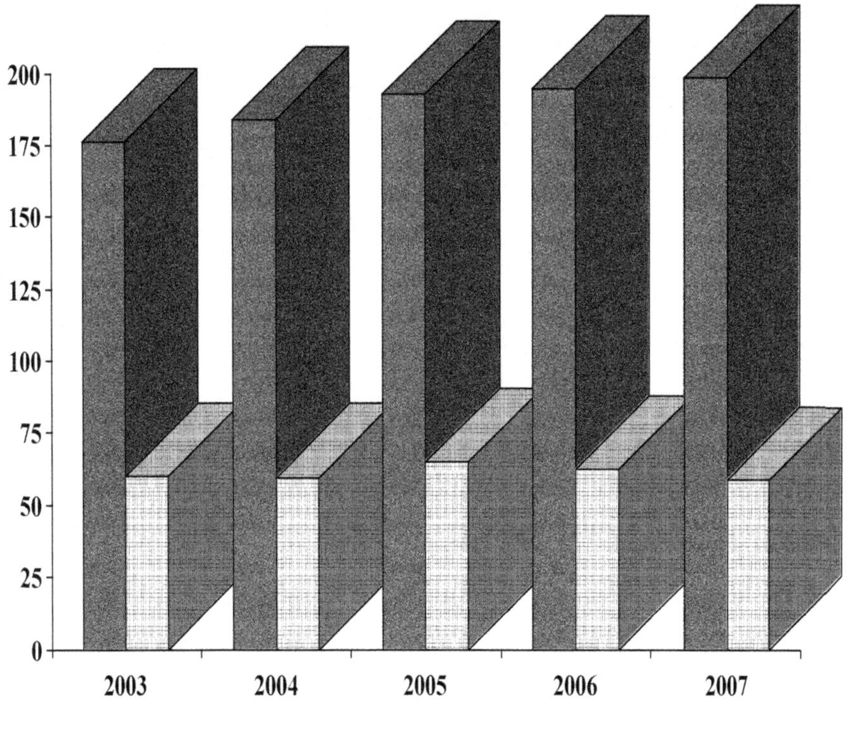

Source: IMF Country Report No. 09/111, Algeria, Statistical Appendix, April 2009.

C'est en partant de ce postulat que l'État s'est basé afin de dresser ses prévisions budgétaires pour l'année 2009, dernière année du programme PSCS (2005-2009). D'ailleurs, la loi de finances 2009 (LF 2009) a été élaborée sur la base d'un prix de référence du baril de pétrole à 37 $ ainsi qu'une stabilisation des exportations des hydrocarbures au même niveau qu'en 2008, ce qui devrait générer des recettes à l'exportation aux alentours de 80 milliards de $. Ce niveau d'exportation est calculé sur la base d'un prix moyen de 100 $/baril de brut en 2009 et une élévation de niveau des exportations de 1,5% en volume. Par ailleurs, la loi de finances table ses prévisions sur un taux de croissance global de 4,1% et de 6,6% hors hydrocarbures.

La LF 2009 projette des rentrées budgétaires de 42,870 milliards $ (42,508 milliards $ en 2008) dont 25,053 milliards de $ de fiscalité pétrolière (26,391 milliards $ dans la LFC 2008). Elle prévoit des recettes fiscales (produits des contributions directes, produits de l'enregistrement, produits d'impôts divers sur les affaires) à hauteur de 14,169 milliards de $ (13,055 milliards de $ en 2008).

Même si ces chiffres indiquent une certaine santé financière et une renaissance de l'économie après l'application du PAS en 1994, néanmoins, l'économie demeure fragile avec des résultats dérisoires et une croissance dépendante de la rente. En effet, hormis le secteur des hydrocarbures, les autres domaines de l'économie algérienne fonctionnent au ralenti. La présentation suivante de la situation actuelle des secteurs les plus importants de l'économie nationale dévoilent une certaine morosité dans leurs fonctionnements.

7. 2. Le secteur industriel (hors hydrocarbures)

Malgré un taux de croissance de l'ordre de 4,3% qui a caractérisé la production du secteur industriel hors hydrocarbures en 2008, sa contribution à la formation du produit intérieur brut demeure très marginale[398]. Une des raisons essentielles à cette décadence est le sous-investissement qui a marqué le secteur depuis une trentaine d'années, contrairement à la période postindépendance qui s'est caractérisée par des investissements gigantesques dans ce secteur.

Tableau (24) : Indice général de la production industrielle hors hydrocarbures base (1989=100)

Année	2003	2004	2005	2006	2007
Indice (base 1989=100)	73,8	73,8	74,6	74,4	72

Source: IMF Country Report No. 09/111, April 2009.

La part du secteur industriel hors hydrocarbures (IHH) dans le PIB chute de 5% en 2007 à 4,39% en 2008, mais représente une augmentation en valeur d'un peu plus de 300 millions de $ en valeur nominale. Cet accroissement est le fruit d'une augmentation dans le secteur de l'énergie[399], des mines, de la chimie et de l'industrie agroalimentaire, malgré une baisse dans les secteurs des matériaux de construction, de textiles, du cuir et du bois, comme nous le constatons à travers le tableau (25).

398 Relativement aux voisins comme la Tunisie qui est le premier exportateur industriel en valeur absolue en Afrique. Le textile, l'agroalimentaire représente plus que la moitié de la production. Les industries mécaniques et électriques se multiplient d'une année à l'autre. Les échanges commerciaux de la Tunisie connaissent une forte progression, +21,8% à l'exportation et +23,7% à l'importation entre 2007 et 2008 ; la filière mécanique, électrique et électronique occupe une place croissante dans ces échanges. Il va du même au Maroc, où les industries des différentes branches manufacturière, de textile (42% de l'emploi et 34% du secteur manufacturier), de l'agroalimentaire, de l'industrie navale, pharmaceutique et automobile et même aéronautique.

399 Energie électrique.

Tableau (25) : Taux de croissance dans les secteurs industriels hors hydrocarbures.

Bois	Chimie	Cuir	Énergie	Mines	IAA	Textiles
-11,90%	2,50%	-1,20%	7,90%	9,80%	6,80%	-1,10%

Source : Ministère des finances (2009).

- **Un taux de chômage élevé**

Malgré un fort taux d'investissement et d'accroissement des dépenses publiques mobilisées pour la réalisation des projets d'infrastructures et l'accomplissement du programme de soutien à la croissance (PCSC), et bien que d'autres secteurs que celui des hydrocarbures ont réalisé des taux de croissance positifs : BTP +9,8%, services +7,8% par rapport à 2007, néanmoins, le secteur industriel[400] ne contribue plus à la génération d'emploi.

Le taux de chômage dans le pays reste par conséquent très élevé[401]. Les statistiques du FMI montrent qu'ils étaient plus de 1 245 000 à être en chômage en 2008, soit près de 12% de la population active. Les prévisions de l'année 2009 ont tablé sur un taux de chômage plus important à hauteur de 13,3% (cf. tableau 27).

- **Un fort taux d'inflation**

À cela s'ajoute un taux d'inflation qui a connu en 2008 le niveau le plus élevé depuis le début de cette décennie (6,1% au premier trimestre 2009). Il s'est établi à 4,4% en moyenne en fin 2008, en hausse d'un point par rapport à la fin de 2007. L'augmentation des variations des indices des prix à la consommation est due essentiellement à l'accroissement des prix des produits alimentaires, dont la variation de l'indice a atteint 7,4%, sous l'effet de la hausse des prix internationaux des produits alimentaires +10,8% et des produits agricoles frais + 4,1% (cf. tableau 27).

---

400 hors hydrocarbures.

401 notamment chez les jeunes de moins de 30 ans.

Tableau (26) : Évolution des moyennes annuelles d'inflation (en%) et glissement sur 12 mois de taux d'inflation (en%).

	2001	**2002**	**2003**	**2004**	**2005**	**2006**	**2007**	**2008**
Moyenne annuelle	4,23	1,42	2,59	3,56	1,64	2,53	3,51	4,4
Glissement 1 an	7,56	-1,55	3,96	1,98	1,66	4,44	3,86	5,8

Source : Banque d'Algérie (2009).

- **Les investissements directs étrangers en Algérie**

Même si l'économie nationale dispose d'énormes potentialités, les Investissements Directes Étrangers (IDE) en Algérie demeurent relativement faibles. Selon les statistiques du FMI, le maximum d'IDE net en Algérie n'a pas dépassé les 1,8 milliards de $ en 2006 (600 millions de $ en 2003) (cf. tableau 27).

Hormis le secteur des hydrocarbures qui pompe la plupart des IDE, le reste des secteurs économiques ne bénéficient que très peu (aluminium, lait, médicaments), sinon des investissements spéculatifs à court terme. Malgré les efforts considérables pour attirer l'implantation des entreprises étrangères depuis le début du millénaire, l'Algérie n'est toujours pas un pays attractif des IDE[402].

Cela est dû à des raisons multiples et complexes dont la plus importante reste la rude concurrence de la Tunisie et le Maroc qui attirent nettement plus d'IDE, favorisés par leurs climats d'affaires, leurs législations commerciales et surtout la confiance des acteurs économiques dans la souplesse, la transparence et à la crédibilité de leurs systèmes administratifs par rapport au système algérien[403].

402 Même si au fond, le pays n'a pas besoin d'IDE pour investir. Les recettes de la rente suffisent pour relancer l'économie.

403 Selon le Doing Business 2009 (Rapport de la Banque mondiale), l'Algérie n'occupe que la 15ème position sur le classement du 19 pays du Moyen-Orient et d'Afrique du Nord en matière de climat des affaires. Elle se classe derrière le Maroc (128ème place) et très loin derrière la Tunisie (74ème place) sur 174 pays.

Tableau (27) : Évolution des moyennes annuelles des investissements directs étrangers et du taux du chômage annuel en Algérie.

Indicateurs	2004	2005	2006	2007
IDE (milliards de $)	**0,62**	**1,06**	**1,76**	**0,27**
Taux de chômage	**17,7**	**15,3**	**12,3**	**11,8**

Source: IMF Country Report No. 09/111, Algeria: Statistical Appendix, April 2009.

7. 3. La balance commerciale, les importations et les exportations hors produits alimentaires

En absence d'un fort taux investissement pour stimuler l'activité industrielle, pour la création d'emploi, en absence d'une base productive qui peut répondre à une demande nationale de plus en plus forte et à une consommation en plein essor, l'Algérie ne peut que se tourner une fois de plus vers les importations pour couvrir la demande locale. Avec 2,5% de valeur d'exportations hors-hydrocarbures en 2008, les performances du commerce extérieur sont considérablement faibles. Elles n'ont progressé que de 600 millions de $ par rapport à 2007 où leur valeur avoisinait les 1,3 milliard de $.

Exprimés en $ courant, les flux du commerce extérieur de biens en fin décembre 2008, ont enregistré une progression des importations de 41,7%. Ainsi, on note une hausse des flux à l'importation des biens d'équipements et des biens intermédiaires pour répondre aux besoins des grands projets d'infrastructures entrepris dans le cadre programme complémentaire de soutien à la croissance. Sur la période 2005-2008, les importations de ces produits ont évolué comme suit :

Tableau (28) : Évolution des importations de biens (milliards de $).

Importations	2005	2006	2007	2008
Biens intermédiaires	5,051	6,021	8,754	11,832
Biens d'équipements	8,612	8,624	8,680	13,196

Source : Ministère des finances (2009).

En terme général, les importations ont connu une augmentation de 2052,45% (en valeur nominale) depuis 1992. Au premier semestre de l'année 2009, les importations ont enregistré une hausse de 4,04% par rapport aux six premiers mois de 2008, soit un total de 19,70 milliards de $. En 2008, les importations de biens alimentaires et des biens de consommation ont évolué respectivement de +5,7% et +4,0% par rapport à 2007. 6,412 milliards de $ pour les biens de consommation non alimentaires, dont 1,851 milliards de $ consacrés aux achats des médicaments, en progression de 27,83% par rapport à 2007.

Graphique (92) : Évolution des importations et des exportations de 1992 à 2008.

En millions de $ (prix courant)

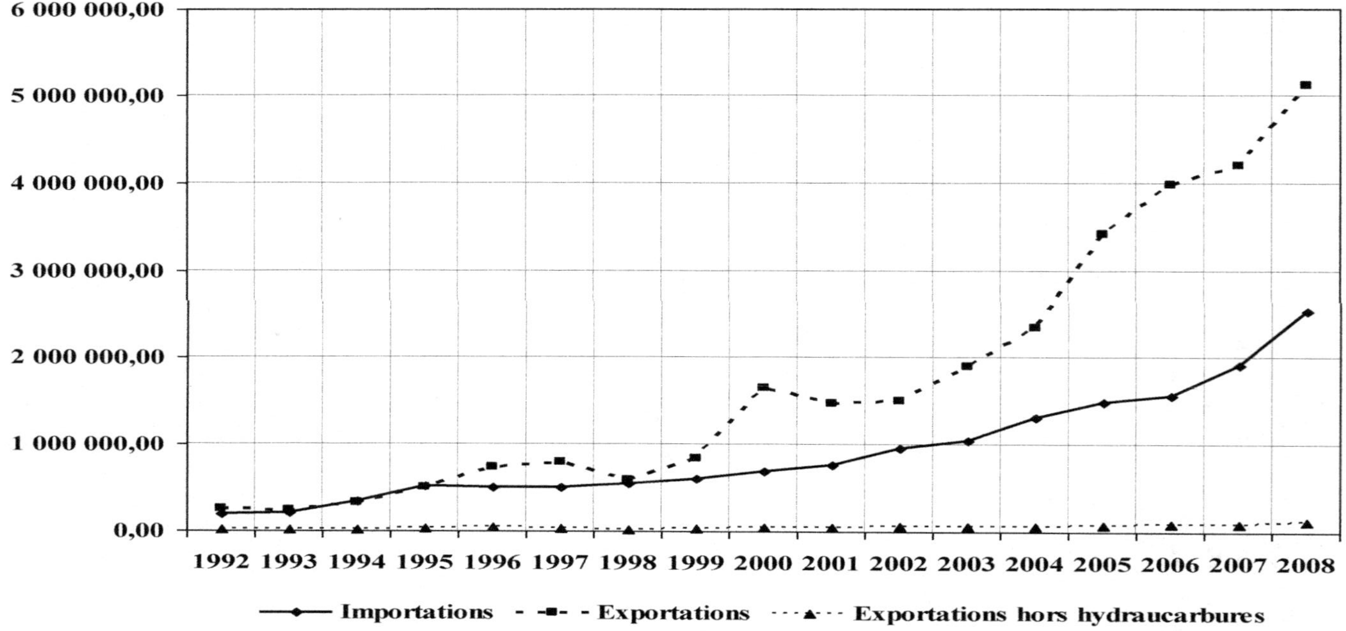

Source : Office national des statistiques (2009).

7. 4. L'économie algérienne, rentière et fortement dépendante

Ainsi, l'analyse de la structure de l'économie algérienne démontre une forte dépendance à la rente pétrolière dont les finances dépendent essentiellement des recettes d'hydrocarbures. Tout événement qui ébranlera la demande internationale ou engendrera une faiblesse durable des prix du pétrole[404] se traduirait par une forte réduction des gains à l'exportation et aura des conséquences graves sur l'économie, similaires à celles de 1986.

En effet, comme nous l'avons vu, la crise de 1986 avait donné l'occasion d'appréhender les inconvénients d'une politique économique axée sur la rente. Après l'écroulement des prix des hydrocarbures (chute de près de 40% des prix du pétrole entre 1985 et 1986) dont la production constituait 28% du PIB en 1984, 98% des exportations totales, 43% des ressources de l'État pour la même année, et face à la dépréciation du dollar américain, principale monnaie des transactions pétrolières, l'État algérien voit son malheur amplifié par l'avènement et la combinaison de plusieurs crises[405]. L'Algérie a vu ses recettes de fiscalité pétrolière baissées de plus de 55% en un an (de 47 milliards de $ en 1985 à 21 milliards en 1986).

La balance commerciale accusait un déficit considérable de l'ordre de 2,2 milliards $, après avoir dégagé un excédent de plus d'un milliard de $ un an avant, ce qui a entraîné un profond déséquilibre des ressources de l'État et un solde négatif des comptes du Trésor public de 7,04 milliards $, soit -12,5% du PIB en 1986. Cette situation s'est soldée par une diminution de 20% du volume global des échanges commerciaux (import-export) passant de 20,13 milliards de $ en 1985 à 16,044 milliards de $ en 1986. La balance commerciale, longtemps excédentaire, a enregistré un déficit de l'ordre de 1,313 milliard de $ en 1986. L'Algérie avait subi de plein fouet l'instabilité des prix des hydrocarbures annonçant l'exorde de la ruine de l'économie.

---

404 Les prix du gaz sont indexés sur ceux du pétrole.

405 Sous la tyrannie de la menace d'une asphyxie financière. Cette situation avait enraciné la logique d'endettement pour garantir le financement des investissements et la continuité des approvisionnements suite à l'effondrement des cours des hydrocarbures et par conséquent a augmenté les besoins de financement de l'État ce qui a logiquement aggravé la crise financière, le déficit budgétaire et la crise des paiements, masqué jusqu'à là par les recettes des hydrocarbures.

7. 4. 1. Les menaces sur un modèle économique

Aujourd'hui, le même scénario de 1986 n'est pas totalement écarté. L'économie suit le rythme des cours internationaux du pétrole. Les entrées des hydrocarbures demeurent la boussole organisatrice de l'ensemble comme nous l'avons constaté à travers la LF 2009. L'économie est extrêmement fragilisée par son statut rentier. Une vulnérabilité qui est l'enchainement logique de sa faible diversification. Les revenus provenant de la rente pétrolière sont suffisants pour la maintenir dans un cet état presque statique.

Le reste des secteurs sont sans politiques claires et sans stratégies bien définies[406]. Les acteurs économiques sont paralysés par l'invisibilité et l'absence des programmes à long terme, de leurs incohérences et du manque de planifications et des visions futures.

L'État semble plus que jamais adepte de la rente et antagoniste aux investissements productifs[407]. Le secteur agricole devient le parent pauvre de l'économie. Il est contrarié par un environnement politique et commercial hostile à son développement, l'industrie hors-hydrocarbures qui engloutit des milliards de dinars d'investissements dans le passé est anéantie par les importations des biens d'origines industrielles. Le système bancaire national est handicapé par sa bureaucratie. Il est quasi déconnecté du système financier mondial[408]. Ses scandales récurrents (les banques d'*Al-Khalifa*, les agences de Banque National d'Algérie) alimentent les pages de la presse. La corruption devient une norme de gestion dans le pays.

L'environnement des affaires est morose et l'incertitude règne sur le marché économique (le retrait *d'Eâamar*[409]et de Carrefour France du marché local ne sont-ils pas des preuves ?). Le tourisme est quasi

---

406 Selon l'indice global de compétitivité économique et d'après le dernier classement Davos du "World Economic Forum Annual 2009", l'Algérie pointe à la 99ème place et se classe la dernière au Maghreb, après la Tunisie (36ème), le Maroc (73ème) et la Libye (91ème). Elle recule par rapport à son classement en 2007 (81ème) et 2006 (77ème).

407 Du fait que les obligations du Trésor américain détenues par l'Algérie qui génèrent 4 milliards de $ sont sécurisées ?

408 D'après le même rapport du forum économique, l'Algérie pointe à la dernière place au monde (sur 134 pays) par rapport à la sûreté des banques.

409 Entreprise de travaux publics des Emirats Arabes Unis.

enterré. L'instabilité et les tensions sociales s'accentuent de fait des inégalités grandissantes. Les ressources de l'État sont dépensées à outrance sans grande efficacité. Les taux de croissance restent insuffisants par rapport à la masse d'investissements injectés dans l'économie.

D'après le rapport du FMI (10/2009), l'institution indique que malgré une dépense publique de 200 milliards de $, l'Algérie n'aura qu'un taux de croissance de 2,1% en 2009 et un peu plus de 3% en 2010[410]. Le rapport du PNUD d'octobre 2009 de son côté a rétrogradé l'Algérie de la 100ème place en 2008 à la 104ème place à propos de l'indice du développement humain (IDH). Ces prévisions remettent directement en cause les anticipations gouvernementales qui concernent la création de 3 millions d'emplois entre 2009 et 2013. La création de ce nombre d'emplois nécessitera au minimum un taux de croissance de 6 à 7% sur 5 ans, ce qui est, selon les évaluations du FMI dans les conditions actuelles, *« une impossibilité économique».*

À la faiblesse structurelle de l'économie nationale et sa dépendance aux hydrocarbures, s'ajoutent aujourd'hui le ralentissement de l'économie mondiale qui menace les économies industrialisées d'une récession de longue durée et qui influera sur les niveaux de consommations des hydrocarbures, augurant ainsi d'importants effets néfastes sur les recettes aux exportations que nous étudierons dans ce qui suit. Rappelons d'abord que pour chaque réduction des cours mondiaux des hydrocarbures de 1$, l'Algérie perd près de 700 millions $ par an de ses ressources en devises et sa balance des paiements s'affecte négativement. La déflation des prix du pétrole sur le marché international durant le premier semestre 2009 a infligé au pays une perte de 46% des recettes à l'exportation par rapport à la même période de 2008. 20,13 milliards de $ durant le premier semestre 2009 contre plus de 37,60 milliards de $ à la même période de l'année 2008. Le modèle économique rentier appliqué dans le pays depuis l'indépendance est toujours en vigueur. Pourtant, il est urgent que les économistes algériens revoient leur stratégie qui se base sur une ressource non renouvelable et qu'il est établi que dans un moyen terme, elle sera tarie.

---

410 Moyenne inférieure à 3% entre 2006 et 2008.

7. 4. 2. Baisse de la demande mondiale des hydrocarbures

L'Agence Internationale de l'Énergie (AIE) avait émis sur une longue échéance des prévisions (avec l'hypothèse d'une croissance mondiale de 3% en moyenne par an sur la période 2000-2030) révélant que la demande pétrolière mondiale croîtra d'environ 1% par an sur la période 2000-2030, soit une hausse de deux tiers, pour atteindre 120 millions de barils par jour.

Aujourd'hui, l'AIE estime que la morosité économique mondiale va peser sur la demande mondiale du pétrole avec les risques d'une crise de demande au niveau international. Face au marasme économique mondial, l'AIE a revu à la baisse ses prévisions relatifs à la demande du pétrole à long et à moyen terme. Sur la période 2008-2014, elle ne table la hausse de la demande que sur 540 000 barils par jour et non plus sur un million de barils comme c'est pronostiqué en décembre 2008.

L'AIE a même bâti un scénario moins porteur avec une reprise de l'économie mondiale limitée à 3% par an d'ici 2012 entraînant sur la période un recul de la demande de 140 000 bpj à moyen terme.

Par ailleurs, et selon le rapport de l'OPEP de juin 2009, l'institution qui pompe environ 40% du brut mondial indiquait que le demande mondiale du pétrole devrait se contracter plus que prévu à 83,80 millions de barils par jour (mbj) en 2009 contre des projections de 84,03 mbj dans son rapport d'avril 2009 et 85,41 mbj en 2008, soit, une diminution de la demande de près de 1,89% par rapport à 2008.

La demande de brut des pays de l'OCDE devrait ainsi reculer de 1,8 mbj en 2010, avec des récessions économiques prévues de -2,8% aux États-Unis, de -4,2% dans la zone euro et de -6,4% au Japon, souligne l'OPEP. À long terme, les projections portent sur 95,4 millions de baril par jour en 2020 et 105,6 millions pour 2030[411].

Les projections des deux institutions s'accordent donc sur la baisse de la demande mondiale du pétrole occasionnée par la morosité de l'environnement économique international, ce qui va tirer vers le bas

411 D'après les statistiques de la World Oil Outlook de l'OPEP.

les prix du pétrole à cause de l'offre abondante sur le marché. Ainsi, l'OPEP déploie des efforts considérables dans le but de réduire l'offre excédentaire pour contribuer à la stabilité des marchés et maintenir son objectif de plafond de production à 24,84 mbj[412].

C'est dans cette optique qu'elle a décidé de réduire sa production de 2,4 millions de baril par jour[413]. La continuité de cette situation risque de causer des problèmes considérables à l'économie algérienne dans le sens où la réduction de la production est synonyme d'une réduction des ressources à l'exportation.

Graphique (93) : Scénario d'avant crise des projections de l'évolution de la demande du pétrole.

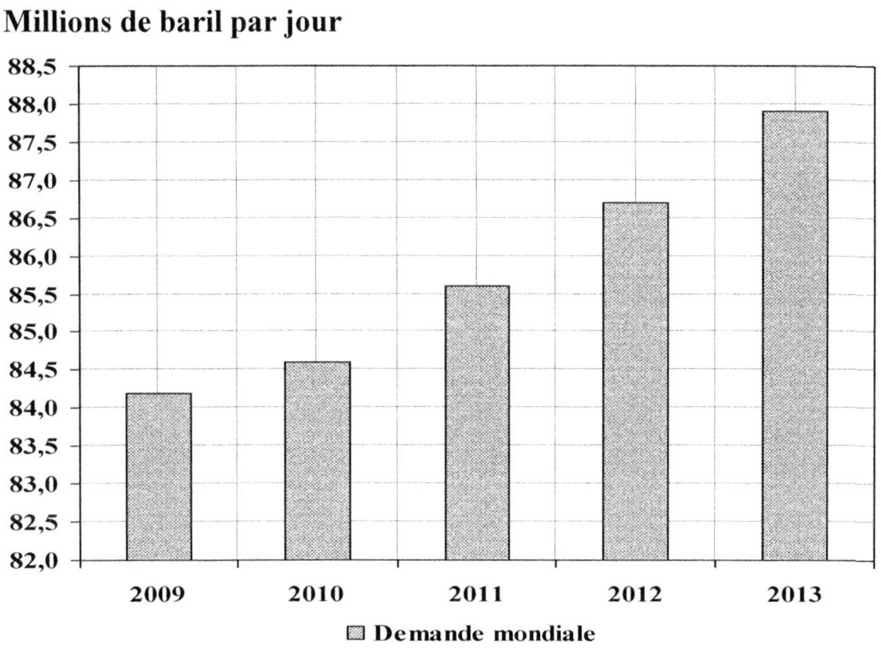

Source: OPEC, World Oil Outlook (2009).

---

412 Les stocks actuels de brut permettaient de couvrir la demande mondiale durant 63 jours et l'objectif est de maintenir des quotas de production afin de passer à 53 jours.

413 Même si les capacités de production de l'Algérie sont actuellement de 1,45 million de barils/jour, sa production effective est limitée à 1,2 mbj après avoir diminué sa production de pétrole de 200 000 bj depuis le 1er janvier 2009, conformément à la décision prise en décembre 2008 par l'OPEP.

7. 4. 3. Les réserves des hydrocarbures

Un autre élément menace l'économie rentière en Algérie. Il s'agit de l'insuffisance des réserves pétrolières prouvées dans le pays. Depuis le début des années 1980[414] (cf. graphique 94), l'Algérie a adopté une politique d'intensification des exportations d'hydrocarbures, qui a enfermé le pays dans une équation dangereuse : « *exporter du pétrole pour accroître les ressources, pour valoriser et exporter davantage du pétrole*[415]». Incontestablement, cette politique a permis une exploitation accrue des ressources des hydrocarbures, mais a accéléré également la cadence de la baisse des niveaux des réserves prouvées.

Graphique (94) : Évolution de la production du pétrole et du gaz en Algérie depuis 1980.

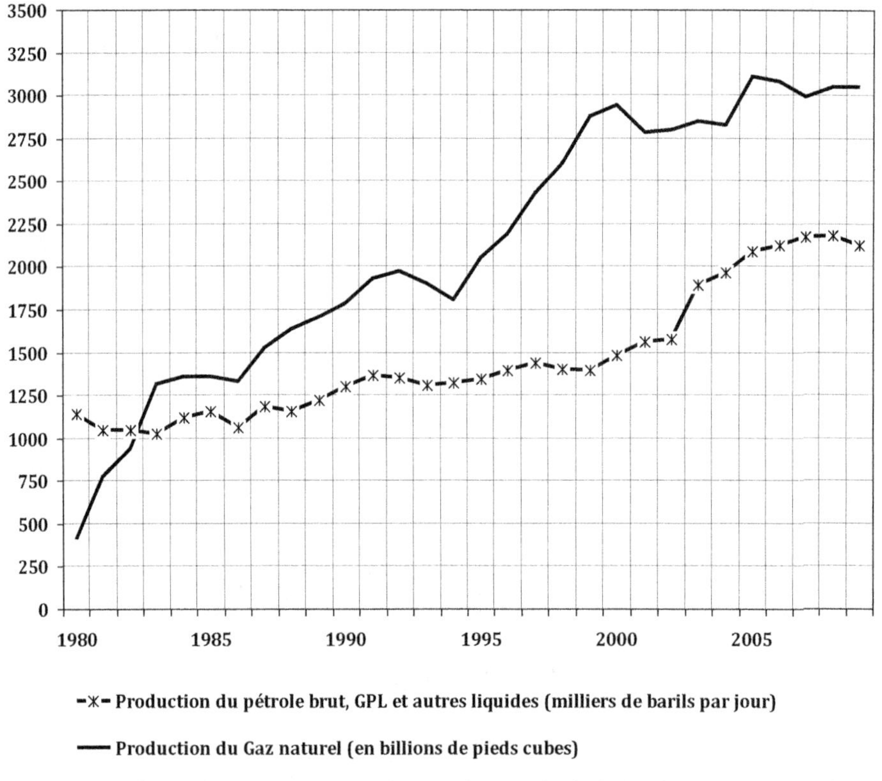

Source : U.S. Energy Information Administration (2009).

414 Notamment à travers le plan VALHYD qui prévoyait une exploitation sans limites des ressources pétrolières du pays.

415 Henni, A. (1991). Économie de l'Algérie indépendante… op. cit., p. 46.

En effet, alors que la rente pétrolière représente près de 50% du PIB, alors que les recettes des exportations constituent plus de 98% des entrées totales des devises, alors qu'environ 70% des recettes fiscales de l'État sont issues de ce secteur, les niveaux des réserves prouvées (ressources non exploitées[416]) sont pour le moins, très moyens.

Les statistiques indiquent que les niveaux des réserves prouvées en 2008 sont de l'ordre de 12,2 milliards de barils, soit, 0,926% des réserves mondiales prouvées du pétrole[417], ce qui classe l'Algérie en 2008, au 16ème rang mondial en termes des réserves les plus importantes prouvées. À partir de ces chiffres, et au rythme actuel d'extraction, le pays peut encore produire pendant 16 ans[418], ce qui pose un problème de validité du système de financement de l'économie nationale à long terme. En revanche, la situation est meilleure pour ce qui concerne les réserves du gaz naturel. Avec plus de 161,740 billions de pieds cube (4 576,5 milliards de m^3)[419], soit, 2,641% des réserves mondiales prouvées du gaz naturel en 2008[420], l'Algérie, occupe le 8ème rang au niveau mondial. À partir de ces chiffres, l'Algérie peut assurer son rythme de production pour un demi-siècle encore (cf. graphique 96). Certes, ces réserves constituent une rente importante qui pourrait garantir des ressources financières futures pour le financement de l'économie, mais hélas, ces réserves demeurent très insuffisantes par rapport aux défis futurs. Une nouvelle source financière doit être trouvée afin de sortir l'économie algérienne de son système rentier et en finir avec son statut d'économie mono-exportatrice qui se base exclusivement sur l'exploitation risquée d'une ressource naturelle épuisable et non renouvelable. En finir avec une économie qui a développé le secteur d'exploitation des hydrocarbures au détriment d'autres secteurs vitaux notamment celui de l'agriculture, engendrant ainsi la dépendance aux économies étrangères afin d'assurer les approvisionnements alimentaires du pays.

---

416 Qui constituent des réserves financières pour l'avenir.
417 Estimées à près de 1317 milliards de barils, selon U.S. Energy Information Administration.
418 À un niveau loin des pays voisins, la Libye (62 ans) ou les pays du Golfe, Emirats Arabes Unis (95 ans), Qatar (38 ans), Iraq (166 ans), Arabie Saoudite (66 ans), Koweït (107 ans).
419 1 pied cube = 0,0283 m^3.
420 Estimées à près de 6124,016 billions de pieds cube.

Graphique (95) : Réserves prouvées du pétrole (milliards de barils).

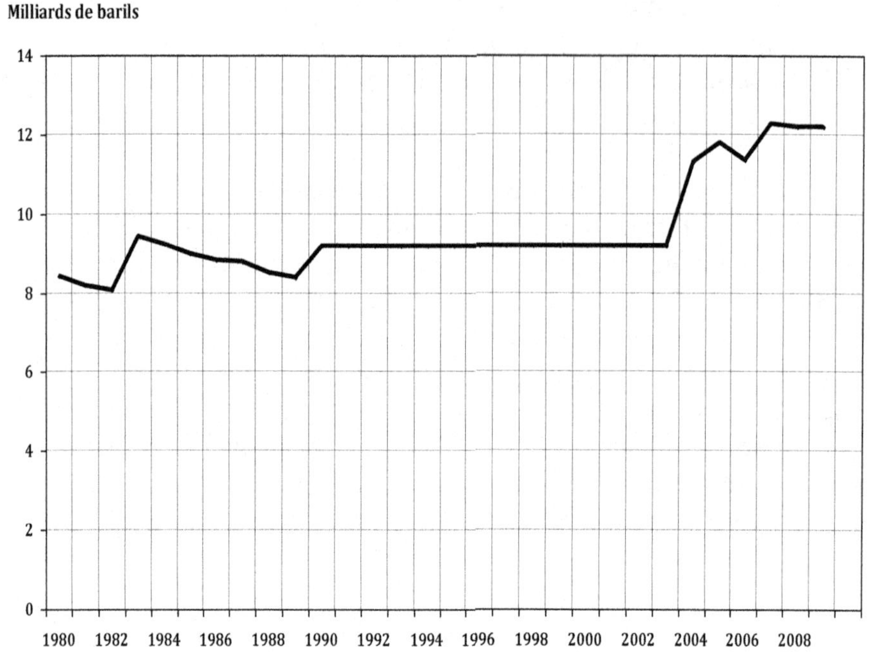

Graphique (96) : Réserves prouvées du gaz (trillion de pieds cubes).

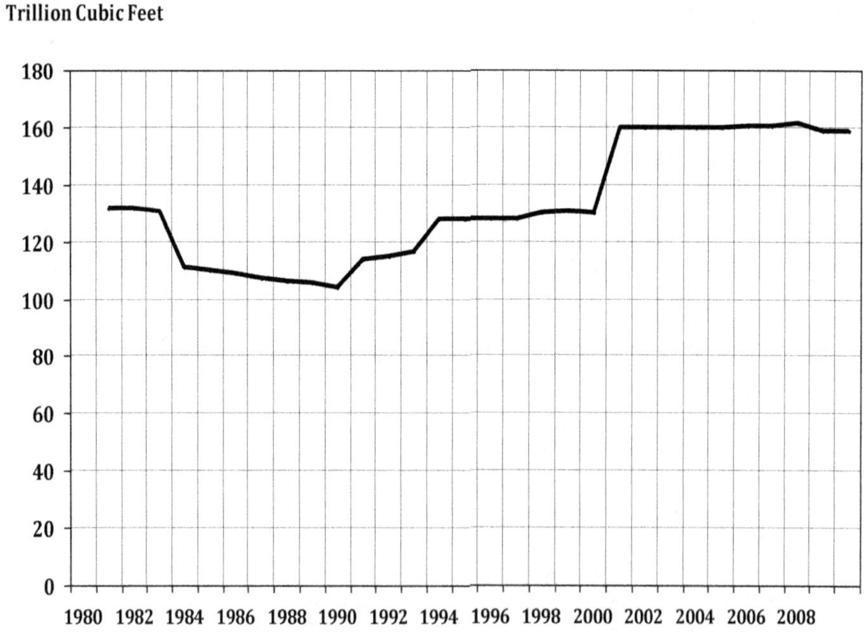

Source : U.S. Energy Information Administration (2009).

7. 4. 4. Les fortes fluctuations des prix des hydrocarbures

Les incertitudes concernant l'évolution des prix du pétrole constituent un des facteurs du risque le plus élevés. La chute des prix du pétrole de l'été 2008 à décembre 2008 (cf. graphique 97) confirme qu'une économie rentière est une économie à risque sans possibilité d'anticipation, privée de conjectures sûres. Les prévisions des prix des hydrocarbures se basent sur un marché irrationnel, à une très forte volatilité et une instabilité même à court terme.

Les cours sur le moyen et le long terme sont encore plus difficiles à déterminer. Les pressions spéculatives, les déséquilibres régionaux de l'offre, les tensions géopolitiques et l'incertitude résultant de l'instabilité politique au Moyen-Orient ainsi que les possibilités de rupture des approvisionnements dans d'autres pays producteurs, ajoutent à l'instabilité du prix du pétrole une autre particularité à risque. Le graphique (98) illustre l'effondrement des cours du pétrole perdant plus de 70% de valeur en moins de six mois.

Graphique (97) : Évolution du prix du panier de l'OPEP de janvier 2005 à juillet 2009.

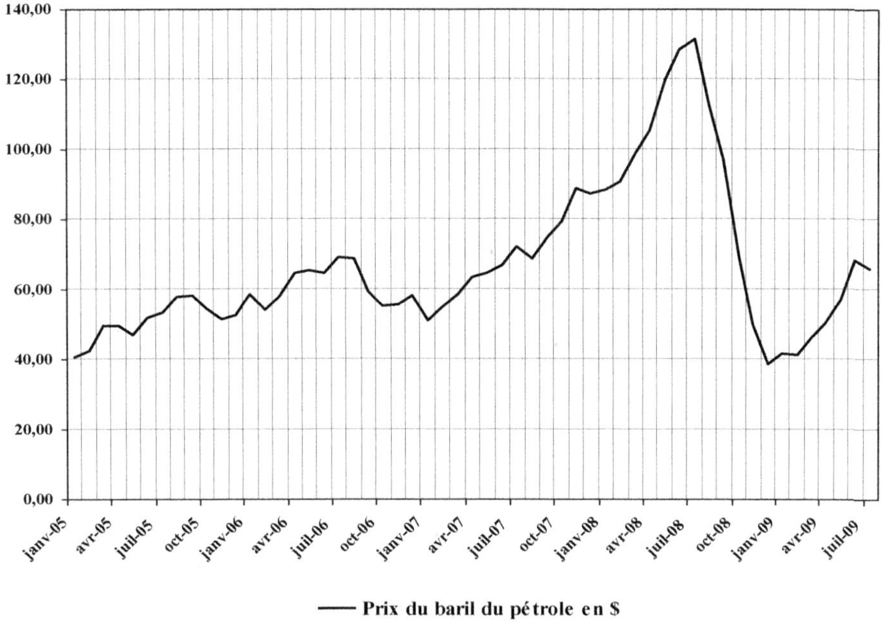

Source:OPEC, World Oil Outlook (2009).

7. 4. 5. L'effet d'inflation et de dépréciation de dollar.

Près de 56% des importations algériennes provient de l'Union européenne, ce qui signifie que ce sont des importations payées en euro. Une monnaie qui connait une force sans précédent par rapport au dollar[421]. Les pays européens exigeant le paiement de leurs exportations en d'autres devises que le dollar se prémunissant ainsi contre sa dévaluation. Parallèlement, la majorité des exportations sont payées en dollar, ce qui signifie que l'Algérie paye plus cher ses importations par rapport à ses exportations. Par conséquence, le grand mouvement des dépréciations du dollar initié depuis 2002 par les autorités américaines pour tenter d'enrayer l'accroissement de déficit courant des États-Unis a eu des effets néfastes sur la valeur des exportations payées majoritairement en dollars.

Il est fort probable dans les circonstances actuelles que la dévaluation de dollar continue afin de résorber le déficit commercial américain et dynamiser la croissance économique, ce qui causera un préjudice énorme à la balance des paiements algérienne mais pas seulement, puisque la valeur des avoirs du fonds des réserves diminuera par rapport à la valeur des importations.

Graphique (98) : Structure des fournisseurs de l'Algérie.

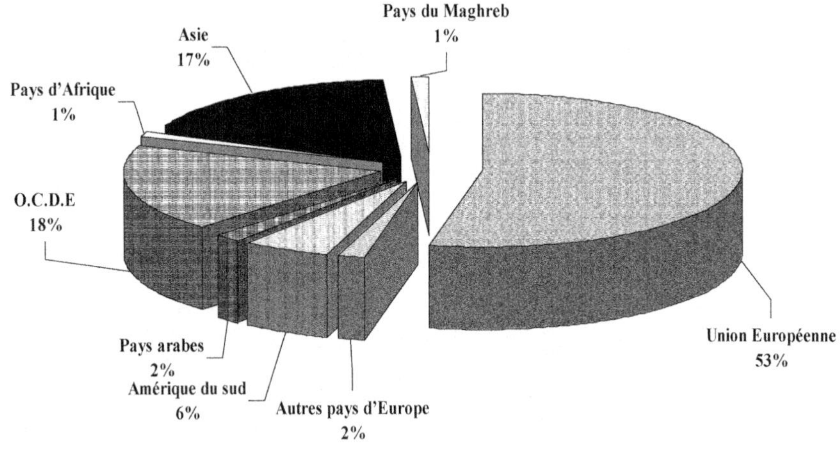

Source : Centre national de l'informatique et de statistique douanière.

---

421 1 € = 1,40 à 1,48 en moyenne en 2009.

Graphique (99) : Parité DA/$ et DA/€ depuis 2000 jusqu'à 2008.

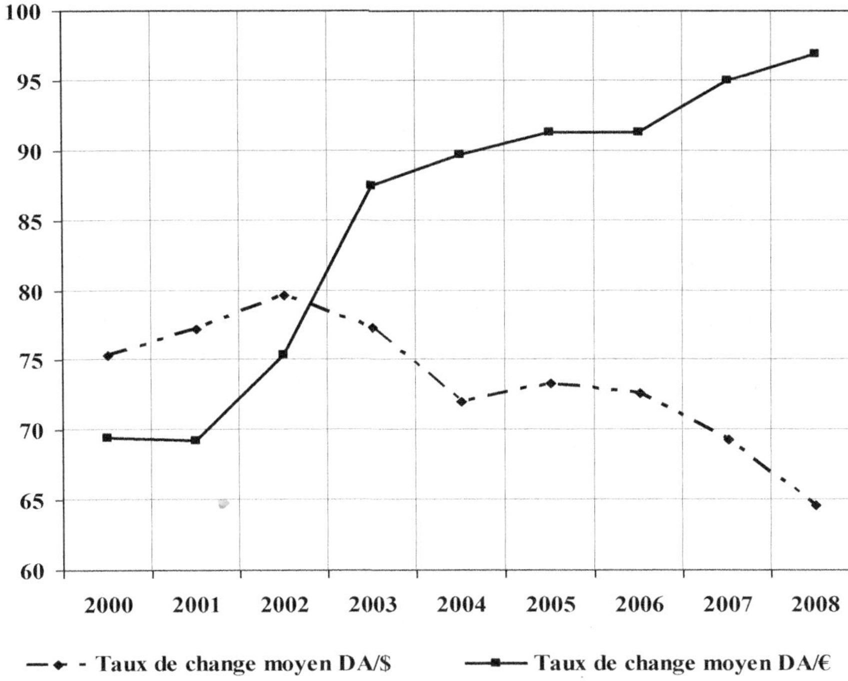

Source : Banque d'Algérie, 2009.

Graphique (100) : Indices de développement de l'Algérie en 2009.

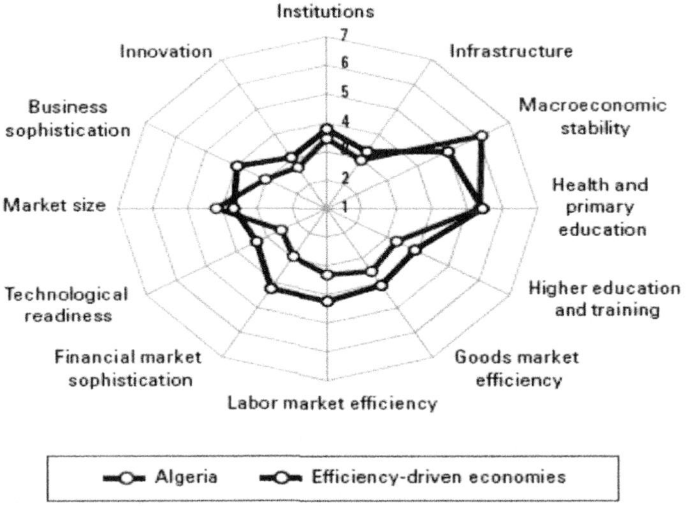

Source: The Global Competitiveness Report 2008-2009.

Conclusion

L'objet de cet ouvrage était de comprendre les raisons du déclin considérable et le recul important du secteur agricole en Algérie ainsi que le mécanisme par lequel ce secteur s'est transformé d'un secteur exportateur des produits agricoles pendant l'époque coloniale à un secteur fortement dépendant des importations durant l'époque actuelle.

À travers ce que nous venons d'exposer dans cet ouvrage, nous constatons qu'un demi-siècle après l'indépendance, la marche au développement dans le pays n'a pas eu lieu, la promesse de justice sociale tant attendue n'a pas été tenue et l'ambition de promouvoir et faire évoluer le niveau de vie dans le monde rural n'a pas atteint ses objectifs. Au contraire, la situation des *fellahs* et de leur secteur s'est de plus en plus dégradée. L'agriculture qui était à son apogée à l'époque coloniale est aujourd'hui à l'agonie. Elle ne peut plus faire face à la demande grandissante d'une population en croissance forte.

Le bilan que nous pouvons faire du secteur agricole en Algérie après un demi-siècle d'indépendance ne peut être positif. Un retard de développement de l'activité est constaté. Une dépendance accrue aux importations étrangères s'est dangereusement manifestée. Le secteur agricole dans le pays s'est révélé une victime collatérale de la stratégie du développement poursuivie. L'avenir de l'agriculture semble en grande partie compromis. Même les nouveaux dispositifs visant à développer le secteur se heurtent à un blocus d'obstacles qui risquent de les entraver.

Alors que l'agriculture profitait d'une position privilégiée à l'époque coloniale, où elle fut l'activité qui bénéficiait le plus des subventions de l'État et jouissait des attentions des autorités publiques grâce à une politique agricole efficace, elle s'est vu reléguée à un second plan après l'indépendance, faisant les frais d'un choix de développement "peu réfléchi" qui a favorisé l'activité industrielle au prix de lourds investissements à travers la stratégie des "industries industrialisante" dans un pays plus préparé.

De l'autogestion, au socialisme agraire révolutionnaire, aux plans de libéralisations imposées par les institutions financières internationales, l'activité agricole en Algérie a servi de champs d'expériences pour les idiologies de technocrates et des administrateurs.

À notre avis, les résultats décevants de l'agriculture depuis l'indépendance ne sauraient s'expliquer uniquement par l'héritage colonial qui a, certes, bouleversé à jamais la structure rurale en particulier pour le foncier agricole, qui demeure aussi complexe que problématique[422], mais aussi, par la création d'un dualisme de deux secteur agricoles (traditionnel et moderne) qui subsistent jusqu'à nos jours. Elles ne sauraient s'expliquer également que par des causes exclusivement naturelles et climatiques. Les réformes perpétuelles et les réaménagements persistants, les modes d'organisation et les mutations, souvent à caractères bureaucratiques liés notamment au statut de la terre, à son mode d'exploitation et à la distorsion considérable dans l'allocation des ressources sont aussi responsables de la situation du secteur aujourd'hui.

À travers ce que nous avons exposé dans cet ouvrage, nous pouvons conclure que l'agriculture algérienne a toujours manqué d'une réelle politique économique dans le secteur agricole. Le défaut d'une politique agricole réfléchie qui prend en charge la spécificité de l'activité dans le pays est une des causes principales de la situation de l'activité agricole aujourd'hui.

Le *fellah* algérien, historiquement laborieux, actif et appliqué, dont les liens avec sa terre sont extrêmement forts, a été obligé de devenir un simple salarié de la terre, sans grande motivation, en grande partie à cause des politiques suivies depuis les premières années de l'indépendance.

Ces politiques économiques menées par les gouvernements successifs du pays écrit S. Bedrani avec beaucoup de raison «*semblent avoir été conçues et menées, jusqu'à maintenant, sans que les décideurs mesurent, suffisamment et à l'avance, les effets de ces politiques sur la*

422 Complexe par l'absence d'une politique clairement énoncée et problématique par la présence d'une situation où les forces qui façonnent habituellement le marché ont des stratégies et des comportements et des pratiques qui entraînent une situation délétère rendant l'accès au foncier une opération délicate et difficile

résolution des grandes questions auxquelles est confrontée la société algérienne. Particulièrement, les politiques agricoles et alimentaires qui se trouvent peu argumentées autant quant à leurs effets sur le développement d'ensemble qu'aux effets de certaines autres politiques sur l'agriculture et l'alimentation[423]».

Au lieu d'inventer des politiques intrépides, il a fallu concevoir une politique basée sur des aspects scientifiques et des constats réels. Une telle politique agricole ne peut se concevoir à travers des idées sans fondements scientifiques ou se construire à travers des décisions improvisées et des concepts non vérifiés mais au contraire, une politique agricole doit être une réelle tentative de voir l'impact des décisions et les conséquences des mesures prises par l'État et les différents acteurs impliqués sur l'évolution de l'activité agricole.

Une telle politique doit faire l'objet d'une justification technique comme la construction d'un modèle mathématique et le sujet d'une étude approfondie du secteur agricole avant son application afin de mesurer les conséquences des décisions qui seront prises sur le secteur agricole et sa périphérie. C'est justement l'objectif de notre prochain ouvrage qui portera sur les prospectives de l'avenir du secteur agricole en Algérie.

Mohamed CHABANE
Paris, Juillet 2012.

423 Bedrani, S. Les politiques agricoles et alimentaires en Algérie et les grandes questions du développement, Cahiers Options Méditerranéennes, vol. 1, n° 4.

Bibliographie

Ouvrages :

- Toudert, A. (1982). *Le coût de la vie en Algérie depuis 1962.* Paris, Economica, 124 p.

- Ageron, Ch-R. (1964). *Histoire de l'Algérie contemporaine 1830-1964.* Paris, presses universitaires de France, 128 p.

- Ageron, Ch-R. (1999). *Histoire de l'Algérie contemporaine.* Paris, PUF, 127 p.

- Aït Amara, H., Gallot, J., Sindic, P. (2000). *L'Algérie, débats pour une issue.* Paris, Publisud, 143 p.

- Albertini, A. (1951). *L'Afrique Romaine*, l'école républicaine "*3ème numéro spécial'', octobre* 1951. Bulletin de la section d'Alger du syndicat national des instituteurs et institutrices de l'union française. - Les éditions syndicales, 1951. Ouvrage numérisé.

- Amin, S. (1966). *L'économie du Maghreb.* Paris, édition de Minuit, 227 p.

- Amin, S. (1988). *L'accumulation à l'échelle mondiale.* Paris, édition Anthropos, 617 p.

- Amin, S. (1989). *La faillite du développement en Afrique et dans le Tiers-monde.* Paris, l'Harmattan, 383 p.

- Amicale des anciens élèves des écoles d'agriculture d'Algérie (2002). *L'œuvre agricole française en Algérie, 1830-1962.* Paris, édition jacques Gandini, 480 p.

- Arif, S., Zga, K. (1994). *Industrie agro-alimenataire et dépendance envers les approvisionnements extérieurs : le cas de l'Algérie.* Alger, édition de l'Office des Publications Universitaires. 206 p.

- Badillo, D. (1980). *Stratégie agro-alimentaires pour l'Algérie* : perspectives 2000. Aix en Provence, Édisud. Centre des recherches et d'études sur les sociétés méditerranéennes, 348 p.

- Balta, P., Rulleau, C. (1978). *La stratégie de Boumediene*. Paris, édition Sindbad, 361 p.

- Bedrani, S. (1981). *L'agriculture algérienne depuis 1966, étatisation ou privatisation ?* Paris, Economica, 414 p.

- Benachenhou, A. (1978). *Formation du sous-développement en Algérie*. Alger, presses de l'entreprise nationale, 394 p.

- Benachenhou, A. (2004). *L'Algérie, la modernisation maîtrisée.* Paris, 142 p.

- Benhouria, M. T. (1980). *L'économie de l'Algérie*. Paris, François Maspero, 441 p.

- Benbitour, A. (1998). L'Algérie au troisième millénaire : défis et potentialités. Alger, édition marinoor. 147 p.

- Benissad, M. E. (1979). *Economie du développement de l'Algérie, sous-développement et socialisme.* Paris, Economica, 287 p.

- Benissad, M, E. (1980). *L'économie algérienne contemporaine.* Paris, Presses universitaires de France, 127 p.

- Benissad, M, E. (1991). *La réforme économique en Algérie : l'indicible ajustement structurel.* Alger, office des publications universitaires, p. 159.

- Benissad, M, E. (2004). *Algérie : De la planification socialiste à l'économie du marché.* Alger, ENAG, 283 p.

- Bensalah-Alaoui, A. (1989). *La Sécurité alimentaire mondiale.* Paris, Librairie générale de droit et de jurisprudence, 429 p.

- Bergmann, D. (1975). *Politique agricole, Tome II.* Paris, Institut National de la Recherche Agronomique, Structures, Série économie et sociologie rurales, 198 p.

- Bessaoud, O. (2003). L'agriculture algérienne, des révolutions agraires au réformes libérales (1963-2002), in Blanc, P. *Du Maghreb au Proche-Orient ; les défis de l'agriculture*, Paris, l'Harmattan, pp. 73-122.

- Bessis, S. (1991). *La faim dans le monde.* Paris, édition la découverte, 125 p.

- Bègue, C. (1957). *L'économie agricole de l'Algérie*. Paris, édition du millénaire, 176 p.

- Blin, L. (1990). *L'Algérie du Sahara au Sahel.* Paris, l'Harmattan, 501 p.

- Blottiere, J. (1930). *Les productions algériennes.* Paris : Publications du comité national métropolitain du centenaire de l'Algérie. Cahier du centenaire de l'Algérie IX.

- Bouchemal, S. (1997). *Mutations agraires en Algérie.* Paris, l'harmattan, 267 p.

- Boukhoubza, M. (1992). *Monde rural, contraintes et mutations.* Alger, office des publications universitaires, 325 p.

- Bourdieu, P., Sayad, A. (1989). *Le déracinement : la crise de l'agriculture traditionnelle en Algérie.* Paris, édition minuit, 224 p.

- Bourenane, M. (1981). La révolution agraire et le secteur privé agricole en Algérie in Coquery Vidrovitch, C. *Sociétés paysannesduTiers-monde.* Publication du laboratoire connaissance duTiers-mondede l'Université Paris VII. Lille, édition des presses universitaires de Lille. pp. 219-233.

- Bourges, H. (1967*). L'Algérie à l'épreuve du pouvoir (1962-1967)*. Paris, édition Grasset, 242 p.

- Bourget, F. (1946). *La réforme agricole nécessaire de l'agriculture indigène en Algérie*. Alger : éditions de l'union des ingénieurs et techniciens français (UNITEC), 40 p.

- Bouvier, Th. (1848). *Rapport sur l'organisation de l'industrie agricole appliquée à la colonisation des possessions françaises dans le nord de l'Afrique.* Alger, édition de l'imprimerie du gouvernement, 43 p.

- Brahimi, A. (1991). *Stratégies de développement pour l'Algérie : défis et enjeux*. Alger, édition Dahlab, 425 p.

- Burgat, F., Nancy, M. (1984). *Les villages socialistes de la révolution agraire algérienne*. Paris, édition du CNRS, 288 p.

- Charef, A. (1994). *L'Algérie, le grand dérapage.* La Tour-d'Aigues, édition de l'Aube, 525 p.

- Commission économique pour l'Afrique. (2005). *L'Afrique et les négociations agricoles. Paris*, édition Maisonneuve et Larose, 289 p.

- Cote, M. (1988). *L'Algérie ou l'espace retourné.* Paris, Flammarion, 362 p.

- Cote, M. (1996). *L'Algérie espace et société.* Paris, Armand Colin, 253 p.

- Cubertafond, B. (1995). *L'Algérie contemporaine.* Paris, Presse Universitaire de France, 3ème édition, 127 p.

- Dahmani, A. *L'Algérie à l'épreuve, économie politique des réformes : 1980-1997*. Paris, l'Harmattan, 295 p.

- D'Arcy, F., Krieger, A., Marill, A. (1965). *Essaisurl'économiedel'Algérienouvelle.* Paris, édition PUF, 255 p.

- De Ravignan, F. (1993). *La faim, Pourquoi ?* Paris, édition Syros, 4ème édition, 120 p.

- De Ravignan, F. (2003). *La faim, Pourquoi ? Un défi toujours d'actualité*. Paris, édition la découverte, 5ème édition, 121 p.

- De Soto, H. (2000). *The mystery of capital: why capitalism triumphs in the West and fails everywhere else*. New-York: Basic Books, 275 p.

- Delpeuch, B. (1992). *L'enjeu alimentaire Nord-Sud.* édition Syros-alternatives économiques, 1992, 145 p.

- Demontes, V. *L'Algérie agricole ; suivie de quelques renseignement sur les produits de la steppe et des forêts*. Paris, librairie larose, 369 p.

- Deslinières, L, (1920). *La France Nord-Africaine, étude critique de la colonisation anarchique pratiquée jusqu'à ce jour.* Paris, édition du progrès civique, 728 p.

- Devilliers, G. (1987). *L'Etat démiurge : le cas algérien*. Paris, l'Harmattan, 1987. 273 p.

- Diafric- La documentation Africaine. (1984). *L'agriculture algérienne.* Paris, édition la documentation africaine, 1ère édition, 196 p.

- Domenach J.M. (1977). La crise de développement, crise de la rationalité, in Mendès, C. *Le Mythe du développement, Paris, édition s*euil, Coll. "Esprit", pp. 13-39.

- Dersa (pseud. collectif), (1981). *L'Algérieendébat : luttes et développement.* Paris, Maspero, 286 p.

- Djeghloul, A. (1986). *Huit études sur l'Algérie.* Alger, édition ENAL, 271 p.

- Dufumier, M. (2004). *Agricultures et paysanneries des tiers mondes*. Paris édition Karthala, 598 p.

- Dumont, R., Mazoyer, M. (1969). *Développement et socialisme.* Paris, édition du Seuil, 332 p.

- Duprat, G. (1973). *Révolution et autogestion rurale en Algérie.* Paris, édition Armand colin, 485 p.

- Égretaud, M,. (1961). *Réalité de la nation algérienne.* Paris, éditions sociales, Villeneuve-Saint-Georges, l'union typographique, 319 p.

- Elloumi, M. (2002). *Mondialisation et sociétés rurales en Méditerranée.* Paris, IRMC-Karthala, 523 p.

- Elloumi, M., A-M, Jouve. (2002). *Bouleversement fonciers en Méditerranée, des agricultures sous le choc de l'urbanisation et des privatisations.* Parsi, Karthala-CIHEAM, 384 p.

- Esquer, G. (1950). *Histoire de l'Algérie (1830-1950).* Paris, presses universitaires de France, 128 p.

- Etienne, G. (1967). *Progrès agricole et maîtrise du l'eau ; Le cas de Pakistan.* Publications de l'I.E.D.E.S, Paris, presses universitaires de France, 187 p.

- Eveno, P. (1998). *L'Algérie dans la tourmente.* Paris, édition le monde, 223 p.

- Flack, F. (1930). *L'Algérie un siècle de colonisation française.* Paris, édition notre domaine coloniale, 143 p.

- Gaîd, M. (1975). *L'Algérie sous les turcs.* Tunis, maison tunisienne de l'édition. 239 p.

- Gautier, M.E.F. (1930). *L'évolution de l'Algérie depuis 1830 à 1930.* Cahier du centenaire de l'Algérie III. Alger, publications du comité national métropolitain du centenaire de l'Algérie. 95 p.

- Gendarme, R. (1959). L'économie de l'Algérie, sous-développement et politique de croissance. Paris, Armand Colin, 388 p.

- Goumeziane, S. (1994). *Le mal algérien : Economie politique d'une transition inachevée 1962-1994.* Paris, Fayard, 307 p.

- Haîchour, B. (1992). Le défi agro-alimentaire de l'Algérie ; analyse et stratégie pour l'an 2000. Alger, office des publications universitaires, 393 p.

- Harribey, J-M. (2004). *Le développement a-t-il un avenir ? pour une société économe et solidaire.* Paris, édition Mille et une nuits, 254 p.

- Henni, A. (1982). *La colonisation agraire et le sous-développement en Algérie.* Alger, Société nationale d'édition et de diffusion, 246 p.

- Henni, A. (1991). *Economie de l'Algérie indépendante.* Alger, édition ENAG, 159 p.

- *Histoire des grands conflits : Guerre d'Algérie, volume II ; du plan Challe au putsch et à l'indépendance (1997).* La collection du patrimoine, 1997.

- Houée, P. (1972). *Les étapes du développement rural, Tome I ; Une longue évolution (1815-1950).* Paris, édition économie et humanisme, les éditions ouvrières, 191 p.

- Icheboudène, L. (1997). *Alger, histoire et capitale de destin national.* Alger, Casbah édition, 351 p.

- Isnard, H. (1950). *La réorganisation de la propriété rurale dans la Mitidja, ordonnance royale du 21 juillet 1846 et commission des transactions et partages 1851-1867 : ses conséquences sur la vie indigène.* Alger, impr. A. Joyeux, 93 p.

- Isnard, H. (1951). *La vigne en Algérie, tome I et II.* Edition OPHRYS-GAP, tome I (278 p), tome II (542 p).

- Izraelwicz, E. (1997). *Ce monde qui nous attend, les peurs françaises et l'économie.* Paris, édition Bernard Grasset, 265 p.

- Jacquard, A., De Gaulle, G., Amblard, H., Besson, L. (1998). *L'engagement.* Paris édition Seuil, 125 p. t

- Jönsson, L. (1974). *« La révolution agraire en Algérie : historique, contenu et problèmes ».* Rapport d'Uppsala : Scandinavian institute of African studies, édition Scandinavian institute of African studies.

- Khader, B. (dir). (1995). *L'ajustement structurel au Maghreb.* Alternatives Sud Vol. II, Paris, l'Harmattan, 227 p.

- Koulytchisky, S. (1974). *L'autogestion, l'homme et l'Etat : l'expérience algérienne.* Paris, édition Mouton, La Haye, 482 p.

- Koulytchisky, S. (1981). *Expérience algérienne d'autogestion, in l'Autogestion, un système économique ?*, Sous la direction de André Dumas, Paris édition Dunod, 481 p.

- Kovac, P. (1958). *L'autogestion ouvrière en Yougoslavie.* Beograd, édition Jugoslavija, 70 p.

- Lacheraf, M. (1965). *L'Algérie : nation et société.* Paris, Maspero, 354 p.

- Lacoste, Y. (1989). *Les pays sous-développés.* Paris, édition PUF, 8ème édition, 127 p.

- Laks, M. (1970). *Autogestion ouvrière et pouvoir politique en Algérie (1962-1965).* Paris, édition études et documentation internationales, 363 p.

- Lamchichi, A. (1991). L'Algérie en crise. : Crise économique et changements politiques. Paris, l'Harmattan, 399 p.

- Lassus, J., (1956). *Vingt-cinq ans d'histoire algérienne, recherches et publications (1931-1956).* Alger, édition du Gouvernement général d'Algérie, 4 fasc. (35, 39, 24, 46 p.).

- Laumont, P-N., Vivet. E. (????). La production agricole de l'Algérie, journée commémorative du centenaire de la société des agriculteurs de l'Algérie. SIND, pas d'année de publication.

- Launay, M. (1963). *La terre, la vigne, et les hommes.* Paris, édition du seuil, 431 p.

- Le Coz, J. (1991). *Décennie 1980 : les étapes de la désocialisation.* Montpellier, édition de l'université Paul Valéry, 94 p.

- Lecq, H. Riviére, CH. (1928). *Traité pratique de l'agriculture pour le nord de l'Afrique : Algérie-Tunisie-Maroc-Tripolitaine.* Paris, Augustin challamel, librairie maritime et coloniale, 662 p.

- Leprence, B. (1942). L'Afrique du Nord au travail, édition de l'effort Paysan, Aurillac, 1942. 89 p.

- Lesbet, D. (1984). *Les 1000 villages socialistes en Algérie.* Paris, Syros, 335 p.

- Marrés, P. (1889). L'Agriculture en Algérie, Publication, imprimerie de Girlat, 1889.

- Maschino, T.M., M'rabet, F. (1973).*L'Algérie des illusions, la révolution confisquée*. Paris, Lafont, 288 p.

- Mazoyer, M., Roudart, L. (2000). *Histoire des agricultures du monde, du néolithique à la crise contemporaine,* Paris, édition du seuil, 705 p.

- Mazoyer, M., Roudart, L. (2005). *La fracture agricole et alimentaire mondiale, Nourrir l'humanité aujourd'hui et demain.* Paris, édition universalis, 193 p.

- Mehsas, A. (1975). *L'autogestion en Algérie, données politiques de ses premières étapes de son application.* Paris, édition anthropos, 297 p.

- Mehsas, A. (2006). *Réalités coloniales et résistances.* Alger, édition el Maarifa, 174 p.

- Meziadi, A. M. (1997). Les mutations agraires en Algérie depuis 1962. Caen, presses universitaires de Caen, 237 p.

- Mollard, G. (1950). *Evolution de la culture et de la production du blé en Algérie de 1830 à 1929.* Paris, édition Larose, 128 p.

- Monjauze, A. (1960). *Essai pour l'utilisation rationnelle des terres en zone aride et semi-aride.* Délégation générale du gouvernement algérien, Direction de l'agriculture et des forêts. Alger, IMP. Bringau et Cie, 99 p.

- Milliot, L. (1953). *Introduction à l'étude du droit musulman.* Paris, recueil Sirey, 822 p.

- Ministère de l'information et de la culture (1976). *Révolution agraire : les villages socialistes.* Collection visages de l'Algérie, Alger, édition du ministère de l'information et de la culture, 72 p.

- Mutin, G. (1977). *La Mitidja, décolonisation et espace géographique.* Paris, édition du CNRS, centre de recherches et d'études sur les sociétés méditerranéennes, 607 p.

- Nadir, M, T. (1982). *L'agriculture dans la planification en Algérie de 1967-1977.* Alger, édition office des publications universitaires, 598 p.

- Nouschi, A. (1981).observations sur le prolétariat rural en Algérie, in Coquery Vidrovitch, C. *Sociétés paysannesduTiers-monde.* Publication du laboratoire connaissance duTiers-mondede l'Université Paris VII. Lille, édition des presses universitaires de Lille. pp. 125-136.

- Padilla, M., Delpech, F., Le Bihan, G., Maire, B., (1995). *Les politiques alimentaires en Afrique du nord*, Paris, édition Karthala, 431 p.

- Sari, D. (1975). *La dépossession des fellahs (1830-1962).* Alger, Société nationale d'édition et de diffusion. 145 p.

- Sari, D. (2001). *La crise algérienne économique et sociale, diagnostic et perspectives.* Paris, Publisud, 134 p.

- Sid Ahmed, A. (1995). *Un projet pour l'Algérie : éléments pour un réel partenariat Euro-Méditerranéen.* Paris, Publisud, 95 p.

- Teillac, J. (1965). *Autogestion en Algérie.* Paris, Centre de hautes études administratives sur l'Afrique et l'Asie modernes, édition Peyronnet & Cie, 72 p.

- Temmar, H. (1974). *Structure et modèle de développement de l'économie de l'Algérie.* Alger édition SNED, 176 p.

- Temmar, H. (1983). *Stratégie de développement indépendant, Le cas de l'Algérie : un bilan.* Paris, édition Publisud. 301 p.

- Thureau-Dangin, P. (1996). *Misère de la mondialisation, Philosophie, critique et littérature, numéro 16.* Paris, édition Agone, 263 p.

- Tidafi, T. (1969). *L'agriculture algérienne et ses perspectives de développement.* Paris, édition François Maspero, 224 p.

- Toulait, H. (1988). *L'agriculture algérienne : les causes de l'échec.* Alger, office des publications universitaires, 550 p.

Articles et études de revues scientifiques :

- Amellal, R. (1995). « Les agricultures maghrébines à l'aube de l'an 2000 ». *Cahiers Options Méditerranéennes,* Série. B/n°14.

- Auriol, P. (1989).« Situation laitière dans les pays du Maghreb et du Sud-est de la Méditerranée ». *Cahiers Options Méditerranéennes* - Série Séminaire n° 6, 1989. pp. 51-72.

- Baci, L. « Les réformes agraires en Algérie », *Cahiers Options Méditerranéennes,* vol. 36, pp. 285-291.

- Bedrani, S. (1992). « Note sur le coton en Algérie », *Cahiers Options Méditerranéennes*. pp. 35-40.

- Bedrani, S. (1993). « Rapport sur le secteur agricole et ses perspectives à l'horizon 2000 ». Rapport pour le compte de la Commission des Communautés Européennes. 78 p.

- Bedrani, S. (1994). « Les politiques agricoles et alimentaires en Algérie, les grandes questions du développement », *Cahiers Options Méditerranéennes*,n° 4. pp. 61-65.

- Bedrani, S. (1995). « L'intervention de l'Etat dans l'agriculture en Algérie : constat et propositions pour un débat ». *Cahiers Options Méditerranéennes,* Série. B.

- Bedrani, S., Boukhari, N., Djennane, A. (1997). « Eléments d'analyse des politiques de prix, de subvention et de fiscalité sur l'agriculture en Algérie ». *Cahiers Options Méditerranéennes.* Série. B, n° 11. p. 121-150.

- Benaissa, A. (2003). « L'évolution de la propriété foncière à travers les textes et les différents modes d'accès à la propriété foncière en Algérie ». 2nd FIG Regional Conference Marrakech, Morocco, December 2-5, 2003.

- Ben-Salem, H., Zaibet, L., Ben-Hammouda, M. (2006), « Perspectives de l'adoption du semis direct en Tunisie. Une approche économique », *Cahiers Options Méditerranéennes.* Série A, n° 69, CIHEAM-IAMZ, Zaragoza (Spain).

- Benterki, N., Farrokhi, A. (2000). « Le développement rural durable : expériences et perspectives dans les économies en transition : le cas de l'Algérie », Séminaire International Méditerranéen du CIHEAM sur les Nouvelles Stratégies pour un Développement Rural Durable dans les Pays Méditerranéens, 10/04/2000. *Cahiers Options Méditerranéennes*, Série A.

- Bessaoud, O (2004). L'agriculture et la paysannerie en Algérie ; les grands handicaps. *Communication au Symposium - Etat des savoirs en sciences sociales et humaines. CRASC-Oran- 20-22 septembre 2004.*

- Bessaoud, O. (1994). « Crises et transitions des politiques agricoles en Méditerranée », *Cahiers Options Méditerranéennes.* Série. B/n°8, 1994.

- Bessaoud, O. (2006). « La stratégie de développement rural en Algérie », *Cahiers Options Méditerranéennes.* Série A/n°71, 2006.

- Bergmann, D. (1957). « Les principes directeurs d'une politique agricole », *Economie Rurale*, Bulletin de la société d'économie rurale, n° 34. octobre 1957, pp. 1-20.

- Boudjellal, A, M. (1972). « La conversion-reconstitution du vignoble algérien ». *Cahiers Options Méditerranéennes*, volume n°12, Avril 1972.

- Boukella, M. (1996). « Les industries agro-alimentaires en Algérie : politiques, structures et performances depuis 1962». *Cahiers Options Méditerranéennes*, volume n°19, 1996.

- Boukhari, N., Djennane, A., Bedrani, S. (1997).« Eléments d'analyse des politiques de prix, de subvention et de fiscalité sur l'agriculture en Algérie ». *Cahiers Options Méditerranéennes,* Série. B/n°11, 1997.

- Bourenane, N. (1991). « Agriculture et alimentation en Algérie, entre les contraintes historiques et les perspectives futures ». *Cahiers Options Méditerranéennes.* Série An°21, 1991.

- Bourrinet,J. (1975).*Salaires et revenus des travailleurs agricoles en Tunisie et en Algérie.* Rapport de bureau international du travail, Genève.

- D. Nedjraoui, (2002). Profil fourrager de l'Algérie. Document de la FAO, 36 p.

- Daoud, Z. (1991). « Marchés tropicaux et méditerranéens », 47ème année, vendredi 5 avril 1991, n° 2369.

- De Bernis, G. D. (1966). « Industries industrialisantes et contenu d'une politique d'intégration régionale », *Revue d'économie appliquée*, Tome XIX, N° 3-4.

- De Bernis, G. D. (1971). « Industries industrialisantes et les options algérienne », *Revue de tiers monde*, n° 47, Tome XII.

- Delorme, H., Lipchitz, A., Bonnet, A. (2007). « Note et étude économique ; dynamique des prix agricoles internationaux », NEE n°27, avril 2007, pp. 7-29.

- Devilliers, G. (1980). « L'état de la révolution agraire en Algérie », *revue française de science politique*, volume 30, n° 1 pp. 112-139.

- Djoufelkit-Cottenet, H., (2008). « Rente, développement du secteur productif et croissance en Algérie ». Document de travail n°64 de l'agence française de développement.

- Dumont, R, (1982). « Famines et pénuries, La faim dans le monde et les idées reçus », *Tricontinental*, n° spécial. Petite collection Maspero, 1982.

- Dupuy, A. (1955). « La personnalité du colon ». *Revue d'histoire économique et sociale*, 1955, n°1.

- Echaniz, P. C., (2009), « les agricultures méditerranéennes face au défi climatique », Note d'alerte du CIHEAM n°62, novembre 2009.

- Gourou, P. (1952). « Conditions géographiques en Afrique tropicales », *Présence africaine,* n° 13, n° spécial, 2ème trimestre, 1952, pp. 43-57.

- Graziosi, A. (2005). « Les famines soviétiques de 1931-1933 et le Holodomor Ukrainien. Une nouvelle interprétation est-elle possible et quelles en seraient les conséquences ? » *Cahiers du Monde russe*, 46/3, Juillet-septembre 2005, p. 453-472.

- Hacquemand, J. (2008), Rapport du Conseil Economique et Social de la République Française 2008 ; Faim dans le monde et politiques agricoles et alimentaires : Bilan et perspectives, section de l'agriculture et de l'alimentation. 146 p.

- Helfand S. M., Levine, E. S.: The Impact of Policy Reforms on Rural Poverty in Brazil: Evidence from Three States in the 1990s. Chapitre 5 du "*Human Development in the Era of Globalization",* Northampton: Edward Elgar, pp.105-25.

- Hervieu, B., Capone, R., Abis, S., (2006). « Mutations et défis pour l'agriculture au Maghreb ». *Notes d'analyse du CIHEAM,* n°16, 2006.

- Hollis, B. Chenery. (1949). « Engineering Production Functions », *the Quarterly Journal of Economics*, Vol. 63, No. 4 (Nov., 1949), pp. 507-531. The MIT press.

- Hugon, P. (2010). « La crise va-t-elle conduire à un nouveau paradigme du développement ? ». *Mondes en développement*, Vol. 38, 2010/2, n° 150. pp. 53-68.

- Johnson, D. G. (1997) « Agriculture and the Wealth of Nations », *American Economic Review,* vol. 87, n° 2, mai 1997. pp. 1-12.

- Jouve, P. (2006). « Transition agraire : la croissance démographique, une opportunité ou une contrainte ? », *Afrique contemporaine* n°217, janvier 2006, pp. 53-59.

- Karsenty, J. C. (1975). « Investissements et agriculture en Algérie », *Annuaire de l'Afrique du Nord.* t XIV. Centre de Recherches et d'études sur les sociétés méditerranéennes, édition CNRS. pp. 115-142.

- Kellou, R. (2000). « La recherche agricole en Algérie ». *Cahiers Options Méditerranéennes,* vol. 32.

- Lahmar, R. (2006), « Opportunités et limites de l'agriculture de conservation en Méditerranée. Les enseignements du projet KASSA », *Cahiers Options Méditerranéennes,* série A, numéro 69, CIHEAM-IAMZ, Zaragoza (Spain).

- Lefer, H. B., Blaskovic. H. (1994). « Les modèles de simulation technico-économiques comme méthode d'analyse des différentes politiques agricoles », *Économie rurale*, n°224, 1994. pp. 45-51.

- Legouté, J-R. (2001). « Définir le développement : Historique et dimensions d'un concept plurivoque ». *Cahier de recherche*, groupe de recherche sur l'intégration continentale, Vol. 1, n° 1, février 2001.

- Maréchal, J-P. (2003). « L'héritage négligé de François Perroux », *Alternatives économiques, L'Économie Politique*, 2003/4 - n°20, pp. 47-63.

- Maréchal, J-P. (2006). « Économie, éthique et politique - Analyse économique et justice sociale », *Géoéconomie*, n°38, septembre 2006.

- Maréchal, J-P. (2006). « L'éthique écologique de la Bible », *écologie & politique*, pp. 187-200, n° 33, 2006.

- Mazoyer, M. (2001). « Protéger la paysannerie pauvre dans un contexte de mondialisation ». Document de la FAO, 24 p.

- Mazoyer, M. (2002). « Une situation agricole mondiale insoutenable, ses causes et les moyens d'y remédier », *Revue du Mondes en développement*, tome 30, n° 117, année 2002. pp. 25-37.

- Mazoyer, M. (2004). « Au XXIe siècle, l'agriculture réapparaît comme la clé des équilibres du monde », acte de la 10ème université d'été de l'Innovation rurale. Marciac. 4 et 5 août 2004.

- Mazoyer, M. (2008). « Le droit à l'alimentation pour 9 milliards d'humains en 2050 : un défi politique ». Document de la Fondation "Partager le savoir", CIHEAM, Chania, 8 avril 2008.

- Messahel, M., S. Benhafid, M. C., Ouled Hocine (2005). « Efficience des systèmes d'irrigation en Algérie », *Cahiers Options Méditerranéennes*, séries B, n°52.

- Miette, R. (1980). «L'évolution de l'agriculture algérienne ». *Cahiers Options Méditerranéennes*, n°11, 1980.

- Padilla, M., S. Ahmed, Z., H. Wassef, H., (2005). « en Méditerranée sécurité alimentaire quantitative mais insécurité qualitative ? », notes d'analyses du CIHEAM, n°4, 2005.

- Perroux, F. (1955). « Trois outils d'analyse pour l'étude du sous-développement : économie désarticulée, coûts de l'homme, développement induit », *Cahiers de l'ISEA*, série F, n°1, fascicule 2.

- Radanne, P. (2003). « Chocs et contrechocs pétroliers (1960-2060) », *Annales des mines*, pp, 31-44, octobre 2003.

- Ravallion, M. (2007). « La pauvreté urbaine » *Finances & Développement*, magazine trimestriel du FMI, volume 44, numéro 3, septembre 2007, pp. 15-17.

- Rousset, N. (2006). « L'agriculture du Maghreb au défi du changement climatique : quelles stratégies d'adaptation face à la raréfaction des ressources hydriques ». 3ème Conférence internationale sur les ressources hydriques dans le bassin méditerranéen, 2 novembre 2006, Tripoli, Liban.

- Saka, K. & Taleb, S. (1997). « Régionalisation de la recherche agronomique en Algérie ». *Cahiers Options Méditerranéennes,* vol. 32.

- Sari, D. (1977). « L'évolution de la production agricole en Algérie », *l'Afrique et l'Asie moderne*, n°114, juillet/septembre 1977, pp. 12-24.

- Sauvy, A. (1951). « Introduction à l'étude des pays sous-développés », *Population,* 6ème année, n°4, 1951, pp. 601-608.

- Sauvy, A. (1966). *Malthus et les deux Marx, le problème de la faim et de la guerre dans le monde.* Paris, édition Gonthier, 235 p.

- Skinner, A. (1995). « Adam Smith et le système agricole », *Economies et Sociétés*. Série OEconomia, Histoire de la pensée économique, PE. n° 22-23, 1-2/1995, pp. 33-57.

- Steiner, H. (1990). « Putting Rights in their place », *Recherches économiques de Louvain*, n° 56, 391-408, année 1990.

- Stiglitz, J. E. (2000). « Vers un nouveau paradigme pour le développement », *L'économie politique*, n° 5, janvier 2000.

- Tabet-Aoul, M., (2008). « Impacts du changement climatique sur les agricultures et les ressources hydriques au Maghreb ». *Note d'alerte du CIHEAM* n° 48, juin 2008.

- Zaghouane, O, Abdellaoui, Z et Houassine, D. (2006). « Quelles perspectives pour l'agriculture de conservation dans les zones céréalières en conditions algériennes ? », *Cahiers Options Méditerranéennes*, série A, numéro 69, CIHEAM-IAMZ, Zaragoza.

Rapports et articles d'institutions spécialisées

- Agrimed (2005). *Agriculture, pêche, alimentation et développement rural durable dans la région de la méditerrané.* Rapport annuel 2005. Centre International de Hautes Etudes Agronomiques Méditerranéennes, Montpellier, 344 p.

- Agrimed (2006). *Agriculture, pêche, alimentation et développement rural durable dans la région de la méditerrané.* Rapport annuel 2006. Centre International de Hautes Etudes Agronomiques Méditerranéennes, Montpellier, 446 p.

- Banque mondiale (2006). *Examen de la politique agricole en Tunisie. Eau, Environnement, Développement social et rural.* Rapport de la Banque mondiale n°35239. juillet 2006. Washington, DC. 122 p.

- Banque mondiale (2007). *République Algérienne Démocratique et Populaire à la recherche d'un investissement public de qualité.* Revue des dépenses publiques de la Banque Mondiale, rapport n° 36270. Volume I. 157 p.

- Banque mondiale (2007). *Rapport sur le développement dans le monde en 2008, l'agriculture au service de développement.* Washington, DC, 2007.

- Conseil national économique et social (1998). *Les effets de l'ajustement structurel en Algérie.* Commission des perspectives de développement économique. 148 p.

- Conseil national économique et social (1999). *La configuration du foncier en Algérie, une contrainte au développement économique.* Commission «Perspectives de Développement Economique et Social». Alger, 130 p.

- Conseil national économique et social (1999). *Problématique de développement agricole en Algérie : éléments pour un débat national*. Commission des perspectives de développement économique et social, 14ème session, Alger, novembre 1999. 63 p.

- FAO (2002). Rapport Fertilizer use by crop de IFA – International Fertilizer Industry Association, IFDC - International Fertilizer Development Center, IPI - International Potash Institute, PPI - Phosphate and Potash Institute, 5ème edition, Rome, 2002, 67 p.

- FAO (2003). Rapport sur la Gestion de la fertilité des sols en Afrique pour la sécurité alimentaire en Afrique subsaharienne, Rome. 63 p.

- FAO (2004a). *Rapport 2004 sur l'état de l'insécurité alimentaire dans le monde, Suivi des progrès accomplis en vue de la réalisation des objectifs du Sommet mondial de l'alimentation et de la Déclaration du Millénaire.* Organisation des Nations Unies pour l'alimentation et l'agriculture, Rome. p. 43.

- FAO (2004b). Rapport sur la situation des marchés agricoles 2004. Groupe de la production et de la conception éditoriale, service de la gestion des publications, Rome, 56 p.

- FAO (2004c). Rapport sur les perspectives de l'alimentation. Analyse des marchés mondiaux, résumé du rapport "perspective de l'alimentation" établi pour la 35ème session de la conférence de la FAO.

- FAO (2005a). *Profil hydraulique de l'Algérie.* Document de la FAO, Enquête AQUASTAT, 2005. 10 p.

- FAO (2005b). *Profil nutritionnel de l'Algérie.* Division de l'alimentation et de la nutrition. Rome, 41 p.

- FAO (2005c). Rapport 2005 sur l'état de l'insécurité alimentaire dans le monde. *Éradiquer la faim dans le monde pour réaliser les objectifs du Millénaire pour le développement.* Organisation des Nations Unies pour l'alimentation et l'agriculture, Rome, 41 p.

- FAO (2005d). *Profil nutritionnel de la Tunisie.* Division de l'alimentation et de la nutrition, Rome, 51 p.

- FAO (2005e). *Rapport sur l'utilisation des engrais par culture en Algérie.* Service de la gestion des terres et de la nutrition des plantes. Division de la mise en valeur des terres et des eaux, Rome, 61 p.

- FAO (2006a). Rapport 2006 sur l'état de l'insécurité alimentaire dans le monde. *Éradiquer la faim dans le monde – bilan 10 ans après le Sommet mondial de l'alimentation.* Rome, 44 p.

- FAO (2006b). *Utilisation des engrais par culture au Maroc.* Service de la gestion des terres et de la nutrition des plantes, Division de la mise en valeur des terres et des eaux, Rome, 73 p.

- FAO/PAM (2008). *Evaluation des récoltes et des disponibilités alimentaires au Zimbabwe.* Rapport spécial de la mission de la FAO/PAM. Rome, 18 juin 2008.

- FMI (1997). Bulletin du FMI, numéro 18, volume 26, octobre 1997. Washington, DC.

- FMI (1997). Bulletin du FMI, numéro 9, volume 26, mai 1997. Washington, DC.

- FMI (2008). Fonds monétaire international, Rapport n°08/304, septembre 2008.

- FMI (2009). Fonds monétaire international, Rapport n°09/111, April 2009. Washington, DC.

- ICG (1999). *Elections présidentielles en Algérie : les enjeux et les perspectives.*Rapport d'International Crisis Group Algérie n°4 du 13 avril 1999. Bruxelles, 20 p.

Thèses et mémoires :

- Achard-Picard, H. (1914). L'agriculture algérienne et ses conditions économiques,. Thèse de Doctorat. Faculté de droit de Lyon.

- Ali Zazou, Kh. (1986). Le développement de l'agriculture algérienne 1967-1986: essai d'évolution. Thèse de 3ème cycle en sciences économiques, université de Poitiers.

- Ammar-boudjelal, A. (2006). Détermination des besoins en eau des cultures à l'aide de logiciel cropwat 4.3 dans la wilaya de Tipaza. Ecole supérieure agronomique EL- Harrach - Mémoire d'Ingénieur d'état en agronomie spécialité hydraulique.

- Belhimer, A. (1997). L'analyse politique et juridique des stratégies de gestion de la dette extérieure de l'Algérie. Université René Descartes – Paris V.

- Benamrane, D. (1974). Agriculture et développement, application à l'évolution de l'économie algérienne. Thèse de doctorat d'Etat, université de Paris 1.

- Benfodda, M. (1981). Echanges extérieurs entre l'Algérie et la France et croissance économique de l'Algérie de 1830 à 1961. Thèse de 3ème cycle sous la direction de Jean-Claude Toutain, sciences économiques, Paris 1.

- Bassirou, D. (1993). L'encadrement international du développement local : les cas de la Banque mondiale, de L'UNESCO et de la FAO, Mémoire de Maîtrise, Université du Québec à Chicoutimi, 1993.

- Bouzar, C. (1986). Le système financier, le financement de l'agriculture en Algérie, 1986. Thèse de Doctorat. ANRT, université Pierre Mendes France (Grenoble II).

- Brahimi, A. (1972). Surplus économique et croissance dans les pays en voie de développement. L'exemple de l'Algérie 1950-1970. Thèse de doctorat d'Etat, université de Paris 1, 1972.

- Carpentier, J. (1976). Le rôle de l'agriculture dans le développement économique de l'Inde, Mémoire DES, U.E.R. 07 (option sciences économiques), université de Paris I.

- Chabane, M. (2005). L'insécurité alimentaire en Mauritanie, causes et manifestations. Mémoire de DESS de sciences économiques, Paris Sud, Octobre 2005.

- Chevrier, A., Barbier, S. (2002). «Performances économiques et environnementales des techniques agricoles de conservation des sols », création d'un référentiel et premiers résultats. Mémoire de fin d'études. INRA Versailles-Grignon.

- De Perthuis, C. (1984). L'Algérie face au déséquilibre agro-alimentaire. Thèse de Doctorat d'Etat, université de Montpellier I, 1984.

- Devilliers, G. (1978). Pouvoir politique et question agraire en Algérie. Thèse de Doctorat en sociologie, université Catholique de Louvain, 1978. Volume I et II.

- Djenane, A. (1997). Réformes économiques et agriculture en Algérie. Thèse de Doctorat. Université de Ferhat Abbas, institut des sciences économiques, Sétif.

- Diara, A. (2009). Échanges internationaux et développement de l'élevage laitier sénégalais. Thèse de Doctorat, université de Paris Sud.

- Halilat, M. T. (2004). Irrigation/Fertigation Status in Algeria. Laboratory of Saharan Bio-ressources: Safeguarding and Valorization. Ouargla University. Algeria.

- Hamadache, H. (2010). Rente pétrolière et évolution du secteur agricole en Algérie. « Syndrome hollandais et échangeabilité ». Thèse de Master of Science du CIHEAM – IAMM n° 103.

- Kherzat, B. (2006). Essai d'évaluation de la politique laitière en perspective de l'adhésion de l'Algérie à l'OMC et à la zone de libre-échange avec l'Union européenne. INA -EL Harrach-Magister en science agronomiques.

- Pluvinage, J. (1995). Les systèmes de production céréales-élevage et la gestion du risque dans les zones sèches méditerranéennes. Thèse de Doctorat en Agroéconomie, ENSA de Montpellier.

- Toulait, H. (1986). Performances économiques du secteur agricole en Algérie : déterminants intra-sectoriels et extra-sectoriels. Thèse de doctorat, université de Paris 9.

- Zemouri, M. (2000). Surplus économique, autosuffisance et développement économique ; L'autosuffisance alimentaire dans le cadre de l'ajustement structurel : Cas de l'Algérie. Université de Nice-Sophia Antipolis, Nice.

Séries économiques, revues statistiques spécialisées et rapport du ministère

- Ministére d'agriculture et de développement rural (2003). Recensement général de l'agriculture en Algérie (RGA), Alger, 2003. 125 p.

- Ministère de l'agriculture et de la réforme agraire (1962). Direction de l'agriculture et des forêts, Revue officielle de l'agriculture, janvier 1962. Alger.

- Ministère de l'agriculture et de la réforme agraire (1967). *Structure des exploitations agricoles autogérer 1967.* Séries statistiques agricoles n°2, Alger.

- Ministère de l'agriculture et de la réforme agraire (1968). *Structure des exploitations agricoles privées.* Séries statistiques agricoles n°5, Alger.

- Ministère de l'agriculture et de la réforme agraire (1970). *L'agriculture algérienne à travers les chiffres.* Séries statistiques agricoles n°12, Alger.

- Ministère de l'Agriculture et du Développement Rural (2006). *Rapport sur la situation du secteur agricole en 2006.* Direction des statistiques agricoles et des systèmes d'informations. Alger, 78 p.

- Ministère de l'information et de la culture (1970). *1962-1970, l'Algérie en chiffres.* Direction de la documentation et des publications, Alger. 58 p.

- ONS (1988). *Évolution de la production agricole 1962-1988.* Séries statistiques agricoles n°28. Alger, 66 p.

- ONS (1989). *Caractéristiques socio-économiques des pays du grand Maghreb.* Séries statistiques n° 10, Alger. 123 p.

- ONS (1991). *Analyse de la population active en Algérie.* Séries statistiques n°30, 1991, Alger. 191 p.

- ONS (1991). *Résultats de l'enquête sur la main d'œuvre de 1989.* Séries statistiques n°26, janvier 1991, Alger. 255 p.

- ONS (1992). *Les comptes nationaux de 1988-1989. Tableaux et éléments de méthodologie.* Séries statistiques n°39, Alger. 100 p.

- Série économique sur l'agriculture algérienne n°63, 30 juin 1949.

- Série économique n°47 : la pêche maritime en Algérie, 8 mai 1948.

Articles des journaux et revues générales

- Alternatives économiques. Hors-série pratique n° 141. Octobre 1997.
- Alternatives économiques. Hors-série pratique n° 21. Novembre 2007.
- Alternatives économiques. Hors-série pratique n° 254. Janvier 2007.
- Courrier d'Algérie 24 juillet 2008.
- El Ahrar du 01 novembre 2004.
- El Moudjahid du 16 et 17 septembre 1988.
- El Watan du 05 octobre 2008.
- El Watan du 11 février 2008.
- El Watan, 12 octobre 2004.
- El-moudjahid du 15 décembre 2008.
- El-watan du 13 mars 2010.
- El-watan du 25 août 2008.
- El-watan du 25 mai 2008
- El-watan du 27 août 2009
- El-watan, 26 juillet 2010.
- L'express du 20 décembre 2004.
- Le *monde* 10 juillet 2004.

- Le *monde* du 14 août 1962.
- Le *monde* du 20 mars 1962.
- Quotidien d'Oran du 12 août 2007.
- Révolution africaine, n° 1228, septembre 1987.
- Révolution africaine, n° 1244, avril 1988.
- Révolution africaine, n° 1261, avril 1988.

Algérie
aux éditions L'Harmattan

Dernières parutions

REPENSER L'ALGÉRIE DANS L'HISTOIRE
Khalfoune Tahar, Meynier Gilbert
Ce livre est composé d'une étude qui inclut l'histoire de l'Algérie dans le temps long via notamment sa phase coloniale, d'un bilan de l'Algérie indépendante et de documents officiels indiquant que l'histoire commune franco-algérienne reste un enjeu politique majeur et que les deux États tentent de contrôler la recherche et l'écriture de l'histoire et de les instrumentaliser à des fins politiques.
(Coll. Bibliothèque de l'iReMMO, 10.00 euros, 118 p.)
ISBN : 978-2-336-00261-3, ISBN EBOOK : 978-2-296-51518-5

APPELÉS (LES) DU CONTINGENT, CES SOLDATS QUI ONT DIT NON À LA GUERRE
Une face cachée de l'armée coloniale française pendant la guerre d'Algérie
Attoumi Djoudi
Ce témoignage d'un ancien officier de l'Armée de libération algérienne (ALN) a voulu rendre hommage aux appelés de la guerre d'Algérie qui se sont opposés à la guerre, à ceux qui ont sauvé des Algériens de la mort ou qui ont aidé à un rapprochement entre Algériens et Français, à un moment où la guerre faisait rage.
(Coll. Histoire de vie et formation, 22.00 euros, 222 p.)
ISBN : 978-2-336-00493-8, ISBN EBOOK : 978-2-296-51322-8

ÉCHAPPÉS (LES)
Jamet Philippe
1962-2012. Cinquante ans après l'indépendance de l'Algérie, que sait-on véritablement de l'histoire de ce pays ? Qu'y a-t-il après ce jour de gloire ? Comment l'Algérie indépendante s'est-elle constituée ? Par l'utilisation d'archives familiales et de témoignages d'intellectuels contraints à l'exil, ce documentaire dessine cette Algérie fragile, instable, mesurant les effets et conséquences de cet événement dans le temps.
(20.00 euros) *ISBN : 978-2-336-00791-5*

UN FRANÇAIS D'ALGÉRIE, UN ALGÉRIEN DE FRANCE
Dialogue pour la réconciliation
Feuer Guy, Yahmi Kamel
«Nous sommes tous deux absolument persuadés qu'il ne peut y avoir aucune réconciliation réelle entre les deux peuples s'ils n'arrivent pas à surmonter les antagonismes qu'a engendrés le passé». Sous forme d'un dialogue, un Français d'Algérie et un Algérien de France cherchent des réponses permettant de dépasser enfin les réactions de frustration et de ressentiment qui entachent ces rapports depuis l'indépendance de l'Algérie. Deux grandes idées en ressortent : transcender la colonisation et enrichir la coopération.
(Coll. Histoire et perspectives méditerranéennes, 16.00 euros, 154 p.)
ISBN : 978-2-296-99737-0, ISBN EBOOK : 978-2-296-51094-4

666 THÈSES ET MÉMOIRES EN LANGUE FRANÇAISE SUR LA GUERRE D'ALGÉRIE 1954-1962
Sarazin Maurice
Cet essai bibliographique recense des thèses et mémoires universitaires ayant pour sujet la guerre d'Algérie et consultables dans les bibliothèques universitaires des villes de soutenance.

Sans prétendre à l'exhaustivité, ce relevé permet de constater les directions prises par la recherche sur ce sujet dans les années 1960-2011 et de mesurer ce qu'il reste à faire sur des voies inexplorées.
(22.00 euros, 224 p.) *ISBN : 978-2-336-00568-3, ISBN EBOOK : 978-2-296-51126-2*

ANTHROPOLOGIE DE LA SOUFFRANCE PSYCHIQUE ET SOCIALE
Le contexte psychosocial algérien
Merdaci Mourad - Préface de Claudine Brelet
Les transformations du champ psychosocial en Algérie induisent des lignes de précarité psychique, biologique et sociale et rendent difficiles les perspectives de partage et de cohabitation. Ces situations sont porteuses de souffrances, de dépréciation des personnes et de privations successives. Elles indiquent aussi le déplacement des vulnérabilités sur de nouveaux territoires humains et la recherche de nouvelles valeurs de la vie.
(Coll. Cultures et Médecines, 18.00 euros, 182 p.)
ISBN : 978-2-336-00405-1, ISBN EBOOK : 978-2-296-51155-2

19 MARS 1962 ? WATERLOO !
Conséquences et interprétations des accords d'Evian
Delenclos Michel - Préface du général Maurice Faivre
L'auteur revient ici sur les «Déclarations gouvernementales du 19 mars 1962 relatives à l'Algérie», au sujet desquelles certains entretiennent encore la confusion. L'emploi fréquent des référendums, le scrutin d'autodétermination, les disparitions, les enlèvements, les prisonniers et les massacres collectifs de civils et de militaires... tous les événements qui ont précédé cet accord en expliquent le dénouement tragique. «Une véritable mine d'or pour les chercheurs», selon l'historien Maurice Faivre.
(35.50 euros, 346 p.) *ISBN : 978-2-296-99722-6, ISBN EBOOK : 978-2-296-50977-1*

PASSÉ SOUS SILENCE EN ALGÉRIE
Témoignage d'un «appelé» embarqué à Marseille le 15 juillet 1957
Nicolas Bernard
Très peu d'ouvrages sur la Guerre d'Algérie ont relaté la vie journalière d'un militaire « appelé », sur le terrain, dans les zones à risques de ce conflit. Bernard Nicolas, sergent à la 8e Cie du 8e RIM dans le sud oranais, années 1957/1958, nous en fait ici partager le quotidien, sans craindre d'aborder les sujets tabous : les interrogatoires, la torture, les « corvées de bois », ainsi que le comportement parfois déshonorant de militaires de carrière.
(25.50 euros, 244 p.) *ISBN : 978-2-336-00297-2, ISBN EBOOK : 978-2-296-50865-1*

JUIF BERBÈRE D'ALGÉRIE
Itinéraire (1933-1963)
Simon Jacques
Né en 1933 dans une famille juive d'Algérie, Jacques Simon est docteur en histoire, président du Centre de Recherches et d'Étude sur l'Algérie Contemporaine. Son enfance marquée par les lois antijuives de Vichy, puis son parcours de militant, sont abordés ici avec une analyse approfondie des événements marquants qui traversent l'Algérie : l'après-guerre, le mouvement d'indépendance, la mainmise du FLN et l'émergence du mouvement berbère.
(Coll. CREAC-Histoire, 27.00 euros, 270 p.)
ISBN : 978-2-336-00427-3, ISBN EBOOK : 978-2-296-50855-2

ALGÉRIE, SOUVENIRS D'OMBRE ET DE LUMIÈRE
De la guerre d'indépendance à l'exode des pieds-noirs en 1962
Cômes Jean-Pierre - Jauffret Jean-Charles
Durant quatre ans, l'auteur a pris part à la guerre d'Algérie dans deux régiments de parachutistes, mais aussi durant quinze mois au DOP de Sétif. Là, il prend le risque de refuser d'obéir et de participer à des actes qu'il considère en contradiction avec l'éthique de l'officier. Témoin privilégié à la tête d'une compagnie du 3e RPIMa, il apporte notamment un éclairage intéressant sur la fusillade de la rue d'Isly du 26 mars 1962.
(Coll. Mémoires du XXe siècle, 28.00 euros, 268 p.) *ISBN : 978-2-296-56970-6*

PREMIERS PAS
Souvenirs autour d'un projet de développement de l'Algérie 1963-1980
Ourabah Mahmoud
L'auteur raconte la naissance d'un projet pour le développement de l'Algérie. Comment, dès les premiers mois de l'indépendance, une «équipe du Plan» - une poignée de jeunes venus d'horizons divers - a tenté d'élaborer et d'inscrire sur le terrain ce projet. Cette politique économique souhaitait inscrire l'avenir du pays «dans les grands courants de la science et de la technologie universelles». Voici une relecture actualisée de cette stratégie d'alors.
(Coll. Histoire et perspectives méditerranéennes, 18.00 euros, 180 p.)
ISBN : 978-2-296-96163-0

RISQUE ALGÉRIE ET STRATÉGIES DE DÉVELOPPEMENT 1830-2030
Larkèche Seddik
L'Algérie dispose d'atouts considérables tous secteurs confondus. Mais le bilan après 50 ans d'indépendance est décevant : nombreux échecs, système bloqué, risques imminents d'explosion fondent la spécificité algérienne. Pour tenter de répondre à la problématique du risque Algérie, l'ouvrage analyse les étapes de son développement et pose les bases d'une démarche prédictive.Ceux qui détiennent le pouvoir auront-ils la volonté de faire évoluer la société vers plus de liberté, de transparence, de justice ?
(Coll. Notes de conjoncture - Afrique, 13.00 euros, 116 p.) *ISBN : 978-2-296-96165-4*

UN GRAIN SUR LE TOIT
Enigmes et sagesses berbères de Kabylie
Allioui Youcef - Edition bilingue berbère-français
Les anciens Kabyles disaient : «L'énigme est semblable à un papillon qui se pose sur une fleur au printemps». Pour expliquer les stratagèmes linguistiques et allégoriques utilisés dans l'énigme, il faut découvrir les nombreuses règles sur lesquelles s'appuient ces artifices linguistiques, notamment celles qui lient le son au sens dans la langue (berbère). A travers une classification scientifique, l'auteur nous fait entrer dans un imaginaire ludique et fécond.
(Coll. Présence berbère, 35.00 euros, 430 p.) *ISBN : 978-2-296-96067-1*

L'HARMATTAN, ITALIA
Via Degli Artisti 15; 10124 Torino

L'HARMATTAN HONGRIE
Könyvesbolt ; Kossuth L. u. 14-16
1053 Budapest

ESPACE L'HARMATTAN KINSHASA
Faculté des Sciences sociales,
politiques et administratives
BP243, KIN XI
Université de Kinshasa

L'HARMATTAN CONGO
67, av. E. P. Lumumba
Bât. – Congo Pharmacie (Bib. Nat.)
BP2874 Brazzaville
harmattan.congo@yahoo.fr

L'HARMATTAN GUINÉE
Almamya Rue KA 028, en face du restaurant Le Cèdre
OKB agency BP 3470 Conakry
(00224) 60 20 85 08
harmattanguinee@yahoo.fr

L'HARMATTAN CAMEROUN
BP 11486
Face à la SNI, immeuble Don Bosco
Yaoundé
(00237) 99 76 61 66
harmattancam@yahoo.fr

L'HARMATTAN CÔTE D'IVOIRE
Résidence Karl / cité des arts
Abidjan-Cocody 03 BP 1588 Abidjan 03
(00225) 05 77 87 31
etien_nda@yahoo.fr

L'HARMATTAN MAURITANIE
Espace El Kettab du livre francophone
N° 472 avenue du Palais des Congrès
BP 316 Nouakchott
(00222) 63 25 980

L'HARMATTAN SÉNÉGAL
« Villa Rose », rue de Diourbel X G, Point E
BP 45034 Dakar FANN
(00221) 33 825 98 58 / 77 242 25 08
senharmattan@gmail.com

L'HARMATTAN TOGO
1771, Bd du 13 janvier
BP 414 Lomé
Tél : 00 228 2201792
gerry@taama.net

620884 - Septembre 2015
Achevé d'imprimer par
1livre.com
du rêve à la réalité !

Printed in Dunstable, United Kingdom

91343488R00181